计算机科学与技术丛书

Arm嵌入式系统案例实战

手把手教你掌握STM32F103微控制器项目开发

李正军◎编著

清华大学出版社

北京

内 容 简 介

本书从科研、教学和工程实际应用出发,理论联系实际,全面系统地讲述了基于STM32系列单片机的嵌入式系统应用实例;以"新工科"教育理念为指导,以产教融合为突破口,面向产业需求,全面重构教材内容,将产业界的最新技术引入教学和科研。全书共13章,主要内容包括STM32嵌入式微控制器最小系统设计、人机接口设计与应用实例、DGUS彩色液晶显示屏应用实例、旋转编码器设计实例、PWM输出与看门狗定时器应用实例、USART与Modbus通信协议应用实例、SPI与铁电存储器接口应用实例、I2C与日历时钟接口应用实例、CAN通信转换器设计实例、电力网络仪表设计实例、µC/OS-Ⅱ在STM32上的移植与应用实例、RTC与万年历应用实例和新型分布式控制系统设计实例。全书内容丰富,体系先进,结构合理,理论与实践相结合,尤其注重工程应用技术。

本书可作为高等院校各类自动化、机器人、自动检测、机电一体化、人工智能、电子与电气工程、计算机应用、信息工程、物联网等相关专业的本、专科学生及研究生的教学参考书,也适合从事STM32嵌入式系统开发的工程技术人员参考。

图书在版编目(CIP)数据

Arm嵌入式系统案例实战:手把手教你掌握STM32F103微控制器项目开发/李正军编著.—北京:清华大学出版社,2024.2
(计算机科学与技术丛书)
ISBN 978-7-302-65378-3

Ⅰ.①A… Ⅱ.①李… Ⅲ.①微控制器 Ⅳ.①TP368.1

中国国家版本馆CIP数据核字(2024)第024940号

责任编辑:盛东亮 吴彤云
封面设计:李召霞
责任校对:韩天竹
责任印制:沈 露

出版发行:清华大学出版社
　　　　网　　　址:https://www.tup.com.cn,https://www.wqxuetang.com
　　　　地　　　址:北京清华大学学研大厦A座　　　邮　　编:100084
　　　　社　总　机:010-83470000　　　　　　　　邮　　购:010-62786544
　　　　投稿与读者服务:010-62776969,c-service@tup.tsinghua.edu.cn
　　　　质量反馈:010-62772015,zhiliang@tup.tsinghua.edu.cn
　　　　课件下载:https://www.tup.com.cn,010-83470236
印　装　者:三河市铭诚印务有限公司
经　　　销:全国新华书店
开　　　本:186mm×240mm　　　印　　张:20.75　　　字　　数:467千字
版　　　次:2024年2月第1版　　　　　　　　　　　印　　次:2024年2月第1次印刷
印　　　数:1~1500
定　　　价:79.00元

产品编号:100274-01

前 言
PREFACE

本书主要讲述 STM32 嵌入式系统应用实例。为了让读者能够快速地掌握 STM32 嵌入式系统的核心技术，本书从 STM32 嵌入式微控制器最小系统设计入手，以实战为目的，介绍了多个 STM32 嵌入式系统应用实例，读者借鉴书中实例，可以容易地设计出满足自己项目要求的嵌入式系统，达到事半功倍的效果。书中应用实例涉及面广、内容翔实，均为编者多年教学与科研成果的总结。

本书讲述了很多新技术，如 DGUS 彩色液晶显示屏应用实例。DGUS 彩色液晶显示屏通过 DGUS 开发软件，可以非常方便地显示汉字、数字、符号、图形、图片、曲线、仪表盘等，特别易于今后的修改，彻底改变了液晶显示器采用点阵显示的开发方式，节省了大量的人力物力。不同于一般的液晶显示器的开发方式，DGUS 是一种全新的开发方式。微控制器通过 UART 串行通信接口发送显示的命令，每页显示的内容通过页切换即可改变。

另外，本书还介绍了旋转编码器设计实例、CAN 通信转换器设计实例、电力网络仪表设计实例和新型分布式控制系统(DCS)设计实例。这些实例以 STM32F103 为核心，均有独立的架构，能够培养读者的系统设计能力和实践能力。

本书的数字资源中提供了书中实例的 STM32 项目工程，如 4×4 键盘扫描程序代码、DMT32240C035_06WN 屏程序代码、PWM 输出程序代码、独立看门狗程序代码、窗口看门狗程序代码、USART 串行通信程序代码、MB85RS16 操作程序代码、PCF2129 操作程序代码、RS232-CAN(STM32F103) 程序代码、RTC 程序代码、DCS 程序代码和 FBDCS(ST)_8AI 程序代码。一方面，这些 STM32 项目工程给读者一个完整的工程模板，让读者不再需要自建；另一方面，读者参照这些项目工程实例可以快速地完成自己的项目。

DCS 程序代码是基于第 13 章讲述的控制卡运行的，可以与 FBDCS(ST)_8AI 程序之间进行 CAN 通信，对于初次学习 μC/OS-Ⅱ 的读者，可以很容易地在 μC/OS-Ⅱ 操作系统上编写自己项目的任务，由此打开学习 μC/OS-Ⅱ 操作系统的大门。同时，在 μC/OS-Ⅱ 操作系统的平台上，还提供了 μC/OS-Ⅱ 的多个任务程序、STM32 CAN 通信程序、TCP 以太网通信程序、基于 W5100 芯片的以太网通信程序、双机备份程序、PID 控制算法程序、FSMC 存储器扩展程序、对 DCS 主站下载的组态信息进行解析等程序。

PWM 输出程序代码、独立看门狗程序代码、窗口看门狗程序代码、USART 串行通信程序代码和 RTC 程序代码是在目前使用最广泛的正点原子 STM32F103 战舰开发板上调试通过的;μC/OS-Ⅱ 程序代码是在奋斗 STM32 开发板 V5 上调试通过的。读者也可以将上述程序代码移植到自己的 STM32 开发板上。

本书共 13 章。第 1 章对 STM32 嵌入式微控制器最小系统设计进行了概述,介绍了 STM32F1 系列产品系统构架和 STM32F103ZET6 内部结构、STM32F103ZET6 的存储器映像、STM32F103ZET6 的时钟结构、STM32F103VET6 的引脚、STM32F103VET6 最小系统设计;第 2 章讲述了人机接口设计与应用实例,包括独立式键盘接口设计、矩阵式键盘接口设计、矩阵式键盘的接口实例、显示技术的发展及其特点、LED 显示器接口设计和触摸屏技术;第 3 章讲述了 DGUS 彩色液晶显示屏应用实例,包括屏存储空间、硬件配置文件、DGUS 组态软件安装和使用说明、工程下载、DGUS 屏显示变量配置方法及其指令详解和通过 USB 对 DGUS 屏进行调试;第 4 章讲述了旋转编码器设计实例,包括旋转编码器的接口设计、呼吸机按键与旋转编码器程序结构、按键扫描与旋转编码器中断检测程序和键值存取程序;第 5 章讲述了 PWM 输出与看门狗定时器应用实例,包括 STM32F103 定时器概述、STM32 通用定时器、STM32 PWM 输出应用实例和看门狗定时器;第 6 章讲述了 USART 与 Modbus 通信协议应用实例,包括串行通信基础、STM32 的 USART 工作原理、STM32 的 USART 串行通信应用实例、外部总线、Modbus 通信协议和 PMM2000 电力网络仪表 Modbus-RTU 通信协议;第 7 章讲述了 SPI 与铁电存储器接口应用实例,包括 STM32 的 SPI 通信原理、STM32F103 的 SPI 工作原理和 STM32 的 SPI 与铁电存储器接口应用实例;第 8 章讲述了 I2C 与日历时钟接口应用实例,包括 STM32 的 I2C 通信原理、STM32F103 的 I2C 接口和 STM32 的 I2C 与日历时钟接口应用实例;第 9 章讲述了 CAN 通信转换器设计实例,包括 CAN 的特点、STM32 的 CAN 总线概述、STM32 的 bxCAN 工作模式、STM32 的 bxCAN 功能描述、CAN 总线收发器、CAN 通信转换器概述、CAN 通信转换器微控制器主电路的设计、CAN 通信转换器 UART 驱动电路的设计、CAN 通信转换器 CAN 总线隔离驱动电路的设计、CAN 通信转换器 USB 接口电路的设计和 CAN 通信转换器的程序设计;第 10 章讲述了电力网络仪表设计实例,包括 PMM2000 电力网络仪表概述、PMM2000 电力网络仪表的硬件设计、周期和频率测量、STM32F103VBT6 初始化程序、电力网络仪表的算法、LED 数码管动态显示程序设计和 PMM2000 电力网络仪表在数字化变电站中的应用;第 11 章讲述了 μC/OS-Ⅱ 在 STM32 上的移植与应用实例,包括 μC/OS-Ⅱ 介绍、嵌入式控制系统的软件平台和 μC/OS-Ⅱ 的移植与应用;第 12 章讲述了 RTC 与万年历应用实例,包括 RTC、备份寄存器(BKP)、RTC 的操作和万年历应用实例;第 13 章讲述了新型分布式控制系统设计实例,包括新型 DCS 概述、现场控制站的组成、新型 DCS 通信网络、新型 DCS 控制卡的硬件设计、新型 DCS 控制卡的软件设计、控制算法的设计、8 通道模拟量输入板卡(8AI)的设计、8 通道热电偶板卡(8TC)的设计、8 通道热电阻板卡(8RTD)的设计、4 通道模拟量输出板卡(4AO)的设计、16 通道数字量输入板卡(16DI)的设计、16 通道数字量输出板卡(16DO)的设计、8 通道脉冲量输入板卡(8PI)的设计和嵌入式控制系统可靠性与安全性技术。

　　本书结合编者 30 多年的科研和教学经验，遵循"循序渐进，理论与实践并重，共性与个性兼顾"的原则，将理论实践一体化的教学方式融入其中。实践案例由浅入深，层层递进，在帮助读者快速掌握某一外设功能的同时，有效融合其他外部设备。

　　在此对本书引用的参考文献的作者一并表示真诚的感谢。由于编者水平有限，加上时间仓促，书中不妥之处在所难免，敬请广大读者不吝指正。

编者

2024 年 1 月

目 录
CONTENTS

第 1 章　STM32 嵌入式微控制器最小系统设计 ……………………………………… 1

1.1　STM32 微控制器概述 …………………………………………………………… 1

　　1.1.1　STM32 微控制器产品介绍 ……………………………………………… 2

　　1.1.2　STM32 系统性能分析 …………………………………………………… 6

　　1.1.3　STM32 微控制器的命名规则 …………………………………………… 7

　　1.1.4　STM32 微控制器内部资源 ……………………………………………… 8

　　1.1.5　STM32 微控制器的选型 ………………………………………………… 10

1.2　STM32F1 系列产品系统构架和 STM32F103ZET6 内部架构 ……………… 12

　　1.2.1　STM32F1 系列产品系统架构 …………………………………………… 13

　　1.2.2　STM32F103ZET6 内部架构 …………………………………………… 15

1.3　STM32F103ZET6 的存储器映像 ……………………………………………… 17

　　1.3.1　STM32F103ZET6 内置外设的地址范围 ……………………………… 19

　　1.3.2　嵌入式 SRAM ……………………………………………………………… 21

　　1.3.3　嵌入式 Flash ……………………………………………………………… 21

1.4　STM32F103ZET6 的时钟结构 ………………………………………………… 22

1.5　STM32F103VET6 的引脚 ……………………………………………………… 25

1.6　STM32F103VET6 最小系统设计 ……………………………………………… 30

第 2 章　人机接口设计与应用实例 ………………………………………………… 33

2.1　独立式键盘接口设计 …………………………………………………………… 33

　　2.1.1　键盘的特点及按键确认 …………………………………………………… 33

　　2.1.2　独立式按键扩展实例 ……………………………………………………… 34

2.2　矩阵式键盘接口设计 …………………………………………………………… 35

　　2.2.1　矩阵式键盘工作原理 ……………………………………………………… 35

　　2.2.2　按键的识别方法 …………………………………………………………… 36

　　2.2.3　键盘的编码 ………………………………………………………………… 36

2.3　矩阵式键盘的接口实例 ………………………………………………………… 36

2.3.1 4×4 矩阵式键盘的硬件设计 ………………………………… 36
2.3.2 4×4 矩阵式键盘的软件设计 ………………………………… 37
2.4 显示技术的发展及其特点 ………………………………………… 38
2.4.1 显示技术的发展 ……………………………………………… 38
2.4.2 显示器件的主要参数 ………………………………………… 38
2.5 LED 显示器接口设计 ……………………………………………… 39
2.5.1 LED 显示器的结构 …………………………………………… 40
2.5.2 LED 显示器的扫描方式 ……………………………………… 41
2.6 触摸屏技术及其在工程中的应用 ………………………………… 43
2.6.1 触摸屏发展历程 ……………………………………………… 43
2.6.2 触摸屏的工作原理 …………………………………………… 44
2.6.3 工业用触摸屏产品介绍 ……………………………………… 45
2.6.4 触摸屏在工程中的应用 ……………………………………… 46

第 3 章　DGUS 彩色液晶显示屏应用实例 ………………………………… 47
3.1 屏存储空间 ………………………………………………………… 47
3.1.1 数据变量空间 ………………………………………………… 47
3.1.2 字库(图标)空间 ……………………………………………… 48
3.1.3 图片空间 ……………………………………………………… 48
3.1.4 寄存器 ………………………………………………………… 48
3.2 硬件配置文件 ……………………………………………………… 51
3.3 DGUS 组态软件安装 ……………………………………………… 52
3.4 DGUS 组态软件使用说明 ………………………………………… 53
3.4.1 界面介绍 ……………………………………………………… 53
3.4.2 背景图片制作方法 …………………………………………… 55
3.4.3 图标制作方法及图标文件的生成 …………………………… 59
3.4.4 新建一个工程并进行界面配置 ……………………………… 62
3.4.5 工程文件说明 ………………………………………………… 65
3.5 工程下载 …………………………………………………………… 66
3.6 DGUS 屏显示变量配置方法及其指令详解 ……………………… 67
3.6.1 串口数据帧架构 ……………………………………………… 67
3.6.2 数据变量 ……………………………………………………… 68
3.6.3 文本变量 ……………………………………………………… 70
3.6.4 图标变量 ……………………………………………………… 73
3.6.5 基本图形变量 ………………………………………………… 75
3.7 通过 USB 对 DGUS 屏进行调试 ………………………………… 76

第 4 章　旋转编码器设计实例 ··· 78

　4.1　旋转编码器的接口设计 ··· 78

　　4.1.1　旋转编码器的工作原理 ··· 78

　　4.1.2　旋转编码器的接口电路设计 ··· 78

　　4.1.3　旋转编码器的时序分析 ··· 79

　4.2　呼吸机按键与旋转编码器程序结构 ······································· 81

　4.3　按键扫描与旋转编码器中断检测程序 ····································· 82

　　4.3.1　KEY1 与 KEY5 的按键扫描程序 ····································· 82

　　4.3.2　KEY2 与 KEY3 的中断检测程序 ····································· 94

　4.4　键值存取程序 ··· 97

　　4.4.1　环形 FIFO 按键缓冲区 ··· 97

　　4.4.2　键值存取程序相关函数 ··· 98

第 5 章　PWM 输出与看门狗定时器应用实例 ································ 106

　5.1　STM32F103 定时器概述 ·· 106

　5.2　STM32 通用定时器 ·· 108

　　5.2.1　通用定时器简介 ·· 108

　　5.2.2　通用定时器的主要功能 ·· 108

　　5.2.3　通用定时器的功能描述 ·· 108

　　5.2.4　通用定时器的工作模式 ·· 112

　5.3　STM32 PWM 输出应用实例 ·· 116

　　5.3.1　PWM 输出硬件设计 ·· 118

　　5.3.2　PWM 输出软件设计 ·· 118

　5.4　看门狗定时器 ··· 120

　　5.4.1　看门狗应用介绍 ·· 120

　　5.4.2　独立看门狗 ·· 121

　　5.4.3　窗口看门狗 ·· 122

　　5.4.4　看门狗操作相关的库函数 ·· 123

　　5.4.5　独立看门狗程序设计 ·· 124

　　5.4.6　窗口看门狗程序设计 ·· 126

第 6 章　USART 与 Modbus 通信协议应用实例 ······························ 129

　6.1　串行通信基础 ··· 129

　　6.1.1　串行异步通信数据格式 ·· 129

　　6.1.2　连接握手 ··· 130

6.1.3 确认 ·· 130

6.1.4 中断 ·· 131

6.1.5 轮询 ·· 131

6.2 STM32 的 USART 工作原理 ···························· 131

6.2.1 USART 介绍 ·· 131

6.2.2 USART 主要特性 ······································ 132

6.2.3 USART 功能概述 ······································ 133

6.2.4 USART 通信时序 ······································ 133

6.2.5 USART 中断 ·· 135

6.2.6 USART 相关寄存器 ···································· 136

6.3 STM32 的 USART 串行通信应用实例 ·················· 136

6.3.1 STM32 的 USART 的基本配置流程 ················ 137

6.3.2 STM32 的 USART 串行通信应用硬件设计 ········· 138

6.3.3 STM32 的 USART 串行通信应用软件设计 ········· 138

6.4 外部总线 ·· 139

6.4.1 RS-232C 串行通信接口 ······························ 139

6.4.2 RS-485 串行通信接口 ································· 141

6.5 Modbus 通信协议 ······································· 144

6.5.1 概述 ·· 144

6.5.2 两种传输模式 ··· 145

6.5.3 Modbus 消息帧 ······································ 146

6.5.4 错误检测方法 ··· 149

6.5.5 Modbus 的编程方法 ·································· 151

6.6 PMM2000 电力网络仪表 Modbus-RTU 通信协议 ······ 153

6.6.1 串口初始化参数 ······································ 153

6.6.2 开关量输入 ··· 153

6.6.3 继电器控制 ··· 154

6.6.4 错误处理 ··· 154

6.6.5 读取标准电力参数 ···································· 155

第 7 章 SPI 与铁电存储器接口应用实例 ······················· 158

7.1 STM32 的 SPI 通信原理 ································· 158

7.1.1 SPI 概述 ·· 159

7.1.2 SPI 互连 ·· 160

7.2 STM32F103 的 SPI 工作原理 ···························· 161

7.2.1 SPI 主要特征 ··· 161

　　　　7.2.2　SPI 内部结构 ·· 162

　　　　7.2.3　时钟信号的相位和极性 ·································· 163

　　　　7.2.4　数据帧格式 ·· 164

　　　　7.2.5　配置 SPI 为主模式 ······································ 164

　　7.3　STM32 的 SPI 与铁电存储器接口应用实例 ·················· 166

　　　　7.3.1　STM32 的 SPI 配置流程 ·································· 166

　　　　7.3.2　SPI 与铁电存储器接口的硬件设计 ···················· 167

　　　　7.3.3　SPI 与铁电存储器接口的软件设计 ···················· 167

第 8 章　I2C 与日历时钟接口应用实例 ······························ 169

　　8.1　STM32 的 I2C 通信原理 ······································ 169

　　　　8.1.1　I2C 控制器概述 ·· 169

　　　　8.1.2　I2C 总线的数据传输 ······································ 171

　　8.2　STM32F103 的 I2C 接口 ······································ 174

　　　　8.2.1　STM32F103 的 I2C 主要特性 ······························ 175

　　　　8.2.2　STM32F103 的 I2C 内部结构 ······························ 175

　　　　8.2.3　STM32F103 的模式选择 ···································· 176

　　8.3　STM32 的 I2C 与日历时钟接口应用实例 ······················ 177

　　　　8.3.1　STM32 的 I2C 配置流程 ···································· 177

　　　　8.3.2　I2C 与日历时钟接口的硬件设计 ························· 177

　　　　8.3.3　I2C 与日历时钟接口的软件设计 ························· 178

第 9 章　CAN 通信转换器设计实例 ·································· 180

　　9.1　CAN 的特点 ·· 180

　　9.2　STM32 的 CAN 总线概述 ······································ 182

　　　　9.2.1　bxCAN 的主要特点 ·· 182

　　　　9.2.2　CAN 物理层特性 ·· 183

　　　　9.2.3　STM32 的 CAN 控制器 ······································ 187

　　　　9.2.4　STM32 的 CAN 过滤器 ······································ 188

　　9.3　STM32 的 bxCAN 工作模式 ···································· 189

　　　　9.3.1　初始化模式 ·· 189

　　　　9.3.2　正常模式 ·· 190

　　9.4　STM32 的 bxCAN 功能描述 ···································· 190

　　　　9.4.1　CAN 发送流程 ·· 190

　　　　9.4.2　CAN 接收流程 ·· 192

　　9.5　CAN 总线收发器 ··· 193

9.5.1　PCA82C250/251 CAN 总线收发器 ······················· 193

9.5.2　TJA1051 CAN 总线收发器 ······························· 195

9.6　CAN 通信转换器概述 ··· 195

9.7　CAN 通信转换器微控制器主电路的设计 ······················· 197

9.8　CAN 通信转换器 UART 驱动电路的设计 ······················· 197

9.9　CAN 通信转换器 CAN 总线隔离驱动电路的设计 ················· 198

9.10　CAN 通信转换器 USB 接口电路的设计 ······················· 199

9.11　CAN 通信转换器的程序设计 ·································· 199

第 10 章　电力网络仪表设计实例 ····································· 200

10.1　PMM2000 电力网络仪表概述 ································· 200

10.2　PMM2000 电力网络仪表的硬件设计 ·························· 201

10.2.1　主板的硬件电路设计 ································ 201

10.2.2　电压输入电路的硬件设计 ···························· 201

10.2.3　电流输入电路的硬件设计 ···························· 206

10.2.4　RS-485 通信电路的硬件设计 ························· 206

10.2.5　4～20mA 模拟信号输出的硬件电路设计 ················ 210

10.3　周期和频率测量 ·· 213

10.4　STM32F103VBT6 初始化程序 ······························ 215

10.4.1　NVIC 中断初始化程序 ······························ 215

10.4.2　GPIO 初始化程序 ·································· 217

10.4.3　ADC 初始化程序 ·································· 220

10.4.4　DMA 初始化程序 ·································· 222

10.4.5　定时器初始化程序 ································· 223

10.5　电力网络仪表的算法 ·· 226

10.6　LED 数码管动态显示程序设计 ································ 227

10.6.1　LED 数码管段码表 ································· 227

10.6.2　LED 指示灯状态编码表 ····························· 227

10.6.3　1ms 系统滴答定时器中断服务程序 ···················· 229

10.7　PMM2000 电力网络仪表在数字化变电站中的应用 ·············· 231

10.7.1　应用领域 ·· 231

10.7.2　iMeaCon 数字化变电站后台计算机监控网络系统 ········· 231

第 11 章　μC/OS-Ⅱ 在 STM32 上的移植与应用实例 ····················· 233

11.1　μC/OS-Ⅱ介绍 ··· 233

11.2　嵌入式控制系统的软件平台 ··································· 235

11.2.1　软件平台的选择 ·· 235

11.2.2　μC/OS-Ⅱ内核调度基本原理 ························ 235

11.3　μC/OS-Ⅱ的移植与应用 ····································· 237

11.3.1　μC/OS-Ⅱ的移植 ·· 237

11.3.2　μC/OS-Ⅱ的应用 ·· 241

第 12 章　RTC 与万年历应用实例 ································· 246

12.1　RTC ··· 246

12.1.1　RTC 简介 ·· 246

12.1.2　RTC 主要特性 ·· 247

12.1.3　RTC 内部结构 ·· 247

12.1.4　RTC 复位过程 ·· 248

12.2　备份寄存器(BKP) ··· 248

12.2.1　BKP 简介 ·· 248

12.2.2　BKP 特性 ·· 249

12.2.3　BKP 入侵检测 ·· 249

12.3　RTC 的操作 ··· 249

12.3.1　RTC 的初始化 ·· 249

12.3.2　RTC 时间写入初始化 ···································· 251

12.4　万年历应用实例 ·· 252

第 13 章　新型分布式控制系统设计实例 ······················· 253

13.1　新型 DCS 概述 ··· 253

13.1.1　通信网络的要求 ·· 254

13.1.2　通信网络的要求控制功能的要求 ····················· 254

13.1.3　系统可靠性的要求 ······································· 255

13.1.4　其他方面的要求 ·· 255

13.2　现场控制站的组成 ··· 256

13.2.1　两个控制站的 DCS 结构 ································ 256

13.2.2　DCS 测控板卡的类型 ···································· 257

13.3　新型 DCS 通信网络 ·· 258

13.3.1　以太网实际连接网络 ····································· 258

13.3.2　双 CAN 通信网络 ·· 259

13.4　新型 DCS 控制卡的硬件设计 ································· 260

13.4.1　控制卡的硬件组成 ······································· 260

13.4.2　W5100 网络接口芯片 ···································· 262

13.4.3 双机冗余电路的设计 ……………………………………… 264

13.4.4 存储器扩展电路的设计 ………………………………… 266

13.5 新型 DCS 控制卡的软件设计 ……………………………………… 267

13.5.1 控制卡软件的框架设计 ………………………………… 267

13.5.2 双机热备程序的设计 …………………………………… 268

13.5.3 CAN 通信程序的设计 ………………………………… 271

13.5.4 以太网通信程序的设计 ………………………………… 273

13.6 控制算法的设计 …………………………………………………… 275

13.6.1 控制算法的解析与运行 ………………………………… 275

13.6.2 控制算法的存储与恢复 ………………………………… 278

13.7 8 通道模拟量输入板卡(8AI)的设计 …………………………… 279

13.7.1 8 通道模拟量输入板卡的功能概述 …………………… 279

13.7.2 8 通道模拟量输入板卡的硬件组成 …………………… 280

13.7.3 8 通道模拟量输入板卡微控制器主电路设计 ………… 281

13.7.4 22 位 Σ-Δ 型 A/D 转换器 ADS1213 ………………… 282

13.7.5 8 通道模拟量输入板卡测量与断线检测电路设计 …… 286

13.7.6 8 通道模拟量输入板卡信号调理与通道切换电路设计 …… 287

13.7.7 8 通道模拟量输入板卡程序设计 ……………………… 288

13.8 8 通道热电偶输入板卡(8TC)的设计 …………………………… 288

13.8.1 8 通道热电偶输入板卡的功能概述 …………………… 288

13.8.2 8 通道热电偶输入板卡的硬件组成 …………………… 289

13.8.3 8 通道热电偶输入板卡测量与断线检测电路设计 …… 290

13.8.4 8 通道热电偶输入板卡程序设计 ……………………… 292

13.9 8 通道热电阻输入板卡(8RTD)的设计 ………………………… 292

13.9.1 8 通道热电阻输入板卡的功能概述 …………………… 292

13.9.2 8 通道热电阻输入板卡的硬件组成 …………………… 293

13.9.3 8 通道热电阻输入板卡测量与断线检测电路设计 …… 294

13.9.4 8 通道热电阻输入板卡的程序设计 …………………… 296

13.10 4 通道模拟量输出板卡(4AO)的设计 ………………………… 296

13.10.1 4 通道模拟量输出板卡的功能概述 ………………… 296

13.10.2 4 通道模拟量输出板卡的硬件组成 ………………… 297

13.10.3 4 通道模拟量输出板卡 PWM 输出与断线检测电路设计 …… 297

13.10.4 4 通道模拟量输出板卡自检电路设计 ……………… 298

13.10.5 4 通道模拟量板卡输出算法设计 …………………… 299

13.10.6 4 通道模拟量板卡程序设计 ………………………… 300

13.11 16 通道数字量输入板卡(16DI)的设计 ……………………… 300

　　　13.11.1　16 通道数字量输入板卡的功能概述 ·················· 300
　　　13.11.2　16 通道数字量输入板卡的硬件组成 ·················· 301
　　　13.11.3　16 通道数字量输入板卡信号预处理电路的设计 ·········· 301
　　　13.11.4　16 通道数字量输入板卡信号检测电路设计 ············· 301
　　　13.11.5　16 通道数字量输入板卡程序设计 ··················· 303
　　13.12　16 通道数字量输出板卡(16DO)的设计 ·················· 303
　　　13.12.1　16 通道数字量输出板卡的功能概述 ·················· 303
　　　13.12.2　16 通道数字量输出板卡的硬件组成 ·················· 304
　　　13.12.3　16 通道数字量输出板卡开漏极输出电路设计 ··········· 304
　　　13.12.4　16 通道数字量输出板卡输出自检电路设计 ············· 306
　　　13.12.5　16 通道数字量输出板卡外配电压检测电路设计 ·········· 307
　　　13.12.6　16 通道数字量输出板卡的程序设计 ·················· 308
　　13.13　8 通道脉冲量输入板卡(8PI)的设计 ··················· 308
　　　13.13.1　8 通道脉冲量输入板卡的功能概述 ·················· 308
　　　13.13.2　8 通道脉冲量输入板卡的硬件组成 ·················· 308
　　　13.13.3　8 通道脉冲量输入板卡的程序设计 ·················· 309
　　13.14　嵌入式控制系统可靠性与安全性技术 ··················· 309
　　　13.14.1　可靠性技术的发展过程 ························· 309
　　　13.14.2　可靠性基本概念和术语 ························· 310
　　　13.14.3　可靠性设计的内容 ··························· 310
　　　13.14.4　系统安全性 ······························· 311
　　　13.14.5　软件可靠性 ······························· 312

参考文献 ······································· 313

第1章 STM32 嵌入式微控制器最小系统设计

本章对 STM32 微控制器进行概述，介绍 STM32F1 系列产品系统构架和 STM32F103ZET6 内部结构、存储器映像、时钟结构，以及 STM32F103VET6 引脚、最小系统设计。

1.1 STM32 微控制器概述

STM32 是意法半导体(ST Microelectronics)公司较早推向市场的基于 Cortex-M 内核的微处理器系列产品，该系列产品具有成本低、功耗优、性能高、功能多等优势，并且以系列化方式推出，方便用户选型，在市场上获得了广泛好评。

目前常用的 STM32 有 STM32F103～STM32F107 系列，简称"1 系列"，最近又推出了高端 STM32F4xx 系列，简称"4 系列"。前者基于 Cortex-M3 内核，后者基于 Cortex-M4 内核。STM32F4xx 系列在以下诸多方面做了优化。

(1) 增加了浮点运算。

(2) 具有数字信号处理器(Digital Signal Processor，DSP)功能。

(3) 存储空间更大，高达 1MB 以上。

(4) 运算速度更高，以 168MHz 高速运行时处理能力可达到 210DMIPS①。

(5) 更高级的外设，新增外设(如照相机接口、加密处理器、USB 高速 OTG 接口等)提高性能，具有更快的通信接口、更高的采样率、带先进先出(First In First Out，FIFO)的直接存储器访问(Direct Memory Access，DMA)控制器。

STM32 系列单片机具有以下优点。

1. 先进的内核结构

(1)哈佛结构使其在处理器整数性能测试上有着出色的表现，运行速度可以达到 1.25DMIPS/MHz，而功耗仅为 0.19mW/MHz。

(2) Thumb-2 指令集以 16 位的代码密度带来了 32 位的性能。

---

① DMIPS 即 Dhrystone Million Instructions Executed Per Second，主要用于评价整数计算能力。

（3）内置快速的中断控制器，提供了优越的实时特性，中断的延迟时间降到只需 6 个CPU 周期，从低功耗模式唤醒的时间也只需 6 个 CPU 周期。

（4）具有单周期乘法指令和硬件除法指令。

2. 三种功耗控制

STM32 经过特殊处理，针对应用中三种主要的能耗要求进行了优化，这三种能耗要求分别是运行模式下高效率的动态耗电机制、待机状态时极低的电能消耗和电池供电时的低电压工作能力。因此，STM32 提供了三种低功耗模式和灵活的时钟控制机制，用户可以根据自己所需要的耗电/性能要求进行合理优化。

3. 最大程度的集成整合

（1）STM32 内嵌电源监控器，包括上电复位、低电压检测、掉电检测和自带时钟的看门狗定时器，减少对外部器件的需求。

（2）使用一个主晶振可以驱动整个系统。低成本的 4～16MHz 晶振即可驱动中央处理器（Central Processing Unit，CPU）、通用串行总线（Universal Serial Bus，USB）以及所有外设，使用内嵌锁相环（Phase Locked Loop，PLL）产生多种频率，可以为内部实时时钟选择32kHz 的晶振。

（3）内嵌出厂前调校好的 8MHz RC 振荡电路，可以作为主时钟源。

（4）拥有针对实时时钟（Real Time Clock，RTC）或看门狗的低频率 RC 电路。

（5）LQPF100 封装芯片的最小系统只需要 7 个外部无源器件。

因此，使用 STM32 可以很轻松地完成产品的开发。意法半导体公司提供了完整、高效的开发工具和库函数，帮助开发者缩短系统开发时间。

4. 出众及创新的外设

STM32 的优势来源于两路高级外设总线，连接到该总线上的外设能以更高的速度运行。

（1）USB 接口速度可达 12Mb/s。

（2）USART 接口速度高达 4.5Mb/s。

（3）SPI 接口速度可达 18Mb/s。

（4）I2C 接口速度可达 400kHz。

（5）通用输入输出（General Purpose Input Output，GPIO）的最大翻转频率为 18MHz。

（6）脉冲宽度调制（Pulse Width Modulation，PWM）定时器最高可使用 72MHz 时钟输入。

1.1.1 STM32 微控制器产品介绍

目前，市场上常见的基于 Cortex-M3 的微控制单元（Micro Controller Unit，MCU）有意法半导体有限公司的 STM32F103 微控制器、德州仪器公司（TI）的 LM3S8000 微控制器和恩智浦公司（NXP）的 LPC1788 微控制器等，其应用遍及工业控制、消费电子、仪器仪表、智能家居等各个领域。

　　意法半导体公司于 1987 年 6 月成立,是由意大利的 SGS 微电子公司和法国 THOMSON 半导体公司合并而成,1998 年 5 月改名为意法半导体有限公司(简称 ST),是世界最大的半导体公司之一。从成立至今,意法半导体公司的增长速度超过了半导体工业的整体增长速度。自 1999 年起,意法半导体公司始终是世界十大半导体公司之一。据最新的工业统计数据,意法半导体公司是全球第五大半导体厂商,在很多领域居世界领先水平。例如,意法半导体公司是世界第一大专用模拟芯片和电源转换芯片制造商、世界第一大工业半导体和机顶盒芯片供应商,而且在分立器件、手机相机模块和车用集成电路领域居世界前列。

　　在诸多半导体制造商中,意法半导体公司是较早在市场上推出基于 Cortex-M 内核的 MCU 产品的公司,其根据 Cortex-M 内核设计生产的 STM32 微控制器充分发挥了低成本、低功耗、高性价比的优势,以系列化的方式推出,方便用户选择,受到了广泛的好评。

　　STM32 系列微控制器适合的应用:替代绝大部分 8/16 位 MCU 的应用、替代目前常用的 32 位 MCU(特别是 Arm7)的应用、小型操作系统相关的应用以及简单图形和语音相关的应用等。

　　STM32 系列微控制器不适合的应用:程序代码大于 1MB 的应用、基于 Linux 或 Android 系统的应用、基于高清或超高清的视频应用等。

　　STM32 系列微控制器产品线包括高性能类型、主流类型和超低功耗类型三大类,分别面向不同的应用,其具体产品系列如图 1-1 所示。

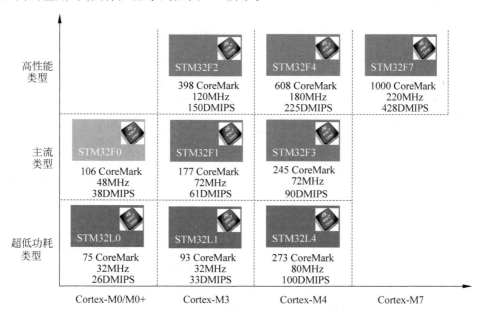

图 1-1　STM32 系列微控制器产品线

1. STM32F1 系列(主流类型)

STM32F1 系列微控制器基于 Cortex-M3 内核,利用一流的外设和低功耗、低压操作实现了高性能,同时以可接受的价格,利用简单的架构和简便易用的工具实现了高集成度,能够满足工业、医疗和消费类市场的各种应用需求。凭借该产品系列,ST公司在全球基于Arm Cortex-M3的微控制器领域处于领先地位。本书后续章节即是基于STM32F1系列中的典型微控制器STM32F103进行讲述的。

STM32F1系列微控制器包含以下5条产品线,它们的引脚、外设和软件均兼容。

(1) STM32F100:超值型,CPU工作频率为24MHz,具有电机控制和CEC功能。

(2) STM32F101:基本型,CPU工作频率为36MHz,具有高达1MB的Flash。

(3) STM32F102:USB基本型,CPU工作频率为48MHz,具备USB FS(Full-Speed)接口。

(4) STM32F103:增强型,CPU工作频率为72MHz,具有高达1MB的Flash、电机控制、USB和控制器局域网(Controller Area Network,CAN)。

(5) STM32F105/107:互联型,CPU工作频率为72MHz,具有以太网媒体访问控制(Media Access Control,MAC)、CAN和USB 2.0 OTG(USB On The Go)。

2. STM32F0系列(主流类型)

STM32F0系列微控制器基于Cortex-M0内核,在实现32位性能的同时,传承了STM32系列的重要特性。它集实时性能、低功耗运算和与STM32平台相关的先进架构及外设于一身,将全能架构理念变成现实,特别适用于成本敏感型应用。

STM32F0系列微控制器包含以下产品。

(1) STM32F0x0:在传统8位和16位市场上极具竞争力,并可使用户免于不同架构平台迁移和相关开发带来的额外工作。

(2) STM32F0x1:实现了高度的功能集成,提供多种存储容量和封装的选择,为成本敏感型应用提供了更加灵活的选择。

(3) STM32F0x2:通过USB 2.0和CAN提供了丰富的通信接口,是通信网关、智能能源器件或游戏终端的理想选择。

(4) STM32F0x8:工作在$1.8V \pm 8\%V$电压下,非常适用于智能手机、配件和多媒体设备等便携式消费类应用。

3. STM32F4系列(高性能类型)

STM32F4系列微控制器基于Cortex-M4内核,采用了ST公司的90nm非易失性存储器(Non Volatile Memory,NVM)工艺和自适应实时(Adaptive Real Time,ART)加速器,在高达180MHz的工作频率下通过闪存(Flash)执行时,其处理性能达到225DMIPS/608CoreMark,这是迄今所有基于Cortex-M内核的微控制器产品所能达到的最高基准测试分数。由于具有动态功耗调整功能,通过闪存执行时的电流消耗范围为从STM32F401的$128\mu A/MHz$到STM32F439的$260\mu A/MHz$。

STM32F4系列包含9条互相兼容的数字信号控制器(Digital Signal Controller,DSC)产品线,是MCU实时控制功能与数字信号处理功能的完美结合体。

(1) STM32F401:84MHz CPU/105DMIPS,是尺寸最小、成本最低的解决方案,具有卓越的功耗效率(动态效率系列)。

（2）STM32F410：100MHz CPU/125DMIPS，采用新型智能 DMA，优化了数据批处理的功耗（采用批采集模式的动态效率系列），配备随机数发生器、低功耗定时器和数模转换器（Digital to Analog Converter，DAC），为卓越的功率效率性能树立了新的里程碑。

（3）STM32F411：100MHz CPU/125DMIPS，具有卓越的功率效率、更大的静态随机存储器（Static Random Access Memory，SRAM）和新型智能 DMA，优化了数据批处理的功耗（采用批采集模式的动态效率系列）。

（4）STM32F405/415：168MHz CPU/210DMIPS，高达 1MB 的 Flash，具有先进连接功能和加密功能。

（5）STM32F407/417：168MHz CPU/210DMIPS，高达 1MB 的 Flash，增加了以太网MAC 和照相机接口。

（6）STM32F446：180MHz CPU/225DMIPS，高达 512KB 的 Flash，具有双回路 SPI 和同步动态随机存储器（Synchronous Dynamic Random Access Memory，SDRAM）接口。

（7）STM32F429/439：180MHz CPU/225DMIPS，高达 2MB 的双区 Flash，带 SDRAM接口、Chrom-ART 加速器和 LCD-TFT 控制器。

（8）STM32F427/437：180MHz CPU/225DMIPS，高达 2MB 的双区 Flash，具有 SDRAM接口、Chrom-ART 加速器、串行音频接口、性能更高，静态功耗更低。

（9）STM32F469/479：180MHz CPU/225DMIPS，高达 2MB 的双区 Flash，带 SDRAM和 QSPI（回线 SPI）接口、Chrom-ART 加速器、LCD-TFT 控制器和 MPI-DSI 接口。

4．STM32F7 系列（高性能类型）

STM32F7 是世界上第 1 款基于 Cortex-M7 内核的微控制器。它采用 6 级超标量流水线和浮点单元，并利用 ST 公司的 ART 加速器和 L1 缓存，实现了 Cortex-M7 的最大理论性能——无论是从嵌入式 Flash 还是外部存储器执行代码，都能在 216MHz 处理器频率下使性能达到 462DMIPS/1082CoreMark。由此可见，STM32F7 系列微控制器相对于 ST 公司以前推出的高性能微控制器，如 STM32F2、STM32 应用，给目前还在使用简单计算功能的可穿戴设备和健身应用带来革命性的颠覆，起到巨大的推动作用。

5．STM32L1 系列（超低功耗类型）

STM32L1 系列微控制器基于 Cortex-M3 内核，采用 ST 公司专有的超低泄漏制程，具有创新型自主动态电压调节功能和 5 种低功耗模式，为各种应用提供了卓越的平台灵活性。STM32L1 系列微控制器扩展了超低功耗的理念，并且不会损失性能。与 STM32L0 一样，STM32L1 提供了动态电压调节、超低功耗时钟振荡器、液晶显示（Liquid Crystal Display，LCD）接口、比较器、DAC 及硬件加密等部件。

STM32L1 系列微控制器可以实现在 1.65～1.6V 电压范围内以 32MHz 的频率全速运行，其功耗参考值如下。

（1）动态运行模式：功耗低至 177μA/MHz。

（2）低功耗运行模式：功耗低至 9μA/MHz。

（3）超低功耗模式＋备份寄存器＋RTC：900nA（3 个唤醒引脚）。

(4) 超低功耗模式＋备份寄存器：280nA(3 个唤醒引脚)。

除了超低功耗 MCU 以外,STM32L1 系列微控制器还提供了特性、存储容量和封装引脚数选项,如 32~512KB Flash 存储器、高达 80KB 的 SDRAM、真正的 16KB 嵌入式电擦除可编程只读存储器(Electrically-Erasable Programmable Read-Only Memory,EEPROM)、48~144 个引脚。为了简化移植步骤和为工程师提供所需的灵活性,STM32L1 系列与不同的 STM32F 系列均引脚兼容。

1.1.2 STM32 系统性能分析

下面对 STM32 系统性能进行分析。

(1) 集成嵌入式 Flash 和 SRAM 的 Arm Cortex-M3 内核：和 8 位或 16 位设备相比,Arm Cortex-M3 32 位精简指令集计算机(Reduced Instruction Set Computer,RISC)处理器提供了更高的代码效率。STM32F103xx 微控制器带有一个嵌入式的 Arm 核,可以兼容所有 Arm 工具和软件。

(2) 嵌入式 Flash 存储器和随机存储器(Random Access Memory,RAM)：内置 512KB 的嵌入式 Flash,可用于存储程序和数据；内置 64KB 的嵌入式 SRAM,可以以 CPU 的时钟速度进行读/写。

(3) 可变静态存储器(Flexible Static Memory Controller,FSMC)：FSMC 嵌入在 STM32F103xC、STM32F103xD、STM32F103xE 中,带有 4 个片选,支持 5 种模式：Flash、RAM、PSRAM、NOR 和 NAND。

(4) 嵌套向量中断控制器(Nested Vectored Interrupt Controller,NVIC)：可以处理 43 个可屏蔽中断通道(不包括 Cortex-M3 的 16 根中断线),提供 16 个中断优先级。紧密耦合的 NVIC 实现了更低的中断处理延时,直接向内核传递中断入口向量表地址。紧密耦合的 NVIC 内核接口允许中断提前处理,对后到的更高优先级的中断进行处理,支持尾链,自动保存处理器状态,中断入口在中断退出时自动恢复,不需要指令干预。

(5) 外部中断/事件控制器(External Interrupt/Event Controller,EXTI)：外部中断/事件控制器由 19 根用于产生中断/事件请求的边沿探测器线组成。每根线可以被单独配置用于选择触发事件(上升沿、下降沿,或者两者都可以),也可以被单独屏蔽。有一个挂起寄存器维护中断请求的状态。当外部线上出现长度超过内部高级外围总线(Advanced Peripheral Bus,APB)两个时钟周期的脉冲时,EXTI 能够探测到。多达 112 个 GPIO 连接到 16 根个外部中断线。

(6) 时钟和启动：在系统启动时要进行系统时钟选择,但复位时内部 8MHz 的晶振被选作 CPU 时钟。可以选择一个外部的 4~16MHz 时钟,并且会被监视判定是否成功。在这期间,控制器被禁止并且软件中断管理随后也被禁止。同时,如果有需要(如碰到一个间接使用的晶振失败),PLL 时钟的中断管理完全可用。多个预比较器可以用于配置高性能总线(Advanced High Performance Bus,AHB)频率,包括高速 APB(APB2)和低速 APB(APB1),高速 APB 最高的频率为 72MHz,低速 APB 最高的频率为 36MHz。

（7）Boot 模式：在启动时，用 Boot 引脚在 3 种 Boot 选项中选择一种：从用户 Flash 导入、从系统存储器导入、从 SRAM 导入。Boot 导入程序位于系统存储器，用于通过 USART1 重新对 Flash 存储器编程。

（8）电源供电方案：V_{DD} 电压范围为 $2.0\sim1.6V$，外部电源通过 V_{DD} 引脚提供，用于 I/O 和内部调压器；V_{SSA} 和 V_{DDA} 电压范围为 $2.0\sim1.6V$，外部模拟电压输入，用于模数转换器（Analog to Digital Converter，ADC）、复位模块、RC 和 PLL，在 V_{DD} 范围之内（ADC 被限制在 $2.4V$），V_{SSA} 和 V_{DDA} 必须分别连接到 V_{SS} 和 V_{DD} 引脚；V_{BAT} 电压范围为 $1.8\sim1.6V$，当 V_{DD} 无效时为 RTC、外部 32kHz 晶振和备份寄存器供电（通过电源切换实现）。

（9）电源管理：设备有一个完整的上电复位（Power-On Reset，POR）和掉电复位（Power-Down Reset，PDR）电路。这个电路一直有效，用于确保电压从 2V 启动或掉到 2V 时进行一些必要的操作。

（10）电压调节：调压器有 3 种运行模式，分别为主（MR）、低功耗（LPR）和掉电。MR 模式为传统意义上的调节模式（运行模式），LPR 模式用在停止模式，掉电模式用在待机模式。调压器输出为高阻，核心电路掉电，包括零消耗（寄存器和 SRAM 的内容不会丢失）。

（11）低功耗模式：STM32F103xx 支持 3 种低功耗模式，从而在低功耗、短启动时间和可用唤醒源之间达到一个最好的平衡点。

1.1.3　STM32 微控制器的命名规则

ST 公司在推出以上一系列基于 Cortex-M 内核的 STM32 微控制器产品线的同时，也制定了它们的命名规则。通过名称，用户能直观、迅速地了解某款具体型号的 STM32 微控制器产品。STM32 系列微控制器的名称主要由以下几部分组成。

1. 产品系列名

STM32 系列微控制器名称通常以 STM32 开头，表示产品系列，代表 ST 公司基于 Arm Cortex-M 系列内核的 32 位 MCU。

2. 产品类型名

产品类型是 STM32 系列微控制器名称的第 2 部分，通常有 F（Flash Memory，通用 Flash）、W（无线系统芯片）、L（低功耗、低电压，$1.65\sim1.6V$）等类型。

3. 产品子系列名

产品子系列是 STM32 系列微控制器名称的第 3 部分。

例如，常见的 STM32F 产品子系列有 050（Arm Cortex-M0 内核）、051（Arm Cortex-M0 内核）、100（Arm Cortex-M3 内核、超值型）、101（Arm Cortex-M3 内核、基本型）、102（Arm Cortex-M3 内核、USB 基本型）、103（Arm Cortex-M3 内核、增强型）、105（Arm Cortex-M3 内核、USB 互联网型）、107（Arm Cortex-M3 内核、USB 互联网型和以太网型）、108（Arm Cortex-M3 内核、IEEE 802.15.4 标准）、151（Arm Cortex-M3 内核、不带 LCD）、152/162（Arm Cortex-M3 内核、带 LCD）、205/207（Arm Cortex-M3 内核、带摄像头）、215/217

（Arm Cortex-M3 内核、带摄像头和加密模块）、405/407（Arm Cortex-M4 内核、MCU＋FPU，带摄像头）、415/417（Arm Cortex-M4 内核，MCU＋FPU、带加密模块和摄像头）等。

4. 引脚数

引脚数是 STM32 系列微控制器名称的第 4 部分，通常有以下几种：F(20pin)、G(28pin)、K(32pin)、T(36pin)、H(40pin)、C(48pin)、U(63pin)、R(64pin)、O(90pin)、V(100pin)、Q(132pin)、Z(144pin)和 I(176pin)等。

5. Flash 容量

Flash 容量是 STM32 系列微控制器名称的第 5 部分，通常有以下几种：4(16KB Flash、小容量)、6(32KB Flash、小容量)、8(64KB Flash、中容量)、B(128KB Flash、中容量)、C(256KB Flash、大容量)、D(384KB Flash、大容量)、E(512KB Flash、大容量)、F(768KB Flash、大容量)、G(1MB Flash、大容量)。

6. 封装方式

封装方式是 STM32 系列微控制器名称的第 6 部分，通常有以下几种：T(LQFP，即 Low-Profile Quad Flat Package，薄型四侧引脚扁平封装)、H(BGA，即 Ball Grid Array，球栅阵列封装)、U(VFQFPN，即 Very Thin Fine Pitch Quad Flat Pack No-lead Package，超薄细间距四方扁平无铅封装)、Y(WLCSP，即 Wafer Level Chip Scale Packaging，晶圆片级芯片规模封装)。

7. 温度范围

温度范围是 STM32 系列微控制器名称的第 7 部分，通常有以下两种：6(−40～85℃，工业级)和 7(−40～105℃，工业级)。

STM32F103 微控制器命名规则及示例如图 1-2 所示。例如，本书后续部分主要介绍的 STM32F103ZET6 微控制器，其中，STM32 代表 ST 公司基于 Arm Cortex-M 系列内核的 32 位 MCU，F 代表通用 Flash 型，103 代表基于 Arm Cortex-M3 内核的增强型子系列，Z 代表 144 个引脚，E 代表大容量 512KB Flash，T 代表 LQFP 封装方式，6 代表−40～85℃的工业级温度范围。

STM32F103xx Flash 容量、封装及型号对应关系如图 1-3 所示。

1.1.4 STM32 微控制器内部资源

对 STM32 微控制器内部资源介绍如下。

(1) 内核：Arm 32 位 Cortex-M3 CPU，最高工作频率为 72MHz，执行速度为 1.25DMIPS/MHz，完成 32 位×32 位乘法计算只需一个周期，并且硬件支持除法（有的芯片不支持硬件除法）。

(2) 存储器：片上集成 32～512KB Flash，6～64KB 静态随机存取存储器（SRAM）。

(3) 电源和时钟复位电路：包括 1.6～2.0V 的供电电源（提供 I/O 端口的驱动电压）；

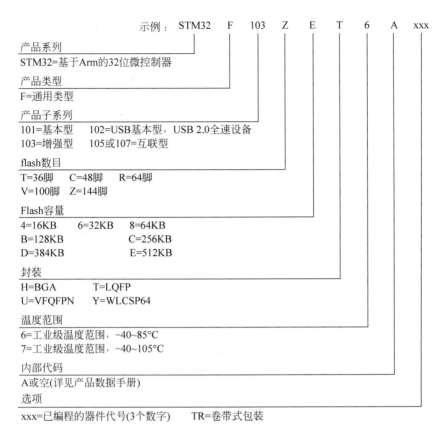

示例：STM32　F　103　Z　E　T　6　A　xxx

产品系列
STM32=基于Arm的32位微控制器

产品类型
F=通用类型

产品子系列
101=基本型　　102=USB基本型，USB 2.0全速设备
103=增强型　　105或107=互联型

flash数目
T=36脚　　C=48脚　　R=64脚
V=100脚　　Z=144脚

Flash容量
4=16KB　　6=32KB　　8=64KB
B=128KB　　C=256KB
D=384KB　　E=512KB

封装
H=BGA　　　T=LQFP
U=VFQFPN　Y=WLCSP64

温度范围
6=工业级温度范围，−40~85℃
7=工业级温度范围，−40~105℃

内部代码
A或空(详见产品数据手册)

选项
xxx=已编程的器件代号(3个数字)　　TR=卷带式包装

图 1-2　STM32F103 微控制器命名规则及示例

上电/断电复位(POR/PDR)端口和可编程电压探测器(PVD)；内嵌 4~16MHz 晶振；内嵌出厂前调校 8MHz 和 40kHz 的 RC 振荡电路；供 CPU 时钟的 PLL 锁相环；带校准功能供 RTC 的 32kHz 晶振。

（4）调试端口：有 SWD 串行调试端口和 JTAG 端口可供调试用。

（5）I/O 端口：根据型号的不同，双向快速 I/O 端口数量可为 26、37、51、80 或 112。翻转速度为 18MHz,所有端口都可以映射到 16 个外部中断向量。除了模拟输入端口，其他所有端口都可以接收 5V 以内的电压输入。

（6）DMA(直接内存存取)端口：支持定时器、ADC、SPI、I2C 和 USART 等外设。

（7）ADC：带有两个 12 位的微秒级逐次逼近型 ADC,每个 ADC 最多有 16 个外部通道和两个内部通道(一个接内部温度传感器，另一个接内部参考电压)。ADC 供电要求为 $1.6 \sim 2.4\mathrm{V}$,测量范围为 $V_{\mathrm{REF-}} \sim V_{\mathrm{REF+}}$,$V_{\mathrm{REF-}}$ 通常为 0V,$V_{\mathrm{REF+}}$ 通常与供电电压一样。具有双采样和保持能力。

（8）DAC：STM32F103xC、STM32F103xD、STM32F103xE 单片机具有 2 通道 12 位 DAC。

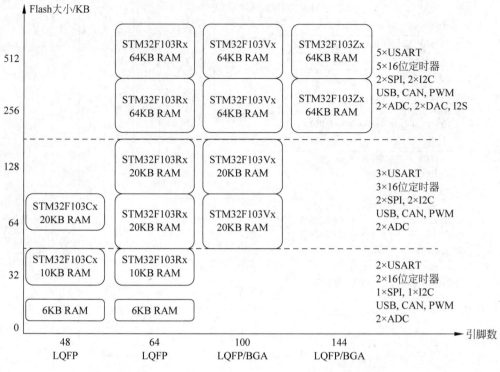

图 1-3　STM32F103xx Flash 容量、封装及型号对应关系[①]

（9）定时器：最多可有 11 个定时器，包括：4 个 16 位定时器，每个定时器有 4 个 PWM 定时器或脉冲计数器；两个 16 位的 6 通道高级控制定时器（最多 6 个通道可用于 PWM 输出）；两个看门狗定时器——独立看门狗（Independent Watchdog，IWDG）定时器和窗口看门狗（Window Watchdog，WWDG）定时器；一个系统滴答定时器 SysTick（24 位倒计数器）；两个 16 位基本定时器，用于驱动 DAC。

（10）通信端口：最多可有 13 个通信端口，包括：两个 PC 端口；5 个 UART 端口（兼容 IrDA 标准，调试控制）；3 个 SPI 端口（18 Mb/s），其中 I2S 端口最多只能有两个，以及 CAN 端口、USB 2.0 全速端口、安全数字输入/输出（SDIO）端口（这 3 个端口最多都只能有一个）。

（11）FSMC：FSMC 嵌入在 STM32F103xC、STM32F103xD、STM32F103xE 单片机中，带有 4 个片选端口，支持 Flash、随机存取存储器（RAM）、伪静态随机存储器（Pseudo Static Random Access Memory，PSRAM）等。

1.1.5　STM32 微控制器的选型

在微控制器选型过程中，工程师常常会陷入这样一个困局：一方面，抱怨 8 位/16 位微控制器有限的指令和性能；另一方面，抱怨 32 位处理器的高成本和高功耗。可否有效地解

---

① 32KB 的设备没有 CAN 和 USB，只有 6KB 的 SRAM。

决这个问题,让工程师不必在性能、成本、功耗等因素中进行取舍和折中?

　　基于 Arm 公司 2006 年推出的 Cortex-M3 内核,ST 公司于 2007 年推出的 STM32 系列微控制器就很好地解决了上述问题。因为 Cortex-M3 内核的计算能力为 1.25DMIPS/MHz,而 Arm7TDMI 只有 0.95DMIPS/MHz。而且 STM32 拥有 $1\mu s$ 的双 12 位 ADC、4Mb/s 的 UART、18Mb/s 的 SPI、18MHz 的 I/O 翻转速度;更重要的是,STM32 在 72MHz 工作时功耗只有 36mA(所有外设处于工作状态),而待机时功耗只有 $2\mu A$。

　　通过前面的介绍,我们已经大致了解了 STM32 微控制器的分类和命名规则。在此基础上,根据实际情况的具体需求,可以大致确定所要选用的 STM32 微控制器的内核型号和产品系列。例如,一般工程应用的数据运算量不是特别大,基于 Cortex-M3 内核的 STM32F1 系列微控制器即可满足要求;如果需要进行大量的数据运算,且对实时控制和数字信号处理能力要求很高,或者需要外接 RGB 大屏幕,则推荐选择基于 Cortex-M4 内核的 STM32F4 系列微控制器。

　　在明确了产品系列之后,可以进一步选择产品线。以基于 Cortex-M3 内核的 STM32F1 系列微控制器为例,如果仅需要用到电动机控制或消费类电子控制功能,则选择 STM32F100 或 STM32F101 系列微控制器即可;如果还需要用到 USB 通信、CAN 总线等模块,则推荐选用 STM32F103 系列微控制器,这也是目前市场上应用最广泛的微控制器系列之一;如果对网络通信要求较高,则可以选用 STM32F105 或 STM32F107 系列微控制器。对于同一个产品系列,不同的产品线采用的内核是相同的,但核外的片上外设存在差异。具体选型情况要视实际的应用场合而定。

　　确定好产品线之后,即可选择具体的型号。参照 STM32 微控制器的命名规则,可以先确定微控制器的引脚数目。引脚多的微控制器的功能相对多一些,当然价格也贵一些,具体要根据实际应用中的功能需求进行选择,一般够用就好。确定好引脚数目之后,再选择 Flash 容量的大小。对于 STM32 微控制器,具有相同引脚数目的微控制器会有不同的 Flash 容量可供选择,也要根据实际需要进行选择,程序大就选择容量大的 Flash,一般也是够用即可。到这里,根据实际的应用需求,确定了所需的微控制器的具体型号,下一步工作就是开发相应的应用。

　　除了可以选择 STM32 微控制器外,还可以选择国产芯片。Arm 技术发源于国外,但通过我国研究人员十几年的研究和开发,我国的 Arm 微控制器技术已经取得了很大的进步,国产品牌已获得了较高的市场占有率,相关的产业也在逐步发展壮大。

　　(1)兆易创新于 2005 年在北京成立,是一家领先的无晶圆厂半导体公司,致力于开发先进的存储器技术和集成电路(Integrated Circuit,IC)解决方案。公司的核心产品线为 Flash、32 位通用型 MCU、智能人机交互传感器芯片及整体解决方案,公司产品以"高性能、低功耗"著称,为工业、汽车、计算、消费类电子、物联网、移动应用以及网络和电信行业的客户提供全方位服务。与 STM32F103 兼容的产品为 GD32VF103。

　　(2)华大半导体是中国电子信息产业集团有限公司(China Electronics Corporation,

CEC)旗下专业的集成电路发展平台公司,围绕汽车电子、工业控制、物联网三大应用领域,重点布局控制芯片、功率半导体、高端模拟芯片和安全芯片等,提供整体芯片解决方案,形成了竞争力强劲的产品矩阵及全面的解决方案。可以选择的 Arm 微控制器有 HC32F0、HC32F1 和 HC32F4 系列。

学习嵌入式微控制器的知识,掌握其核心技术,了解这些技术的发展趋势,有助于为我国培养该领域的后备人才,促进我国在微控制器技术上的长远发展,为国产品牌的发展注入新的活力。在学习中,我们应注意知识学习、能力提升、价值观塑造的有机结合,培养自力更生、追求卓越的奋斗精神和精益求精的工匠精神,树立民族自信心,为实现中华民族的伟大复兴贡献力量。

1.2 STM32F1 系列产品系统构架和 STM32F103ZET6 内部架构

STM32 与其他单片机一样,是一个单片计算机或单片微控制器。所谓单片,就是在一个芯片上集成了计算机或微控制器应有的基本功能部件。这些功能部件通过总线连在一起。就 STM32 而言,这些功能部件主要包括 Cortex-M 内核、总线、系统时钟发生器、复位电路、程序存储器、数据存储器、中断控制、调试接口以及各种功能部件(外设)。不同的芯片系列和型号,外设的数量和种类也不一样,常用的基本功能部件(外设)有通用输入/输出接口 GPIO、定时/计数器 TIMER/COUNTER、串行通信接口 USART、串行总线(I2C、SPI 或 I2S)、SD 卡接口 SDIO、USB 接口等。

STM32F10x 系列单片机基于 Arm Cortex-M3 内核,主要分为 STM32F100xx、STM32F101xx、STM32F102xx、STM32F103xx、STM32F105xx 和 STM32F107xx。STM32F100xx、STM32F101xx 和 STM32F102xx 为基本型系列,分别工作在 24MHz、36MHz 和 48MHz 主频下。STM32F103xx 为增强型系列,STM32F105xx 和 STM32F107xx 为互联型系列,均工作在 72MHz 主频下。结构特点如下。

(1) 一个主晶振可以驱动整个系统,低成本的 4~16MHz 晶振即可驱动 CPU、USB 和其他所有外设。

(2) 内嵌出厂前调校好的 8MHz RC 振荡器,可以作为低成本主时钟源。

(3) 内嵌电源监视器,减少对外部器件的要求,提供上电复位、低电压检测、掉电检测。

(4) GPIO 的最大翻转频率为 18MHz。

(5) PWM 定时器,可以接收最大 72MHz 时钟输入。

(6) USART:传输速率可达 4.5Mb/s。

(7) ADC:12 位,转换时间最快为 $1\mu s$。

(8) DAC:提供两个 12 位通道。

(9) SPI:传输速率可达 18Mb/s,支持主模式和从模式。

(10) I2C:工作频率可达 400kHz。

（11）I2S：采样频率可选范围为 8～48kHz。

（12）自带时钟的看门狗定时器。

（13）USB：传输速率可达 12Mb/s。

（14）SDIO：传输速率为 48MHz。

1.2.1　STM32F1 系列产品系统架构

STM32F1 系列产品系统架构如图 1-4 所示。

STM32F1 系列产品主要由以下几部分构成。

（1）Cortex-M3 内核 DCode 总线（D-Bus）和系统总线（S-Bus）。

（2）通用 DMA1 和通用 DMA2。

（3）内部 SRAM。

（4）内部 Flash。

（5）FSMC（可变静态存储控制器）。

（6）AHB 到 APB 的桥（AHB2APBx），它连接所有 APB 设备。

上述部件都是通过一个多级的 AHB 总线构架相互连接的。

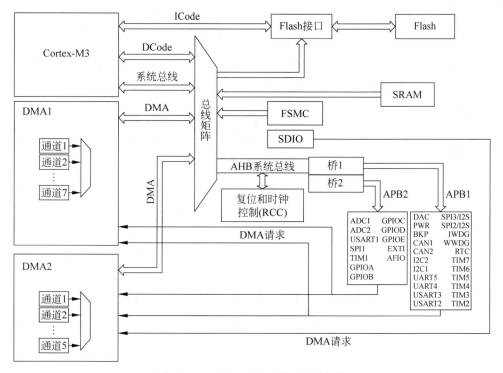

图 1-4　STM32F1 系列产品系统架构

（7）ICode 总线：该总线将 Cortex-M3 内核的指令总线与 Flash 指令接口相连接。指令预取在此总线上完成。

（8）DCode 总线：该总线将 Cortex-M3 内核的 DCode 总线与 Flash 的数据接口相连接（常量加载和调试访问）。

（9）系统总线：该总线连接 Cortex-M3 内核的系统总线（外设总线）到总线矩阵，总线矩阵协调着内核和 DMA 间的访问。

（10）DMA 总线：该总线将 DMA 的 AHB 主控接口与总线矩阵相连，总线矩阵协调 CPU 的 DCode 总线和 DMA 到 SRAM、Flash 和外设的访问。

（11）总线矩阵：总线矩阵协调内核系统总线和 DMA 主控总线之间的访问仲裁，仲裁采用轮换算法。总线矩阵包含 4 个主动部件（CPU 的 DCode 总线、系统总线、DMA1 总线和 DMA2 总线）和 4 个被动部件（Flash 接口、SRAM、FSMC 和 AHB2APB 桥）。

（12）AHB 外设：通过总线矩阵与系统总线相连，允许 DMA 访问。

（13）AHB/APB 桥（APB）：两个 AHB/APB 桥在 AHB 和两个 APB 总线间提供同步连接。APB1 操作速度限于 36MHz，APB2 操作于全速（最高 72MHz）。

上述模块由高级微控制器总线架构（Advanced Microcontroller Bus Architecture，AMBA）总线连接到一起。AMBA 总线是 Arm 公司定义的片上总线，已成为一种流行的工业片上总线标准。它包括 AHB 和 APB，前者作为系统总线，后者作为外设总线。

为更加简明地理解 STM32 单片机的内部结构，对图 1-4 进行抽象简化，STM32F1 系列产品抽象简化系统架构如图 1-5 所示，这样对初学者的学习理解会更加方便一些。

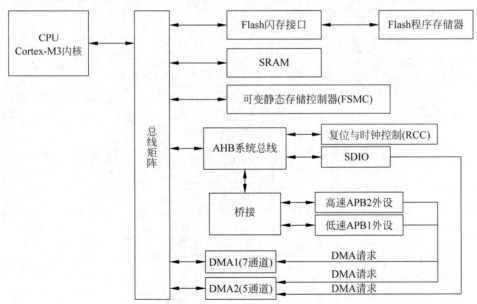

图 1-5　STM32F1 系列产品抽象简化系统架构

下面结合图 1-5 对 STM32 的基本原理进行简单分析。

（1）程序存储器、静态数据存储器和所有外设都统一编址，地址空间为 4GB，但各自都有固定的存储空间区域，使用不同的总线进行访问。这一点与 51 单片机完全不一样。具体的地址空间请参阅 ST 公司官方手册。如果采用固件库开发程序,则可以不必关注具体的地址问题。

（2）可将 Cortex-M3 内核视为 STM32 的 CPU,程序存储器、静态数据存储器和所有外设均通过相应的总线再经总线矩阵与之相接。Cortex-M3 内核控制程序存储器、静态数据存储器和所有外设的读写访问。

（3）STM32 的功能外设较多,分为高速外设、低速外设两类,各自通过桥接再通过 AHB 系统总线连接至总线矩阵,从而实现与 Cortex-M3 内核的接口。两类外设的时钟可各自配置,速度不一样。具体某个外设属于高速还是低速,已经被 ST 公司明确规定。所有外设均有两种访问操作方式:一是传统的方式,通过相应总线由 CPU 发出读写指令进行访问,这种方式适用于读写数据较小、速度相对较低的场合;二是 DMA 方式,即直接存储器存取,在这种方式下,外设可发出 DMA 请求,不再通过 CPU 而直接与指定的存储区发生数据交换,因此可大大提高数据访问操作的速度。

（4）STM32 的系统时钟均由复位与时钟控制器（RCC）产生,它有一整套的时钟管理设备,由它为系统和各种外设提供所需的时钟以确定各自的工作速度。

1.2.2　STM32F103ZET6 内部架构

STM32F103ZET6 集成了 Cortex-M3 内核 CPU,工作频率为 72MHz,与 CPU 紧耦合的为嵌套向量中断控制器（NVIC）和跟踪调试单元。其中,调试单元支持标准 JTAG 和串行 SW 两种调试方式;16 个外部中断源作为 NVIC 的一部分。CPU 通过指令总线直接到 Flash 取指令,通过数据总线和总线矩阵与 Flash 和 SRAM 交换数据,DMA 可以直接通过总线矩阵控制定时器、ADC、DAC、SDIO、I2S、SPI、I2C 和 USART。

Cortex-M3 内核 CPU 通过总线阵列和高性能总线（AHB）以及 AHB-APB（高级外设总线）桥与两类 APB 总线（即 APB1 总线和 APB2 总线）相连接。其中,APB2 总线工作在 72MHz 频率下,与它相连的外设有外部中断与唤醒控制、7 个通用目的输入/输出端口（PA、PB、PC、PD、PE、PF 和 PG）、定时器 1、定时器 8、SPI1、USART1、3 个 ADC 和内部温度传感器。其中,3 个 ADC 和内部温度传感器使用 V_{DDA} 电源。

APB1 总线最高可工作在 36MHz 频率下,与 APB1 总线相连的外设有看门狗定时器、定时器 6、定时器 7、RTC 时钟、定时器 2、定时器 3、定时器 4、定时器 5、USART2、USART3、UART4、UART5、SPI2（I2S2）与 SPI3（I2S3）、IC1 与 IC2、CAN、USB 设备和两个 DAC。其中,512B 的 SRAM 属于 CAN 模块,看门狗时钟源使用 V_{DD} 电源,RTC 时钟源使用 V_{BAT} 电源。

STM32F103ZET6 芯片内部具有 8MHz 和 40kHz 的 RC 振荡器,时钟与复位控制器和 SDIO 模块直接与 AHB 总线相连接。而静态存储器控制器（FSMC）直接与总线矩阵相连接。

根据程序存储容量,ST 芯片分为三大类:LD（小于 64KB）、MD（小于 256KB）、HD（大于 256KB）,而 STM32F103ZET6 类型属于第 3 类,它是 STM32 系列中的一个典型型号。

STM32F103ZET6 内部架构如图 1-6 所示。STM32F103ZET6 具有以下特性。

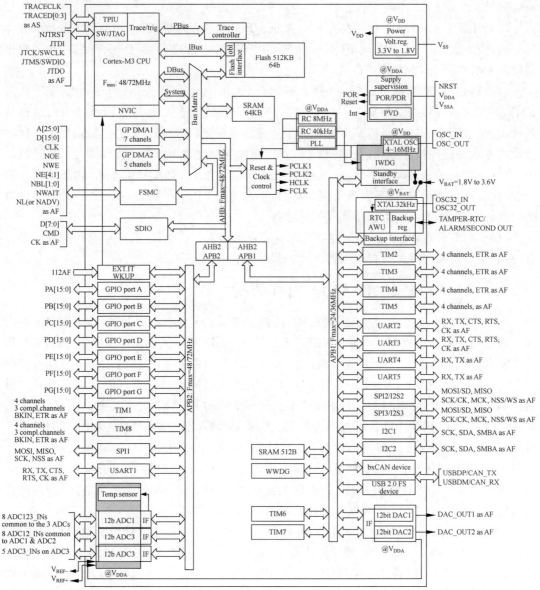

图 1-6　STM32F103ZET6 内部架构

channels—通道；as AF—作为第二功能（AF 即 Alternate Functions，第二功能）；device—设备；system—系统；Power—电源；volt. reg. —电压寄存器；Bus Matrix —总线矩阵；Supply supervision—电源监视；Standby interface—备用接口；Backup interface—后备接口；Backup reg. —后备寄存器

（1）内核方面：Arm 32 位的 Cortex-M3 CPU,最高 72MHz 工作频率,在存储器的零等待周期访问时运算速度可达 1.25DMIPS/MHz(Dhrystone 2.1)；具有单周期乘法和硬件除法指令。

（2）存储器方面：512KB 的 Flash 程序存储器；64KB 的 SRAM；带有 4 个片选信号的灵活的静态存储器控制器，支持 Compact Flash、SRAM、PSRAM、NOR 和 NAND 存储器。

（3）LCD 并行接口，支持 8080/6800 模式。

（4）时钟、复位和电源管理方面：芯片和 I/O 引脚的供电电压为 1.6～2.0V；上电/断电复位（POR/PDR）、可编程电压监测器（PVD）；4～16MHz 晶体振荡器；内嵌经出厂调校的 8MHz RC 振荡器；内嵌带校准的 40kHz RC 振荡器；带校准功能的 32kHz RTC 振荡器。

（5）低功耗：支持睡眠、停机和待机模式；V_{BAT} 为 RTC 和后备寄存器供电。

（6）3 个 12 位模数转换器（ADC）：1μs 转换时间（多达 16 个输入通道）；转换范围为 0～1.6V；具有采样和保持功能；温度传感器。

（7）两个 12 位数模转换器（DAC）。

（8）DMA：12 通道 DMA 控制器；支持的外设包括定时器、ADC、DAC、SDIO、I2S、SPI、I2C 和 USART。

（9）调试模式：串行单线调试（SWD）和 JTAG 接口；Cortex-M3 嵌入式跟踪宏单元（ETM）。

（10）快速 I/O 端口（PA～PG）：多达 7 个快速 I/O 端口，每个端口包含 16 根 I/O 线，所有 I/O 端口可以映像到 16 个外部中断；绝大多数端口均可容忍 5V 信号。

（11）多达 11 个定时器：4 个 16 位通用定时器，每个定时器有 4 个用于输入捕获、输出比较、PWM 或脉冲计数的通道和增量编码器输入；两个 16 位带死区控制和紧急刹车，用于电机控制的 PWM 高级控制定时器；两个看门狗定时器（IWDG 和 WWDG）；系统滴答定时器（24 位自减型计数器）；两个 16 位基本定时器用于驱动 DAC。

（12）多达 13 个通信接口：两个 IC 接口（支持 SMBus/PMBus）；5 个 USART 接口（支持 ISO 7816 接口、LIN、IrDA 兼容接口和调制解调控制）；3 个 SPI（18Mb/s）；一个 CAN 接口（支持 2.0B 协议）；一个 USB 2.0 全速接口；一个 SDIO 接口。

（13）循环冗余校验（Cyclic Redundancy Check，CRC）计算单元，96 位的芯片唯一代码。

（14）LQFP（小外形四方扁平封装）144 封装形式。

（15）工作温度：−40～+105℃。

以上特性使 STM32F103ZET6 非常适用于电机驱动、应用控制、医疗和手持设备、个人计算机（Personal Computer，PC）和游戏外设、全球定位系统（Global Positioning System，GPS）平台、工业应用、可编程逻辑控制器（Programmable Logic Controller，PLC）、逆变器、打印机、扫描仪、报警系统、空调系统等领域。

1.3　STM32F103ZET6 的存储器映像

STM32F103ZET6 的存储器映像如图 1-7 所示。

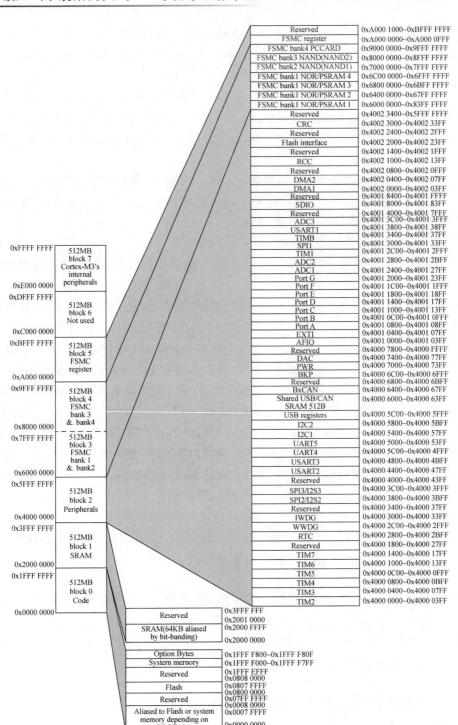

图 1-7　STM32F103ZET6 的存储器映像

block—块；bank—段；Reserved—保留；Shared—共享；registers—寄存器；Option Bytes—选项字节；
System memory—系统存储器；Aliased—别名；depending on—取决于；pins—引脚

由图 1-7 可知,STM32F103ZET6 芯片是 32 位的微控制器,可寻址存储空间大小为 4GB,分为 8 个 512MB 的存储块,存储块 0 的地址范围为 0x0000 0000～0x1FFF FFFF,存储块 1 的地址范围为 0x2000 0000～0x3FFF FFFF,以此类推,存储块 7 的地址范围为 0xE000 0000～0xFFFF FFFF。

STM32F103ZET6 芯片的可寻址空间大小为 4GB,但是并不意味着 0x0000 0000～0xFFFF FFFF 地址空间均可以有效访问,只有映射了真实物理存储器的存储空间才能被有效访问。对于存储块 0,如图 1-7 所示,片内 Flash 映射到地址空间 0x0800 0000～0x0807 FFFF(512KB),系统存储器映射到地址空间 0x1FFF F000～0x1FFF F7FF(2KB),用户选项字节(Option Bytes)映射到地址空间 0x1FFF F800～0x1FFF F80F(16B)。同时,地址范围 0x0000 0000～0x0007 FFFF,根据启动模式要求,可以作为 Flash 或系统存储器的别名访问空间。例如,BOOT0＝0 时,片内 Flash 同时映射到地址空间 0x0000 0000～0x0007 FFFF 和地址空间 0x0800 0000～0x0807 FFFF,即地址空间 0x0000 0000～0x0007 FFFF 是 Flash 存储器。除此之外,其他空间是保留的。

512MB 的存储块 1 中只有地址空间 0x2000 0000～0x2000 FFFF 映射了 64KB 的 SRAM,其余空间是保留的。

尽管 STM32F103ZET6 微控制器有两个 APB 总线,且这两个总线上的外设访问速度不同,但是芯片存储空间中并没有区别这两个外设的访问空间,而是把全部 APB 外设映射到存储块 2 中,每个外设的寄存器占据 1KB 空间。

程序存储器、数据存储器、寄存器和输入/输出端口被组织在同一个 4GB 的线性地址空间内。可访问的存储器空间被分为 8 个主要的块,每块为 512MB。

数据字节以小端格式存放在存储器中。一个字中的最低地址字节被认为是该字的最低有效字节,而最高地址字节是最高有效字节。

1.3.1　STM32F103ZET6 内置外设的地址范围

STM32F103ZET6 内置外设的地址范围如表 1-1 所示。

表 1-1　STM32F103ZET6 内置外设的地址范围

地 址 范 围	外　　　设	所 在 总 线
0x5000 0000～0x5003 FFFF	USB OTG 全速	AHB
0x4002 8000～0x4002 9FFF	以太网	
0x4002 3000～0x4002 33FF	CRC	AHB
0x4002 2000～0x4002 23FF	Flash 接口	
0x4002 1000～0x4002 13FF	复位和时钟控制(RCC)	
0x4002 0400～0x4002 07FF	DMA2	
0x4002 0000～0x4002 03FF	DMA1	
0x4001 8000～0x4001 83FF	SDIO	

续表

地址范围	外设	所在总线
0x4001 3C00～0x4001 3FFF	ADC3	APB2
0x4001 3800～0x4001 3BFF	USART1	
0x4001 3400～0x4001 37FF	TIM8 定时器	
0x4001 3000～0x4001 33FF	SPI1	
0x4001 2C00～0x4001 2FFF	TIM1 定时器	
0x4001 2800～0x4001 2BFF	ADC2	
0x4001 2400～0x4001 27FF	ADC1	
0x4001 2000～0x4001 23FF	GPIO 端口 G	
0x4001 1C00～0x4001 1FFF	GPIO 端口 F	
0x4001 1800～0x4001 1BFF	GPIO 端口 E	
0x4001 1400～0x4001 17FF	GPIO 端口 D	
0x4001 1000～0x4001 13FF	GPIO 端口 C	
0x4001 0C00～0x4001 0FFF	GPIO 端口 B	
0x4001 0800～0x4001 0BFF	GPIO 端口 A	
0x4001 0400～0x4001 07FF	EXTI	
0x4001 0000～0x4001 03FF	AFIO	
0x4000 7400～0x4000 77FF	DAC	PB1
0x4000 7000～0x4000 73FF	电源控制（PWR）	
0x4000 6C00～0x4000 6FFF	后备寄存器（BKR）	
0x4000 6400～0x4000 67FF	bxCAN	
0x4000 6000～0x4000 63FF	USB/CAN 共享的 512B SRAM	
0x4000 5C00～0x4000 5FFF	USB 全速设备寄存器	
0x4000 5800～0x4000 5BFF	I2C2	
0x4000 5400～0x4000 57FF	I2C1	
0x4000 5000～0x4000 53FF	UART5	
0x4000 4C00～0x4000 4FFF	UART4	
0x4000 4800～0x4000 4BFF	USART3	
0x4000 4400～0x4000 47FF	USART2	
0x4000 3C00～0x4000 3FFF	SPI3/I2S3	
0x4000 3800～0x4000 3BFF	SPI2/I2S2	
0x4000 3000～0x4000 33FF	独立看门狗（IWDG）	
0x4000 2C00～0x4000 2FFF	窗口看门狗（WWDG）	
0x4000 2800～0x4000 2BFF	RTC	
0x4000 1400～0x4000 17FF	TIM7 定时器	
0x4000 1000～0x4000 13FF	TIM6 定时器	
0x4000 0C00～0x4000 0FFF	TIM5 定时器	
0x4000 0800～0x4000 0BFF	TIM4 定时器	
0x4000 0400～0x4000 07FF	TIM3 定时器	
0x4000 0000～0x4000 03FF	TIM2 定时器	

以下没有分配给片上存储器和外设的存储器空间都是保留的地址空间：0x4000 1800～0x4000 27FF、0x4000 3400～0x4000 37FF、0x4000 4000～0x4000 3FFF、x4000 7800～0x4000 FFFF、0x4001 4000～0x4001 7FFF、0x4001 8400～0x4001 7FFF、0x4002 8000～0x4002 0FFF、0x4002 1400～0x4002 1FFF、0x4002 3400～0x4002 3FFF、0x4003 0000～0x4FFF FFFF。

其中，每个地址范围的第 1 个地址为对应外设的首地址，该外设的相关寄存器地址都可以用"首地址＋偏移量"的方式找到其绝对地址。

1.3.2　嵌入式 SRAM

STM32F103ZET6 内置 64KB 的静态 SRAM，可以以字节、半字（16 位）或字（32 位）进行访问。SRAM 的起始地址为 0x2000 0000。

Cortex-M3 存储器映像包括两个位带区。这两个位带区将别名存储器区中的每个字映射到位带区的一个位，在别名存储器区写入一个字具有对位带区的目标位执行读-改-写操作的相同效果。

在 STM32F103ZET6 中，外设寄存器和 SRAM 都被映射到位带区，允许执行位带区的写和读操作。

别名存储器区中的每个字对应位带区的相应位的映射公式如下，

bit_word_addr＝bit_band_base＋（byte_offset×32）＋（bit_number×4）

其中，bit_word_addr 为别名存储器区中字的地址，它映射到某个目标位；bit_band_base 为别名存储器区的起始地址；byte_offset 为包含目标位的字节在位带区中的序号；bit_number 为目标位所在位置（0～31）。

1.3.3　嵌入式 Flash

512KB Flash 由主存储块和信息块组成。主存储块容量为 64K×64 位，每个存储块划分为 256 个 2KB 的页。信息块容量为 258×64 位。

Flash 模块的组织如表 1-2 所示。

表 1-2　Flash 模块的组织

模　块	名　称	地　址	大小/B
主存储块	页 0	0x0800 0000～0x0800 07FF	2K
	页 1	0x0800 0800～0x0800 0FFF	2K
	页 2	0x0800 1000～0x0800 17FF	2K
	页 3	0x0800 1800～0x0800 1FFF	2K
	…	…	…
	页 255	0x0807 F800～0x0807 FFFF	2K
信息块	系统存储器	0x1FFF F000～0x1FFF F7FF	2K
	选择字节	0x1FFF F800～0x1FFF F80F	16

续表

模　块	名　称	地　址	大小/B
Flash 接口寄存器	Flash_ACR	0x4002 2000～0x4002 2003	4
	Flash_KEYR	0x4002 2004～0x4002 2007	4
	Flash_OPTKEYR	0x4002 2008～0x4002 200B	4
	Flash_SR	0x4002 200C～0x4002 200F	4
	Flash_CR	0x4002 2010～0x4002 2013	4
	Flash_AR	0x4002 2014～0x4002 2017	4
	保留	0x4002 2018～0x4002 201B	4
	Flash_OBR	0x4002 201C～0x4002 201F	4
	Flash_WRPR	0x4002 2020～0x4002 2023	4

Flash 接口的特性如下。

（1）带预取缓冲器的读接口（每字为 2×64 位）。

（2）选择字节加载器。

（3）Flash 编程/擦除操作。

（4）访问/写保护。

Flash 的指令和数据访问是通过 AHB 总线完成的。预取模块通过 ICode 总线读取指令。仲裁作用在 Flash 接口，并且 DCode 总线上的数据访问优先。读访问可以有以下配置选项。

（1）等待时间：可以随时更改用于读取操作的等待状态的数量。

（2）预取缓冲区（两个 64 位）：在每次复位以后被自动打开，由于每个缓冲区的大小（64位）与 Flash 的带宽相同，因此只需通过一次读 Flash 的操作即可更新整个级中的内容。由于预取缓冲区的存在，CPU 可以工作在更高的主频上。CPU 每次取指令最多为 32 位的字，取一条指令时，下一条指令已经在缓冲区中等待。

1.4　STM32F103ZET6 的时钟结构

STM32 系列微控制器中，有 5 个时钟源，分别是高速内部（HSI）时钟、高速外部（HSE）时钟、低速内部（Low Speed Internal，LSI）时钟、低速外部（Low Speed External，LSE）时钟、锁相环（PLL）倍频输出。STM32F103ZET6 的时钟系统呈树状结构，因此也称为时钟树。

STM32F103ZET6 具有多个时钟频率，分别供给内核和不同外设模块使用。高速时钟供中央处理器等高速设备使用，低速时钟供外设等低速设备使用。HSI、HSE 或 PLL 时钟可用于驱动系统时钟（SYSCLK）。

LSI、LSE 时钟作为二级时钟源。40kHz 低速内部 RC 时钟可用于驱动独立看门狗和通过程序选择驱动 RTC。RTC 用于在停机/待机模式自动唤醒系统。

32.768kHz 低速外部晶体也可用于通过程序选择驱动 RTC（RTCCLK）。

当某个部件不被使用时，任意时钟源都可被独立地启动或关闭，由此优化系统功耗。

　　用户可通过多个预分频器配置 AHB、高速 APB（APB2）和低速 APB（APB1）的频率。AHB 和 APB2 的最大频率为 72MHz，APB1 的最大允许频率为 36MHz。SDIO 接口的时钟频率固定为 HCLK/2。

　　RCC 通过 AHB 时钟（HCLK）8 分频后作为 Cortex 系统定时器（SysTick）的外部时钟。通过对 SysTick 控制与状态寄存器的设置，可选择上述时钟或 Cortex（HCLK）时钟作为 SysTick 时钟。ADC 时钟由高速 APB2 时钟经 2、4、6 或 8 分频后获得。

　　定时器时钟频率分配由硬件按以下两种情况自动设置。

　　（1）如果相应的 APB 预分频系数为 1，定时器的时钟频率与所在 APB 总线频率一致；

　　（2）否则，定时器的时钟频率被设为与其相连的 APB 总线频率的 2 倍。

　　FCLK 是 Cortex-M3 处理器的自由运行时钟。

　　STM32 处理器因为低功耗的需要，各模块需要分别独立开启时钟。因此，当需要使用某个外设模块时，务必要先使能对应的时钟，否则这个外设不能工作。STM32 时钟树如图 1-8 所示。

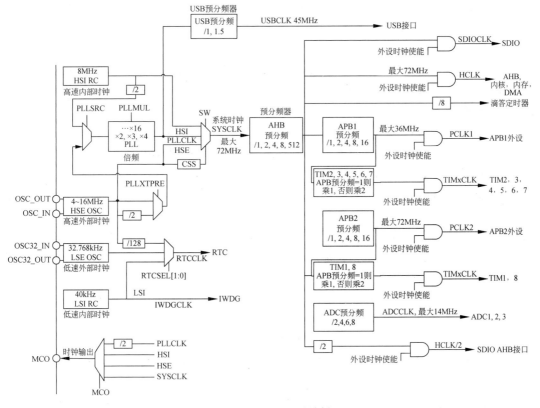

图 1-8　STM32 时钟树

1. HSE 时钟

高速外部（HSE）时钟信号一般由外部晶体/陶瓷谐振器产生。在 OSC_IN 和 OSC_OUT

引脚之间连接 4～16MHz 外部振荡器为系统提供精确的主时钟。

为了减少时钟输出的失真和缩短启动稳定时间,晶体/陶瓷谐振器和负载电容器必须尽可能地靠近振荡器引脚。负载电容值必须根据所选择的振荡器进行调整。

2. HSI 时钟

高速内部(HSI)时钟信号由内部 8MHz 的 RC 振荡器产生,可直接作为系统时钟或在 2 分频后作为 PLL 输入。

HSI RC 振荡器能够在不需要任何外部器件的条件下提供系统时钟。它的启动时间比 HSE 晶体振荡器短。然而,即使在校准之后,它的时钟频率精度仍较差。如果 HSE 晶体振荡器失效,HSI 时钟会作为备用时钟源。

3. PLL

内部 PLL 可以用来倍频 HSI RC 振荡器输出时钟或 HSE 晶体输出时钟。PLL 的设置(选择 HSI 振荡器频率 2 分频或 HSE 振荡器为 PLL 的输入时钟,选择倍频因子)必须在其被激活前完成。一旦 PLL 被激活,这些参数就不能改动。

如果需要在应用中使用 USB 接口,PLL 必须被设置为输出 48MHz 或 72MHz 时钟,用于提供 48MHz 的 USBCLK 时钟。

4. LSE 时钟

LSE 时钟源是一个 32.768kHz 的低速外部晶体或陶瓷谐振器,它为实时时钟或其他定时功能提供一个低功耗且精确的时钟源。

5. LSI 时钟

LSI RC 振荡器担当着低功耗时钟源的角色,它可以在停机和待机模式保持运行,为独立看门狗和自动唤醒单元提供时钟。LSI 时钟频率大约为 40kHz(30～60kHz)。

6. 系统时钟(SYSCLK)选择

系统复位后,HSI 振荡器被选为系统时钟。当时钟源被直接或通过 PLL 间接作为系统时钟时,它将不能被停止。只有当目标时钟源准备就绪了(经过启动稳定阶段的延迟或 PLL 稳定),从一个时钟源到另一个时钟源的切换才会发生。在被选择时钟源没有就绪时,系统时钟的切换不会发生。直至目标时钟源就绪才发生切换。

7. RTC 时钟

通过设置备份域控制寄存器(RCC_BDCR)中的 RTCSEL[1:0]位,RTC 时钟源可以由 HSE 的 128 分频、LSE 或 LSI 时钟提供。除非备份域复位,此选择不能被改变。LSE 时钟在备份域中,但 HSE 和 LSI 时钟不是。因此:

(1)如果 LSE 时钟被选为 RTC 时钟,只要 V_{BAT} 维持供电,尽管 V_{DD} 供电被切断,RTC 仍可继续工作;

(2)LSI 时钟被选为自动唤醒单元(AWU)时钟时,如果切断 V_{DD} 供电,不能保证 AWU 的状态;

(3)如果 HSE 时钟 128 分频后作为 RTC 时钟,V_{DD} 供电被切断或内部电压调压器被关闭(1.8V 域的供电被切断)时,RTC 状态不确定。必须设置电源控制寄存器的 DPB 位

（取消后备区域的写保护）为 1。

8. 看门狗时钟

如果独立看门狗已经由硬件选项或软件启动,LSI 振荡器将被强制在打开状态,并且不能被关闭。LSI 振荡器稳定后,时钟供应给 IWDG。

9. 时钟输出

微控制器允许输出时钟信号到外部 MCO(Microcontroller Clock Output)引脚。相应地,GPIO 端口寄存器必须被配置为相应功能。可被选作 MCO 时钟的时钟信号有 SYSCLK、HIS、HSE 或 PLL 时钟 2 分频。

1.5 STM32F103VET6 的引脚

STM32F103VET6 比 STM32F103ZET6 少了两个接口：PF 和 PG,其他资源一样。

为了简化描述,后续的内容以 STM32F103VET6 为例进行介绍。STM32F103VET6 采用 LQFP100 封装,引脚如图 1-9 所示。

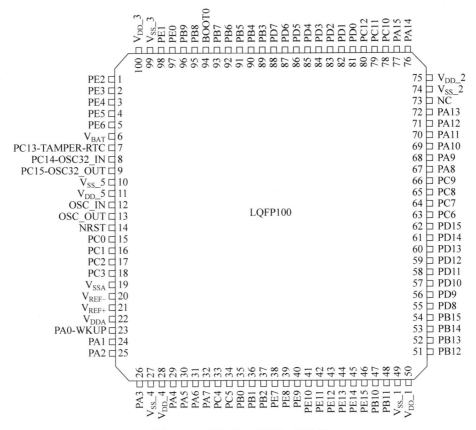

图 1-9 STM32F103VET6 的引脚

1. 引脚定义

STM32F103VET6 的引脚定义如表 1-3 所示。

表 1-3　STM32F103VET6 的引脚定义

引脚编号	引脚名称	类型	I/O电平	复位后的主要功能	复用功能	
					默认情况	重映射后
1	PE2	I/O	FT	PE2	TRACECK/FSMC_A23	
2	PE3	I/O	FT	PE3	TRACED0/FSMC_A19	
3	PE4	I/O	FT	PE4	TRACED1/FSMC_A20	
4	PE5	I/O	FT	PE5	TRACED2/FSMC_A21	
5	PE6	I/O	FT	PE6	TRACED3/FSMC_A22	
6	V_{BAT}	S		V_{BAT}		
7	PC11-TAMPER-RTC	I/O		PC13	TAMPER-RTC	
8	PC14-OSC32_IN	I/O		PC14	OSC32_IN	
9	PC15-OSC32_OUT	I/O		PC15	OSC32_OUT	
10	V_{SS}_5	S		V_{SS}_5		
11	V_{DD}_5	S		V_{DD}_5		
12	OSC_IN	I		OSC_IN		
13	OSC_OUT	O		OSC_OUT		
14	NRST	I/O		NRST		
15	PC0	I/O		PC0	ADC123_IN10	
16	PC1	I/O		PC1	ADC123_IN11	
17	PC2	I/O		PC2	ADC123_IN12	
18	PC3	I/O		PC3	ADC123_IN13	
19	V_{SSA}	S		V_{SSA}		
20	V_{REF-}	S		V_{REF-}		
21	V_{REF+}	S		V_{REF+}		
22	V_{DDA}	S		V_{DDA}		
23	PA0-WKUP	I/O		PA0	WKUP/USART2_CTS/ADC123_IN0/TIM2_CH1_ETR/TIM5_CH1/TIM8_ETR	
24	PA1	I/O		PA1	USART2_RTS/ADC123_IN1/TIM5_CH2/TIM2_CH2	
25	PA2	I/O		PA2	USART2_TX/TIM5_CH3/ADC123_IN2/TIM2_CH3	
26	PA3	I/O		PA3	USART2_RX/TIM5_CH4/ADC123_IN3/TIM2_CH4	
27	V_{SS}_4	S		V_{SS}_4		
28	V_{DD}_4	S		V_{DD}_4		
29	PA4	I/O		PA4	SPI1_NSS/USART2_CK/DAC_OUT1/ADC12_IN4	

续表

引脚编号	引 脚 名 称	类 型	I/O 电平	复位后的主要功能	复 用 功 能	
					默 认 情 况	重 映 射 后
30	PA5	I/O		PA5	SPI1_SCK/DAC_OUT2/ADC12_IN5	TIM1_BKIN
31	PA6	I/O		PA6	SPI1_MISO/TIM8_BKIN/ADC12_IN6/TIM3_CH1	TIM1_CH1N
32	PA7	I/O		PA7	SPI1_MOSI/TIM8_CH1N/ADC12_IN7/TIM3_CH2	
33	PC4	I/O		PC4	ADC12_IN14	
34	PC5	I/O		PC5	ADC12_IN15	
35	PB0	I/O		PB0	ADC12_IN8/TIM3_CH3/TIM8_CH2N	TIM1_CH2N
36	PB1	I/O		PB1	ADC12_IN9/TIM3_CH4/TIM8_CH3N	TIM1_CH3N
37	PB2	I/O	FT	PB2/BOOT1		
38	PE7	I/O	FT	PE7	FSMC_D4	TIM1_ETR
39	PE8	I/O	FT	PE8	FSMC_D5	TIM1_CH1N
40	PE9	I/O	FT	PE9	FSMC_D6	TIM1_CH1
41	PE10	I/O	FT	PE10	FSMC_D7	TIM1_CH2N
42	PE11	I/O	FT	PE11	FSMC_D8	TIM1_CH2
43	PE12	I/O	FT	PE12	FSMC_D9	TIM1_CH3N
44	PE13	I/O	FT	PE13	FSMC_D10	TIM1_CH3
45	PE14	I/O	FT	PE14	FSMC_D11	TIM1_CH4
46	PE15	I/O	FT	PE15	FSMC_D12	TIM1_BKIN
47	PB10	I/O	FT	PB10	I2C2_SCL/USART3_TX	TIM2_CH3
48	PB11	I/O	FT	PB11	I2C2_SDA/USART3_RX	TIM2_CH4
49	V_{SS}_1	S		V_{SS}_1		
50	V_{DD}_1	S		V_{DD}_1		
51	PB12	I/O	FT	PB12	SPI2_NSS/I2S2_WS/I2C2_SMBA/USART3_CK/TIM1_BKIN	
52	PB13	I/O	FT	PB13	SPI2_SCK/I2S2_CK/USART3_CTS/TIM1_CH1N	
53	PB14	I/O	FT	PB14	SPI2_MISO/TIM1_CH2N/USART3_RTS	
54	PB15	I/O	FT	PB15	SPI2_MOSI/I2S2_SD/TIM1_CH3N	
55	PD8	I/O	FT	PD8	FSMC_D13	USART3_TX
56	PD9	I/O	FT	PD9	FSMC_D14	USART3_RX
57	PD10	I/O	FT	PD10	FSMC_D15	USART3_CK

续表

引脚编号	引脚名称	类型	I/O电平	复位后的主要功能	复用功能	
					默认情况	重映射后
58	PD11	I/O	FT	PD11	FSMC_A16	USART3_CTS
59	PD12	I/O	FT	PD12	FSMC_A17	TIM4_CH1/USART3_RTS
60	PD13	I/O	FT	PD13	FSMC_A18	TIM4_CH2
61	PD14	I/O	FT	PD14	FSMC_D0	TIM4_CH3
62	PD15	I/O	FT	PD15	FSMC_D1	TIM4_CH4
63	PC6	I/O	FT	PC6	I2S2_MCK/TIM8_CH1/SDIO_D6	TIM3_CH1
64	PC7	I/O	FT	PC7	I2S3_MCK/TIM8_CH2/SDIO_D7	TIM3_CH2
65	PC8	I/O	FT	PC8	TIM8_CH3/SDIO_D0	TIM3_CH3
66	PC9	I/O	FT	PC9	TIM8_CH4/SDIO_D1	TIM3_CH4
67	PA8	I/O	FT	PA8	USART1_CK/TIM1_CH1/MCO	
68	PA9	I/O	FT	PA9	USART1_TX/TIM1_CH2	
69	PA10	I/O	FT	PA10	USART1_RX/TIM1_CH3	
70	PA11	I/O	FT	PA11	USARTI_CTS/USBDM/CAN_RX/TIM1_CH4	
71	PA12	I/O	FT	PA12	USART1_RTS/USBDP/CAN_TX/TIM1_ETR	
72	PA13	I/O	FT	JTMS-WDIO		PA13
73	Not connected					
74	V_{SS}_2	S		V_{SS}_2		
75	V_{DD}_2	S		V_{DD}_2		
76	PA14	I/O	FT	JTCK-SWCLK		PA14
77	PA15	I/O	FT	JTDI	SPI3_NSS/I2S3_WS	TIM2_CH1_ETR PA15/SPI1_NSS
78	PC10	I/O	FT	PC10	UART4_TX/SDIO_D2	USART3_TX
79	PC11	I/O	FT	PC11	UART4_RX/SDIO_D3	USART3_RX
80	PC12	I/O	FT	PC12	UART5_TX/SDIO_CK	USART3_CK
81	PD0	I/O	FT	OSC_IN	FSMC_D2	CAN_RX
82	PD1	I/O	FT	OSC_OUT	FSMC_D3	CAN_TX
83	PD2	I/O	FT	PD2	TIM3_ETR/UART5_RX/SDIO_CMD	
84	PD3	I/O	FT	PD3	FSMC_CLK	USART2_CTS
85	PD4	I/O	FT	PD4	FSMC_NOE	USART2_RTS
86	PD5	I/O	FT	PD5	FSMC_NWE	USART2_TX
87	PD6	I/O	FT	PD6	FSMC_NWAIT	USART2_RX

续表

引脚编号	引脚名称	类型	I/O电平	复位后的主要功能	复用功能	
					默认情况	重映射后
88	PD7	I/O	FT	PD7	FSMC_NE1/FSMC_NCE2	USART2_CK
89	PB3	I/O	FT	JTDO	SPI3_SCK/I2S3_CK	PB3/TRACESWO TIM2_CH2/ SPI1_SCK
90	PB4	I/O	FT	NJTRST	SPI3_MISO	PB4/TIM3_CH1 SPI1_MISO
91	PB5	I/O		PB5	I2C1_SMBA/SPI3_MOSI/ I2S3_SD	TIM3_CH2/ SPI1_MOSI
92	PB6	I/O	FT	PB6	I2C1_SCL/TIM4_CH1	USART1_TX
93	PB7	I/O	FT	PB7	I2C1_SDA/FSMC_NADV/ TIM4_CH2	USART1_RX
94	BOOT0	I		BOOT0		
95	PB8	I/O	FT	PB8	TIM4_CH3/SDIO_D4	I2C1_SCL/ CAN_RX
96	PB9	I/O	FT	PB9	TIM4_CH4/SDIO_D5	I2C1_SCA/ CAN_TX
97	PE0	I/O	FT	PE0	TIM4_ETR/FSMC_NBL0	
98	PE1	I/O	FT	PE1	FSMC_NBL1	
99	V_{SS}_3	S		V_{SS}_3		
100	V_{DD}_3	S		V_{DD}_3		

注：I：输入(input)；O：输出(output)；S：电源(supply)；FT：可忍受5V电压。

2. 启动配置引脚

在 STM32F103VET6 中,可以通过 BOOT[1:0]引脚选择 3 种不同的启动模式。STM32F103VET6 的启动配置如表 1-4 所示。

表 1-4　STM32F103VET6 的启动配置

启动模式选择引脚		启动模式	说明
BOOT1	BOOT0		
X	0	主 Flash	主 Flash 被选为启动区域
0	1	系统存储器	系统存储器被选为启动区域
1	1	内置 SRAM	内置 SRAM 被选为启动区域

系统复位后,在 SYSCLK 的第 4 个上升沿,BOOT 引脚的值将被锁存。用户可以通过设置 BOOT1 和 BOOT0 引脚的状态选择复位后的启动模式。

从待机模式退出时,BOOT 引脚的值将被重新锁存。因此,在待机模式下 BOOT 引脚应保持为需要的启动配置。在启动延迟之后,CPU 从 0x0000 0000 地址获取堆栈顶的地址,并从启动存储器的 0x0000 0004 指示的地址开始执行代码。

因为固定的存储器映像,代码区始终从 0x0000 0000 地址开始(通过 ICode 和 DCode 总线访问），而数据区（SRAM）始终从 0x2000 0000 地址开始（通过系统总线访问）。Cortex-M3 的 CPU 始终从 ICode 总线获取复位向量，即启动仅适合从代码区开始（典型的从 Flash 启动）。STM32F103VET6 微控制器实现了一个特殊的机制，系统不仅可以从 Flash 或系统存储器启动，还可以从内置 SRAM 启动。

根据选定的启动模式，主 Flash、系统存储器或 SRAM 可以按照以下方式访问。

（1）从主 Flash 启动：主 Flash 被映射到启动空间（0x0000 0000），但仍然能够在它原有的地址（0x0800 0000）访问它，即 Flash 的内容可以在两个地址区域访问——0x0000 0000 或 0x0800 0000。

（2）从系统存储器启动：系统存储器被映射到启动空间（0x0000 0000），但仍然能够在它原有的地址（互联型产品原有地址为 0x1FFF B000，其他产品原有地址为 0x1FFF F000）访问它。

（3）从内置 SRAM 启动：只能在 0x2000 0000 开始的地址区访问 SRAM。从内置 SRAM 启动时，在应用程序的初始化代码中，必须使用 NVIC 的异常表和偏移寄存器，重新映射向量表到 SRAM 中。

（4）内嵌的自举程序：内嵌的自举程序存放在系统存储区，由 ST 公司在生产线上写入，用于通过 USART1 串行接口对 Flash 进行重新编程。

1.6　STM32F103VET6 最小系统设计

STM32F103VET6 最小系统是指能够让 STM32F103VET6 正常工作的包含最少元器件的系统。STM32F103VET6 片内集成了电源管理模块（包括滤波复位输入、集成的上电复位/掉电复位电路、可编程电压检测电路）、8MHz 高速内部 RC 振荡器、40kHz 低速内部 RC 振荡器等部件，外部只需 7 个无源器件就可以让 STM32F103VET6 工作。然而，为了使用方便，在最小系统中加入了 USB 转 TTL 串口、发光二极管等功能模块。

STM32F103VET6 最小系统核心电路原理图如图 1-10 所示，其中包括了复位电路、晶体振荡电路和启动设置电路等模块。

1. 复位电路

STM32F103VET6 的 NRST 引脚输入中使用 CMOS 工艺，它连接了一个不能断开的上拉电阻，其典型值为 40kΩ，外部连接了一个上拉电阻 R4、按键 RST 及电容 C5，当按下 RST 时 NRST 引脚电位变为 0，通过这个方式实现手动复位。

2. 晶体振荡电路

STM32F103VET6 一共外接了两个高振：一个 8MHz 的晶振 X1，提供给高速外部时钟；一个 32.768kHz 的晶振 X2，提供给全低速外部时钟。

3. 启动设置电路

启动设置电路由启动设置引脚 BOOT1 和 BOOT0 构成，二者均通过 10kΩ 的电阻接地，从用户 Flash 启动。

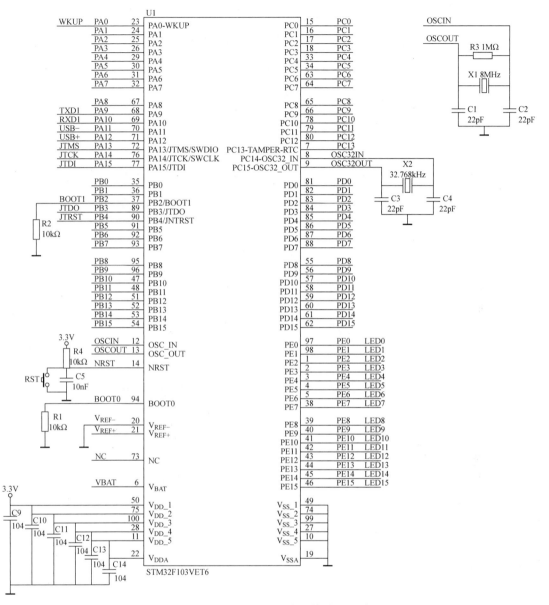

图 1-10　STM32F103VET6 最小系统核心电路原理图

4. JTAG 接口电路

为了方便系统采用 J-Link 仿真器进行下载和在线仿真,在最小系统中预留了 JTAG 接口电路用来实现 STM32F103VET6 与 J-Link 仿真器的连接。JTAG 接口电路如图 1-11 所示。

5. 流水灯电路

最小系统板载 16 个 LED 流水灯,对应 STM32F103VET6 的 PE0～PE15 引脚,电路原理如图 1-12 所示。

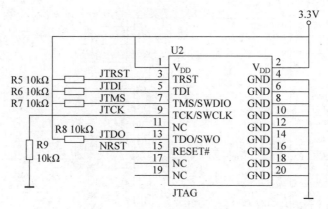

图 1-11　JTAG 接口电路

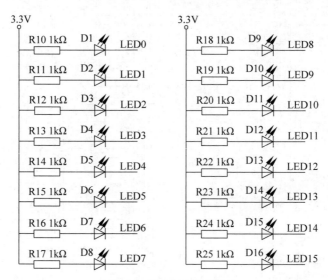

图 1-12　流水灯电路原理

另外，还设计有 USB 转 TTL 串口电路(采用 CH340G)、独立按键电路、ADC 采集电路(采用 10kΩ 电位器)和 5V 转 1.3V 电源电路(采用 AMS1117-1.3V)，具体电路从略。

第 2 章

人机接口设计与应用实例

本章介绍人机接口技术,包括独立式键盘接口设计、矩阵式键盘接口设计、矩阵式键盘的接口实例、显示技术的发展及其特点、LED 显示器接口设计和触摸屏技术。

2.1 独立式键盘接口设计

在嵌入式控制系统中,为了实现人机对话或某种操作,需要一个人机接口(Human Machine Interface,HMI),通过设计一个过程运行操作台(面板)来实现。由于生产过程各异,要求管理和控制的内容也不尽相同,所以操作台(面板)一般由用户根据工艺要求自行设计。

操作台(面板)的主要功能如下。

(1) 输入和修改源程序。

(2) 显示和打印中间结果及采集参数。

(3) 对某些参数进行声光报警。

(4) 启动和停止系统的运行。

(5) 选择工作方式,如自动/手动(A/M)切换。

(6) 各种功能键的操作。

(7) 显示生产工艺流程。

为了完成上述功能,操作台(面板)一般由数字键、功能键、开关、显示器和各种输入/输出设备组成。

键盘是计算机控制系统中不可缺少的输入设备,它是人机对话的纽带,能实现向计算机输入数据、传递命令。

2.1.1 键盘的特点及按键确认

1. 键盘的特点

键盘实际上是一组按键开关的组合。通常,按键所用开关为机械弹性开关,均利用了机械触点的合、断作用。一个按键开关通过机械触点的断开、闭合过程实现功能,按键抖动波形如图 2-1 所示。由于机械触点的弹性作用,一个按键开关在闭合时不会马上稳定地接通,在断开时也不会一下子断开,因而在闭合与断开的瞬间均伴随着一连串的抖动,抖动时间的长短由按键的机械特性决定,一般为 5~10ms。

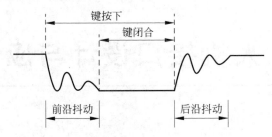

图 2-1   按键抖动波形

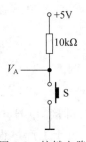

图 2-2   按键电路

按键的稳定闭合期长短则是由操作人员的按键动作决定的,一般为零点几秒到几秒的时间。

2. 按键确认

一个按键的电路如图 2-2 所示。当按键 S 按下时,$V_A = 0$,为低电平;当按键 S 未按下时,$V_A = 1$,为高电平。反之,当 $V_A = 0$ 时,表示按键 S 按下;当 $V_A = 1$ 时,表示按键 S 未按下。

按键的闭合与否,反映在电压上就是呈现出高电平或低电平,如果高电平表示断开,那么低电平则表示闭合。所以,对通过电平高低状态的检测,就可确认按键是否被按下。

3. 消除按键的抖动

消除按键抖动的方法有两种:硬件方法和软件方法。

(1) 硬件方法:采用 RC 滤波消抖电路或 RS 双稳态消抖电路。

(2) 软件方法:如果按键较多,硬件消抖将无法胜任,因此常采用软件方法进行消抖。第 1 次检测到有按键按下时,执行一段 10ms 延时的子程序后,再确认该按键电平是否仍保持在闭合状态电平。如果是,则确认为真正有按键按下,从而消除了抖动的影响,但这种方法占用 CPU 的时间。

2.1.2   独立式按键扩展实例

独立式按键就是各按键相互独立,每个按键各接一根输入线,一根输入线上的按键工作状态不会影响其他输入线上的工作状态。因此,通过检测输入线的电平状态可以很容易判断哪个按键被按下了。

独立式按键电路配置灵活,软件结构简单。但每个按键占用一根输入线,当按键数量较多时,输入端口浪费大,电路结构显得很复杂,因此这种键盘适用于按键较少或操作速度较高的场合。

采用 74HC245 三态缓冲器扩展独立式按键的电路如图 2-3 所示。

在图 2-3 中,KEYCS 为读键值端口地址。按键 S1~S8 的键值为 00H~07H,如果这

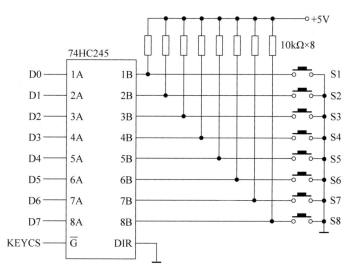

图 2-3 采用 74HC245 三态缓冲器扩展独立式按键

8 个按键均为功能键,为简化程序设计,可采用散转程序设计方法。

数据总线 D0~D7 和 KEYCS 片选信号接 STM32 的 GPIO 端口。

2.2 矩阵式键盘接口设计

矩阵式键盘适用于按键数量较多的场合,它由行线和列线组成,按键位于行、列的交叉点上。如图 2-4 所示,一个 4×4 的行、列结构可以构成一个含有 16 个按键的键盘。很明显,在按键数量较多的场合,矩阵式键盘与独立式按键键盘相比,要节省很多的 I/O 端口。

2.2.1 矩阵式键盘工作原理

按键设置在行、列线交点上,行、列线分别连接到按键开关的两端,行线通过上拉电阻接到+5V 上。无按键动作时,行线处于高电平状态,而当有按键按下时,行线电平状态将由与此行线相连的列线电平决定。列线电平如果为低,则行线电平为低;列线电平如果为高,则行线电平也为高。这一点是识别矩阵式键盘按键是否被按下的关键所在。由于矩阵式键盘中行、列线为多键共用,各按键均影响该键所在行和列的电平,因此各按键彼此将相互产生影响,所以必须将行、列线信号配合起来并作适当的处理,才能正确地确定闭合键的位置。

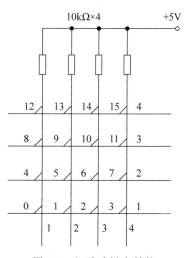

图 2-4 矩阵式键盘结构

2.2.2　按键的识别方法

矩阵式键盘按键的识别分两步进行。

（1）识别键盘有无按键被按下；

（2）如果有按键被按下，识别出具体的按键。

识别键盘有无按键被按下的方法将所有行线均置为零电平，检查各列线电平是否有变化，如果有变化，则说明有按键被按下，如果没有变化，则说明无按键被按下。实际编程时应考虑按键抖动的影响，通常总是采用软件方法进行消抖处理。

识别具体按键的方法（又称为扫描法）：逐行置零电平，其余各行置为高电平，检查各列线电平的变化，若某列由高电平变为零电平，则可确定此行此列交叉点处的按键被按下。

2.2.3　键盘的编码

对于独立式键盘，由于按键的数目较少，可根据实际需要灵活编码。对于矩阵式键盘，按键的位置由行号和列号唯一确定，所以分别对行号和列号进行二进制编码，然后将两个值合成一个字符，高 4 位为行号，低 4 位为列号。

无论以何种方式编码，均应以方便处理问题为原则。最基本的是按键所处的物理位置，即行号和列号，它是各种编码之间相互转换的基础，编码相互转换可通过查表的方法实现。

2.3　矩阵式键盘的接口实例

2.3.1　4×4 矩阵式键盘的硬件设计

以 4×4 矩阵式键盘为例，该键盘具有 16 个按键，分布在 4 行 4 列共 16 个交叉节点上，如图 2-5 所示。其中，KEY0～KEY3 为行，分别接 GPIO 的 PE8、PE10、PE12 和 PE14；KEY4～KEY7 为列，分别接 GPIO 的 PE9、PE11、PE13 和 PE15。每个按键的两个引脚分别与行和列相连。8 个电阻为上拉电阻，与 STM32 的 V_{cc} 相连，以确保行和列的所有口线默认状态为高电平。当然，由于 STM32 具有可配置的 GPIO 口线，可以方便地将 4 根输入线（列线）配置为上拉输入（即默认为高电平），而扫描输出用的 4 根线（行线）的默认输出状态也可以很方便地设置为高电平，因此图 2-5 中的上拉电阻均可以省略。

LED1、LED2 指示灯分别接 GPIO 的 PE5 和 PE6。

STM32F103 与键盘和 LED 指示灯的连接如图 2-6 所示。

动态扫描的基本思想是每次 4 根行线中只有一根是低电平，此时通过巡查 4 根列线的电平状态即可获知该行上对应的 4 个按键的按下状态，按下的那个按键对应的列线为低电平，而其余均为高电平。

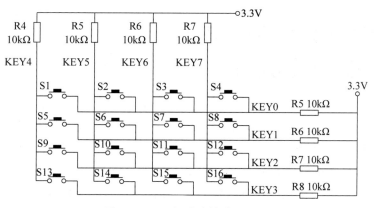

图 2-5　4×4 矩阵式键盘原理图

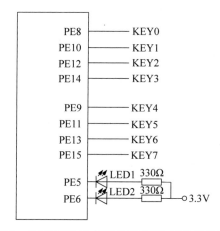

图 2-6　STM32F103 与键盘和 LED 指示灯的连接

2.3.2　4×4 矩阵式键盘的软件设计

1. 设计要求

捕捉并识别 4×4 矩阵式键盘按键。16 个按键的标号如图 2-5 所示,本例仅取部分按键作为演示按键,其余按键没有被赋予相应的功能。

(1) 按键 S1 被按一次,则 LED1 亮。

(2) 按键 S2 被按一次,则 LED2 亮。

(3) 按键 S5 被按一次,则 LED1 灭。

(4) 按键 S6 被按一次,则 LED2 灭。

(5) 按键 S9 被按一次,则 LED1、LED2 亮。

(6) 按键 S13 被按一次,则 LED1、LED2 灭。

2. 4×4 矩阵式按键程序清单

4×4 矩阵式键盘扫描程序清单可参照本书数字资源中的程序代码。

2.4　显示技术的发展及其特点

2.4.1　显示技术的发展

20世纪是信息大爆炸的时代。1960—1990年信息的平均年增长率为20%,到2020年已达到每两个半月翻一番的惊人速度。大量的信息通过"信息高速公路"传输着,要将这些信息传递给人们,必然要有一个下载的工具,即接口的终端。研究表明,在人类经各种感觉器官从外界获得的信息中,视觉占60%,听觉占20%,触觉占15%,味觉占3%,嗅觉占2%。可见,近2/3的信息是通过眼睛获得的。所以,图像显示成为信息显示中最重要的方式。

进入20世纪以来,显示技术作为人机联系和信息展示的窗口已应用于娱乐、工业、军事、交通、教育、航空航天、卫星遥感和医疗等各个方面,显示产业已经成为电子信息工业的一大支柱产业。我国显示技术及相关产业的产品占信息产业总产值的45%左右。

电子显示器可分为主动发光型和非主动发光型两大类。前者是利用信息调制各像素的发光亮度和颜色,进行直接显示;后者本身不发光,而是利用信息调制外光源而使其达到显示的目的。显示器件的分类有多种方式,按显示内容、形状可分为数码、字符、轨迹、图表、图形和图像显示器;按所用显示材料可分为固体(晶体和非晶体)、液体、气体、等离子体和液晶显示器。最常见的是按显示原理分类,主要类型如下。

(1) 发光二极管(LED)显示。

(2) 液晶显示(LCD)。

(3) 阴极射线管(CRT)显示。

(4) 等离子显示板(PDP)显示。

(5) 电致发光显示(ELD)。

(6) 有机发光二极管(OLED)显示。

(7) 真空荧光管显示(VFD)。

(8) 场发射显示(FED)。

其中,只有LCD是非主动发光显示,其他皆为主动发光显示。

2.4.2　显示器件的主要参数

1. 亮度

亮度(L)的单位是坎德拉每平方米(cd/m^2)。对画面亮度的要求与环境光强度有关。例如,在电影院中,屏幕亮度有$30\sim45cd/m^2$就可以了;在室内看电视,要求显示器亮度应大于$70cd/m^2$;在室外观看,则要求亮度达到$300cd/m^2$。所以,对高质量显示器亮度的要求应为$300cd/m^2$左右。

2. 对比度和灰度

对比度(C)是指画面上最大亮度(L_{max})和最小亮度(L_{min})之比,即

$$C = \frac{L_{max}}{L_{min}}$$

好的图像显示要求显示器的对比度至少要大于 30,这是在普通观察环境光下的数据。

灰度是指图像的黑白亮度层次,人眼所能分辨的亮度层次为

$$n \approx \frac{2.3}{\delta} \lg C$$

其中,δ 为人眼对亮度差的分辨率,一般取 $0.02 \sim 0.05$;C 为对比度。

若取 $\delta = 0.05$,当 $C = 50$ 时,$n = 78$。

3. 分辨力

分辨力是指能够分辨出电视图像的最小细节的能力,是人眼观察图像清晰程度的标志。通常用屏幕上能够分辨出的明暗交替线条的总数表示分辨力,而对于用矩阵显示的平板显示器,常用电极线数目表示分辨力。

只有兼备高分辨力、高亮度和高对比度的图像才可能是高清晰度的图像,所以上述 3 个指标是获得高质量图像显示必须要满足的。

4. 响应时间和余辉时间

响应时间是指从施加电压到出现图像显示的时间,又称为上升时间。从切断电源到图像消失的时间称为下降时间,又称为余辉时间。

5. 显示色

发光型显示器件发光的颜色和非发光型显示器件透射或反射光的颜色称为显示色。显示色分为黑白、单色、多色和全色四大类。

6. 发光效率

发光效率是发光型显示器件所发出的光通量与器件所消耗功率之比,单位为流明每瓦(lm/W)。

7. 工作电压与消耗电流

驱动显示器件所施加的电压称为工作电压(单位为 V),流过的电流称为消耗电流(单位为 A)。工作电压与消耗电流的乘积就是显示器件的消耗功率。外加电压有交流电压与直流电压之分,如 LCD 必须用交流供电,而 OLED、LED 等则用直流供电。

在计算机控制系统中,常用的显示器有发光二极管(LED)显示器、液晶显示器(LCD)。根据不同的应用场合及需要,选择不同的显示器。

2.5 LED 显示器接口设计

发光二极管(LED)是一种电-光转换型器件,是 PN 结结构。在 PN 结上加正向电压,产生少子注入,少子在传输过程中不断扩散,不断复合发光。改变所采用的半导体材料,就能

得到不同波长的发光颜色。

Losev 于 1923 年发现了 SiC 中偶然形成的 PN 结中的发光现象。

早期开发的普通型 LED 是中、低亮度的红、橙、黄、绿 LED,已获广泛使用。近期开发的新型 LED 是指蓝光 LED 和高亮度、超高亮度 LED。

LED 产业重点产品一直在可见光范围(380~760nm),约占总产量的 90% 以上。

LED 的发光机理是电子、空穴带间跃迁复合发光。

LED 的主要优点如下。

(1) 主动发光,一般产品亮度大于 $1cd/m^2$,高的可达 $10cd/m^2$。

(2) 工作电压低,约为 2V。

(3) 由于是正向偏置工作,因此性能稳定,工作温度范围宽,寿命长(可达 10^5h)。

(4) 响应速度快。直接复合型材料为 16~160MHz;间接复合型材料为 $10^5 \sim 10^6 Hz$。

(5) 尺寸小。一般 LED 的 PN 结芯片面积为 $0.3mm^2$。

LED 的主要缺点是电流大、功耗大。

2.5.1　LED 显示器的结构

LED 显示器是由发光二极管组成的,分为共阴极和共阳极两种,其结构如图 2-7 所示。

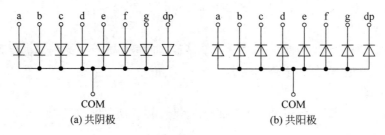

图 2-7　LED 显示器结构

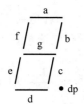

图 2-8　LED 显示器外形

LED 显示器外形如图 2-8 所示。

每个 LED 段与数据线的对应关系如下。

数据线:　D7　D6　D5　D4　D3　D2　D1　D0

LED 段:　dp　g　f　e　d　c　b　a

共阴极 LED 显示器将所有发光二极管的阴极连在一起,作为公共端 COM,如果将 COM 端接低电平,当某个发光二极管的阳极为高电平时,对应 LED 段被点亮。同样,共阳极 LED 显示器将所有发光二极管的阳极连在一起,作为公共端 COM,如果 COM 端接高电平,当某个发光二极管的阴极为低电平时,对应 LED 段被点亮。a、b、c、d、e、f、g 为 7 段数码显示,dp 为小数点显示。LED 显示器字模如表 2-1 所示。

表 2-1 LED 显示器字模

显示字符	共阳极	共阴极	显示字符	共阳极	共阴极
0	C0H	3FH	b	83H	7CH
1	F9H	06H	c	C6H	39H
2	A4H	5BH	d	A1H	5EH
3	B0H	4FH	E	86H	79H
4	99H	66H	F	8EH	71H
5	92H	6DH	P	8CH	73H
6	82H	7DH	U	C1H	3EH
7	F8H	07H	Y	91H	31H
8	80H	7FH	H	89H	6EH
9	90H	6FH	L	C7H	76H
A	88H	77H	"灭"	FFH	00H

2.5.2 LED 显示器的扫描方式

LED 显示器为电流型器件,有两种显示扫描方式。

1. 静态显示扫描方式

1) 静态显示电路

每位 LED 显示器占用一个控制电路,如图 2-9 所示。

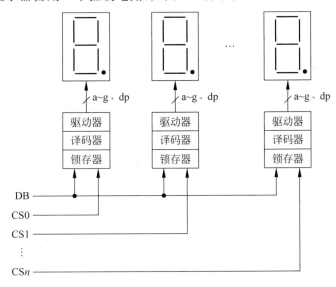

图 2-9 静态扫描显示

在图 2-9 中,每个控制电路包括锁存器、译码器、驱动器,DB 为数据总线。当控制电路中包含译码器时,通常只用 4 位数据总线,由译码器实现 BCD 码到 7 段码的译码,但一般不包括小数点,小数点需要单独的电路;当控制电路中不包含译码器时,通常需要 8 位数据总线,此时写入的数据为对应字符或数字的字模,包括小数点。CS0,CS1,…,CSn 为片选信号。

数据总线 DB 和 CS0,CS1,…,CSn 片选信号接 STM32 的 GPIO 端口。

2) 静态显示程序设计

被显示的数据(一位 BCD 码或字模)写入相应端口地址(CS0~CSn)。

2. 动态显示扫描方式

1) 动态显示电路

所有 LED 显示器共用 a~g、dp 段,如图 2-10 所示。

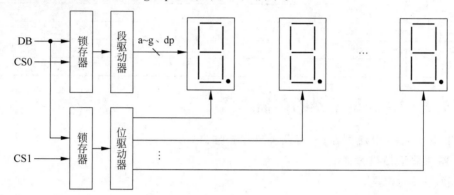

图 2-10　动态扫描显示

在图 2-10 中,CS0 控制段驱动器,驱动电流一般为 5~10mA,对于大尺寸的 LED 显示器,段驱动电流会大一些;CS1 控制位驱动器,驱动电流至少是段驱动电流的 8 倍。根据 LED 是共阴极还是共阳极接法,改变驱动回路。

数据总线 DB 和 CS0、CS1 片选信号接 STM32 的 GPIO 端口。

动态扫描显示是利用人的视觉停留现象,20ms 内将所有 LED 显示器扫描一遍。在某一时刻,只有一位亮,位显示切换时先关显示。

2) 动态显示程序设计

以 6 位 LED 显示器为例,设计方法如下。

(1) 设置显示缓冲区 DISPBF,被显示的数字存放于对应单元,如图 2-11 所示。

(2) 设置显示位数计数器 DISPCNT,表示现在显示哪一位。DISPCNT 初值为 00H,表示在最低位。每更新一位数值加 1,当加到 06H 时,回到初值 00H。

(3) 设置位驱动计数器 DRVCNT。初值为 01H,对应最低位。某位为 0,禁止显示;某位为 1,允许显示。

(4) 确定端口地址,段驱动端口地址为 CS0,位驱动端口地址为 CS1。

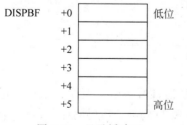

图 2-11　显示缓冲区

（5）建立字模表。

（6）显示程序流程图如图 2-12 所示。

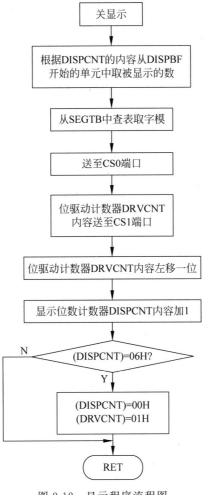

图 2-12 显示程序流程图

数码管动态扫描显示程序请参考 10.6 节"LED 数码管动态显示程序设计"。

2.6 触摸屏技术及其在工程中的应用

2.6.1 触摸屏发展历程

触摸屏是一种与计算机交互最简单、最直接的人机交互界面，诞生于 1970 年，是一项由 EloTouch Systems 公司首先推广到市场的新技术。触摸屏早期多应用于工控计算机、POS 机终端等工业或商用设备中。20 世纪 70 年代，美国军方首次将触摸屏技术应用于军事用途，此后该项技术逐渐向民用转移。1971 年，美国 Sam Hurst 博士发明了世界上第 1 个触摸传感器,并在 1973 年被美国《工业研究》评选为年度 100 项最重要的新技术产品之一。1991 年,触摸屏进入中国,当时中国只是代理国外的红外式触摸屏和电容式触摸屏产品。直到 1996 年,中国自主研发了第 1 台触摸自助一体机。随着计算机技术和网络技术的发展,触摸屏的应用范围已越来越广泛。

2.6.2　触摸屏的工作原理

触摸屏的基本工作原理是用手指或其他物体触摸安装在显示器前端的触摸屏,所触摸的位置由触摸屏控制器检测,并通过接口(如 RS-232 串行口)送到 CPU,从而确定输入的信息。

触摸屏系统一般包括触摸屏控制器和触摸检测装置两部分。其中,触摸检测装置一般安装在显示器的前端,主要作用是检测用户的触摸位置,并传输给触摸屏控制器;触摸屏控制器从触摸检测装置上接收触摸信息,并将其转换为触点坐标传输给 CPU。它同时能接收 CPU 发来的命令并加以执行。

按照工作原理和传输信息的介质,触摸屏可分为 4 类:电阻式触摸屏、电容式触摸屏、红外线式触摸屏和表面声波式触摸屏。

1. 电阻式触摸屏

电阻式触摸屏技术是触摸屏技术中最古老的,也是目前成本最低、应用最广泛的触摸屏技术。尽管电阻式触摸屏不非常耐用,透射性也不好,但它价格低,而且对屏幕上的残留物具有免疫力,因而工业用触摸屏大多为电阻式触摸屏。

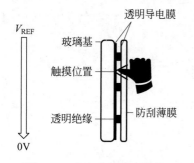

图 2-13　电阻式触摸屏结构

电阻式触摸屏利用压力感应进行控制,其主要部分是一块与显示器表面非常配合的电阻薄膜屏,这是一种多层的复合薄膜,它以一层玻璃或硬塑料平板作为基层,表面涂有一层透明氧化金属导电层,上面再盖有一层外表面硬化处理、光滑防擦的塑料层,其内表面也涂有一层涂层,在其之间有许多细小的(小于 1/1000 英寸(1 英寸＝2.54 厘米))的透明隔离点把两层导电层隔开绝缘。电阻式触摸屏结构如图 2-13 所示。

当手指触摸到触摸屏时,平时因不接触而绝缘的透明导电膜在手指触摸的位置有一个接触点,因其中一面导电层接通 Y 轴方向的 V_{RE} 均匀电压场,使侦测层的电压由零变为非零,这种接通状态被控制器侦测到后,进行 A/D 转换,并将得到的电压值与 V_{REF} 相比,即可得到触摸点的 Y 轴坐标,同理得出 X 轴的坐标,这就是电阻式触摸屏最基本的原理。其中 A/D 转换器可以采用 ADI 公司的 AD7873,它是一款 12 位逐次逼近型 ADC,具有同步串行接口以及用于驱动触摸屏的低导通电阻开关,采用 2.2～5.25V 单电源供电。

2. 电容式触摸屏

电容式触摸屏是利用人体的电流感应进行工作的。用户未触摸电容屏时,面板 4 个角因是同电位而没有电流；当用户触摸电容屏时，用户手指和工作面形成一个耦合电容，由于工作面上接有高频信号，手指吸收走一个很小的电流。这个电流分别从触摸屏4个角上的电极中流出，并且理论上流经这4个电极的电流与手指到四角的距离成比例，控制器通过对这4个电流比例的精密计算，得出触摸点的位置。

3．红外线式触摸屏

红外线式触摸屏是在屏幕前紧贴分布在 X、Y 方向的红外线矩阵，通过不停地扫描判断是否有红外线被物体阻挡。当有触摸时，触摸屏将被阻挡的红外对管的位置报告给主机，经过计算判断出触摸点在屏幕的位置。

4．表面声波式触摸屏

表面声波式触摸屏的原理是基于触摸时在显示器表面传递的声波检测触摸位置。声波在触摸屏表面传播，当手指或其他能够吸收表面声波能量的物体触摸屏幕时，接收波形中对应于手指挡住部位的信号衰减了一个缺口，控制器由缺口位置判断触摸位置的坐标。

2.6.3　工业用触摸屏产品介绍

工业用触摸屏相对于一般用触摸屏具有防火、防水、防静电、防污染、防油脂、防刮伤、防闪烁、透光率高等优点。

目前工业中使用较广泛的触摸屏的生产厂家主要有西门子、施耐德、欧姆龙、三菱、威纶通等品牌，下面介绍两款常用的触摸屏。

1．西门子 TP700

西门子 TP700 触摸屏外形如图 2-14 所示，其主要特点如下。

（1）宽屏 TFT 显示屏，带有归档、脚本、PDF/Word/Excel 查看器、Internet Explorer、Media Player 等。

（2）具有众多通信选件：内置 PROFIBUS 和 PROFINET 接口。

（3）由于具有输入/输出字段、图形、趋势曲线、柱状图、文本和位图等功能，可以简单、轻松地显示过程值，带有预组态屏幕对象的图形库可全球使用。

2．威纶通 MT8101iE1

威纶通 MT8101iE1 触摸屏外形如图 2-15 所示，其主要特点如下。

（1）TFT 显示屏，对角尺寸为 10 英寸，分辨率为 800×480，128MB Flash，128MB RAM。

（2）内置 USB 接口、以太网接口、串行接口（包括 RS-232 和 RS-485）。

图 2-14　西门子 TP700　　　　　　　图 2-15　威纶通 MT8101iE1

（3）主板涂布保护处理，能防腐蚀。

2.6.4　触摸屏在工程中的应用

触摸屏在工程应用中，一般是与 PLC 连接。触摸屏与 PLC 进行连接时，使用的是 PLC 的内存，触摸屏也有少量内存，仅用于存储系统数据，即界面、控件等。触摸屏与 PLC 的通信一般是主从关系，即触摸屏从 PLC 中读取数据，进行判断后再显示。触摸屏与 PLC 的通信一般不需要单独的通信模块，PLC 上一般都集成了与触摸屏通信的端口。

触摸屏与 PLC 连接后，省略了按钮、指示灯等硬件，PLC 不需要任何单独的功能模块，只要在 PLC 控制程序中添加内部按钮，并将触摸屏上的组态触摸按钮与其对应就可以了。

触摸屏与 PLC 连接的系统结构如图 2-16 所示。其中，触摸屏采用西门子公司的 smartIE 系列，通过以太网连接到西门子 S7-300 PLC。

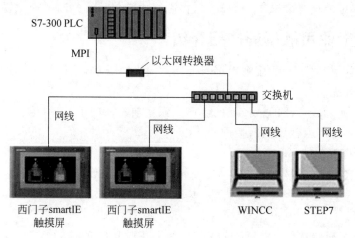

图 2-16　触摸屏与 PLC 连接的系统结构

第3章 DGUS 彩色液晶显示屏应用实例

本章介绍 DGUS 彩色液晶显示屏的应用实例,包括屏存储空间、硬件配置文件、DGUS 组态软件安装及使用说明、工程下载、DGUS 屏显示变量配置方法及其指令详解和通过 USB 对 DGUS 屏进行调试。

3.1 屏存储空间

在一款呼吸机中,采用的是北京迪文科技有限公司生产的一款 DGUS 彩色液晶显示屏,型号是 DMT32240C035_06WN,该显示屏基于 T5 双核 CPU,GUI 和 OS 核主频均为 250MHz,功耗极低。外观大小是 3.5 英寸,能显示的画面大小为 320×240 像素,无触摸功能,5V 供电,使用 16 位调色板(5R6G5B),可显示 65K 色,可进行 100 级亮度调节。

彩色液晶显示屏与外部的两个接口分别为排线和 SD 卡槽,其中排线为 UART 串行通信口和电源(共 4 根线,即 V_{DD}、TXD、RXD、V_{SS}),与呼吸机主板相连,用来实现主板向彩色液晶显示屏发送显示命令;SD 卡槽用来下载用 DGUS 开发的显示界面和显示配置。

DGUS 彩色液晶显示屏通过 DGUS 开发软件,可以非常方便地显示汉字、数字、符号、图形、图片、曲线、仪表盘等,特别易于今后的修改,彻底改变了液晶显示器采用点阵显示的开发方式,节省了大量的人力、物力。DGUS 不同于一般的液晶显示器的开发方式,是一种全新的开发方式。微控制器通过 UART 串行通信接口发送显示的命令,每页显示的内容变化通过页切换即可实现。

DGUS 彩色液晶显示屏的尺寸有不同规格,可以选择带触摸或不带触摸功能。

详细的介绍可以参考北京迪文科技有限公司官网(http://www.dwin.com.cn/)。

国内生产类似彩色液晶显示屏的厂家还有广州大彩光电科技有限公司(http://www.gz-dc.com/)。

3.1.1 数据变量空间

数据变量空间是一个最大 128KB 的双口 RAM,两个 CPU 核通过数据变量空间交换数据,每个地址是 Word 类型,地址空间为 0x0000～0xFFFF。DGUS 屏数据变量空间分区如

表 3-1 所示。

表 3-1　DGUS 屏数据变量空间分区

变量地址区间	区间大小/Kwords	定　义	说　明
0x0000～0x03FF	1.0	系统变量接口	硬件、存储器访问控制、数据交换。具体定义和硬件平台有关
0x0400～0x07FF	1.0	系统保留	用户不要使用
0x0800～0x0BFF	1.0	系统保留	用户不要使用
0x0C00～0x0FFF	1.0	语音播放写数据缓冲区	I2S 或 PWM 语音播放数据接口（用户通过 DWIN OS 控制）
0x1000～0xFFFF	60	用户变量区	用户变量、存储器读写缓冲区等,用户自行规划

其中,0x0100～0x0FFF 变量存储器空间被系统保留使用,包括 2KB 的系统变量接口、4KB 的系统保留、2KB 的语音播放写数据缓冲区;0x1000～0xFFFF 变量存储空间用户可以自由使用;另外,产品中会提供一些基本的库,所以规划了 0xA000～0xFFFF 空间被库提前占用,所以实际编程中应用程序可用的空间为 0x1000～0x9FFF,主要用于数据变量、文本变量、图标变量、基本图形变量的存储。使用 0x82(写)0x83(读)指令来访问,以字为单位。

3.1.2　字库(图标)空间

DGUS 屏有 64MB Flash 作为字库(图标)存储器,其中后 32MB 为字库和音乐空间复用。前 32MB 划分为 128 个大小为 256KB 的字库空间,对应的字库空间 ID 为 0～127,具体说明如表 3-2 所示。用户只能使用 ID 为 24～127 的空间存储字库文件或图标文件,即在给字库文件或图标文件命名时,开头只能为 24～127 的数字。在存储文件时,要保证存储空间大于文件大小,若文件的大小超过了 256KB,则占用多一个 ID,下一个文件命名时不能使用已被占用的 ID。

表 3-2　DGUS 屏字库空间分配

字库 ID	大　小	说　明	备　注
0	3072KB	ASCII 字库	0_DWIN_ASC. HZK
13	256KB	触控配置文件	13_触控.BIN
14	2048KB	变量配置文件(最多 1024 页,每页最多 64 个变量)	14_变量.BIN
24～127	26MB	字库、图标库(其中 64～127 字库也可以作为用户数据库)	用户自定义

3.1.3　图片空间

DGUS 屏有 64MB Flash 专门用来保存图片,共可存储 245 幅 320×240 分辨率的图片,这些图片全部作为背景显示界面。在命名时,全部以数字开头表示其 ID,切换显示界面时,只须切换相应的 ID。

3.1.4　寄存器

基于 T5 的 DWIN OS 一共有 2048 个寄存器,分为 8 页来访问,每页 256 个寄存器,对应 R0～R255。

DGUS 屏寄存器页面定义如表 3-3 所示。

表 3-3　DGUS 屏寄存器页面定义

寄存器页面 ID	定　义	说　明
0x00～0x07	数据寄存器	每组 256 个,R0～R255
0x08	接口寄存器	DR0～DR255

其中,接口寄存器用于对硬件资源的快速访问,如表 3-4 所示。

表 3-4　DGUS 屏接口寄存器

DR#	长　度	R/W	定　义	说　明
0	1	R/W	REG_Page_Sel	OS 的 8 个寄存器页切换,DR0=0x00～0x07
1	1	R/W	SYS_STATUS	系统状态寄存器,按位定义: .7 CY 进位标记; .6 DGUS 屏变量自动上传功能控制,1=关闭,0=开启
2	14	—	系统保留	禁止访问
16	1	R	UART3_TTL_Status	串口接收帧超时定时器状态: 0x00=接收超时定时器溢出,其他=未溢出。 必须先用 RDXLEN 指令读取接收长度,长度不为 0 再检查超时定时器状态
17	1	R	UART4_TTL_Status	
18	1	R	UART5_TTL_Status	
19	1	R	UART6_TTL_Status	
20	1	R	UART7_TTL_Status	
21	1	—	保留	
22	1	R	UART3_TX_LEN	UART3 发送缓冲区使用深度(字节),缓冲区大小为 256,用户只读
23	1	R	UART4_TX_LEN	UART4 发送缓冲区使用深度(字节),缓冲区大小为 256,用户只读
24	1	R	UART5_TX_LEN	UART5 发送缓冲区使用深度(字节),缓冲区大小为 256,用户只读
25	1	R	UART6_TX_LEN	UART6 发送缓冲区使用深度(字节),缓冲区大小为 256,用户只读
26	1	R	UART7_TX_LEN	UART7 发送缓冲区使用深度(字节),缓冲区大小为 256,用户只读
27	1	—	保留	
28	1	R/W	UART3_TTL_SET	UART3 接收帧超时定时器时间,单位为 0.5ms,0x01～0xFF,上电设置为 0x0A
29	1	R/W	UART4_TTL_SET	UART4 接收帧超时定时器时间,单位为 0.5ms,0x01～0xFF,上电设置为 0x0A
30	1	R/W	UART5_TTL_SET	UART5 接收帧超时定时器时间,单位为 0.5ms,0x01～0xFF,上电设置为 0x0A
31	1	R/W	UART6_TTL_SET	UART6 接收帧超时定时器时间,单位为 0.5ms,0x01～0xFF,上电设置为 0x0A

续表

DR#	长度	R/W	定 义	说 明
32	1	R/W	UART7_TTL_SET	UART7 接收帧超时定时器时间,单位为 0.5ms,0x01～0xFF,上电设置为为 0x0A
33	1	—	保留	
34	1	R/W	T0	8 位用户定时器 0,++计数,基准为 $10\mu s$
35	2	R/W	T1	16 位用户定时器 1,++计数,基准为 $10\mu s$
37	2	R/W	T2	16 位用户定时器 2,++计数,基准由用户用 CONFIG 指令设定
39	2	R/W	T3	16 位用户定时器 3,++计数,基准由用户用 CONFIG 指令设定
41	1	R/W	CNT0_Sel	相应位置 1 选择对应 I/O 进行跳变计数,对应 IO7～IO0
42	1	R/W	CNT1_Sel	相应位置 1 选择对应 I/O 进行跳变计数,对应 IO7～IO0
43	1	R/W	CNT2_Sel	相应位置 1 选择对应 I/O 进行跳变计数,对应 IO15～IO8
44	1	R/W	CNT3_Sel	相应位置 1 选择对应 I/O 进行跳变计数,对应 IO15～IO8
45	1	R/W	Int_Reg	中断控制寄存器: .7=中断总开关,1=使能(是否开启取决于单独中断控制位),0=禁止 .6=中断定时器 0 使能,1=中断定时器 0 中断开启,0=中断定时器 0 中断关闭 .5=中断定时器 1 使能,1=中断定时器 1 中断开启,0=中断定时器 1 中断关闭 .4=中断定时器 2 使能,1=中断定时器 2 中断开启,0=中断定时器 2 中断关闭
46	1	R/W	Timer INT0 Set	8 位定时器中断 0 设置值,中断时间＝Timer_INT0_Set×$10\mu s$,0x00＝256
47	1	R/W	Timer INT1 Set	8 位定时器中断 1 设置值,中断时间＝Timer_INT1_Set×$10\mu s$,0x00＝256
48	2	R/W	Timer INT2 Set	16 位定时器中断 2 设置值,中断时间＝(Timer_INT2_Set＋1)×$10\mu s$
50	10	R/W	Polling_Out0_Set	第 1 路 IO0～IO15 定时扫描输出配置,每个配置 10B: D9(DR50):0x5A＝扫描输出使用,其他为不使用; D8:输出数据的寄存器页面,0x00～0x07; D7:输出数据的起始地址,0x00～0xFF; D6:输出数据的字长度,0x01～0x80,每个数据 2B,对应 IO15～IO0; D5～D4:IO15～IO0 输出通道选择,需要输出的通道,相应位设置为 1; D3～D2:单步输出间隔 T,单位为(T＋1)×$10\mu s$; D1～D0:输出周期计数设定,每完成一个周期输出后减1,减到 0 后输出为 0
60	10	R/W	Polling_Out1_Set	第 2 路 IO0～IO15 定时扫描输出配置

续表

DR#	长度	R/W	定　义	说　明
70	9	—	保留	
80	6	R/W	IO6 触发时间	D5＝0x5A 表示捕捉到一次 IO6 下跳沿触发 D4:D3＝触发时 IO15～IO0 的状态 D2:D0＝捕捉的系统定时器时间,0x000000～0x00FFFF 循环,单位为 1/41.75μs
86	6	R/W	IO7 触发时间	D5＝0x5A 表示捕捉到一次 IO7 下跳沿触发 D4:D3＝触发时 IO15～IO0 的状态 D2:D0＝捕捉的系统定时器时间,0x000000～0x00FFFF 循环,单位为 1/41.75μs
92	37	—	保留	
129	3	R/W	IO_Status	IO17～IO0 的实时状态
132	2	R/W	CNT0	CNT0 跳变计数值,计到 0xFFFF 后复位到 0x0000
134	2	R/W	CNT1	CNT1 跳变计数值,计到 0xFFFF 后复位到 0x0000
136	2	R/W	CNT2	CNT2 跳变计数值,计到 0xFFFF 后复位到 0x0000
138	2	R/W	CNT3	CNT3 跳变计数值,计到 0xFFFF 后复位到 0x0000
140	2	—	保留	

3.2　硬件配置文件

　　DGUS Ⅱ 中的 CFG 文件与过去 DGUS 中的 CONFIG.txt 文件不同,过去 DGUS 中的 CONFIG.txt 文件由组态软件直接生成到 DWIN_SET 文件夹中,DGUS Ⅱ 中的 CFG 文件由用户编写,手动放入 DWIN_SET 文件夹中。两者大体上功能是相同的,但是在 CFG 文件中用户能够配置的内容更多,具体配置内容如表 3-5 所示。

表 3-5　CFG 文件配置内容

类　别	地　址	长度/B	说　明
识别码	0x00	4	根据所使用的产品的内核而定。例如,使用 T5UID1 内核的识别码为 0x54 0x35 0x44 0x31;使用 T5UID3 内核的识别码为 0x54 0x35 0x44 0x33。使用前请确认好内核
Flash 格式化	0x04	2	如需启动格式化,写 0x5AA5
系统时钟校准	0x06	2	用户无须额外校准,写 0x0000 即可
系统配置	0x08	1	.7:触控变量改变自动上传控制,0=不自动上传,1=自动上传; .6:显示变量类型,0=64 变量/页,1=128 变量/页; .5:上电加载 22 号文件初始化 SRAM,1=加载,0=不加载; .4:上电 SD 接口状态,1=开启,0=禁止; .3:上电触摸屏伴音,1=开启,0=关闭; .2:上电触摸屏背光待机,1=开启,0=关闭; .1～.0:上电显示方向,00＝0°,01＝90°,10＝180°,11＝270°

续表

类　别	地　址	长度/B	说　明
系统配置	0x09	2	设置 UART2 的波特率。设置值=7833600/设置的波特率，最大为 0x03E7
待机背光设置	0x0B	1	0x5A=背光待机设置有效
	0x0C	4	0x0C=正常亮度，0x0D=待机亮度，0x0E:0F=点亮时间，单位为 5ms，同时 0x0C 设置的正常亮度也是开机亮度值
显示屏配置	0x10～0x1F		出厂已经配置好，用户无须配置
待机背光设置	0x20	1	写 0x5A 时，0x21 中设置值才有效
	0x21	2	上电时显示的页面 ID
	0x23	1	写 0x5A 时，0x24 中设置的开机音乐开有效
	0x24	3	0x24=开机音乐 ID，0x25=开机音乐段数，0x26=开机音量
触摸屏配置	0x27～0x28		出厂已经配置好，用户无须配置
	0x29	1	触摸屏灵敏度设置：0x00～0x1F，0x00 最低，0x1F 最高。出厂默认值为 0x14，灵敏度较高

注意事项如下。

(1) CFG 文件暂时无法通过软件直接生成，可复制 DGUS Ⅱ 软件生成的 22.BIN 文件，在其中编辑，编辑完成后修改文件名和后缀名即可。

(2) CFG 文件的命名需要与使用的产品内核保持一致。例如，如果呼吸机使用的 DMT32240C035_06WN 是 T5UID1 内核的产品，则 CFG 文件的全名应为 T5UID1.CFG。

(3) 建议用户可以从云盘的例程中复制一个 CFG 文件进行修改。目前呼吸机工程中的 T5UID1.CFG 文件内容如图 3-1 所示。

```
            0  1  2  3  4  5  6  7  8  9  a  b  c  d  e  f
00000000h: 54 35 44 31 00 00 00 00 38 00 44 5A 64 64 07 D0 ; T5D1....8.DZdd.?
00000010h: 00 00 00 30 29 02 01 E0 02 0A 02 01 10 02 00 00 ; ...0)..?........
00000020h: 5A 00 00 5A 00 03 64 00 00 00 00 00 00 00 00 00 ; Z..Z..d.........
00000030h: 00 00 00 00 00 00 00 00 00 00 00 00 00 00 00 00 ; ................
```

图 3-1　呼吸机工程中的 T5UID1.CFG 文件内容

3.3　DGUS 组态软件安装

本节介绍的 DGUS 组态软件为 DGUS_V730 版本。

(1) 将 DGUS_V730 压缩包解压，解压后的文件如图 3-2 所示。

(2) 在解压后的文件夹中，找到 DGUS Tool V7.30.exe 文件，复制快捷方式到桌面，在桌面上形成软件图标，如图 3-3 所示。

(3) 软件安装完成，使用时，双击桌面上的快捷图标即可。

(4) 若软件安装后无法打开，可能是没有安装软件运行环境驱动(软件运行环境驱动是指迪文公司在开发 DGUS 组态软件时所必需的驱动,只有添加了该驱动软件才能正常运行)。若安装后软件可以打开,但 DGUS 配置工具无法使用,可能是没有将安装软件的压缩包在软件运行环境驱动所在的路径解压,因此最好将压缩包解压至软件运行环境驱动所在的路径。

图 3-2 压缩包解压文件   图 3-3 DGUS 组态软件桌面图标

3.4 DGUS 组态软件使用说明

3.4.1 界面介绍

启动软件,初始界面如图 3-4 所示。

在"DGUS 配置工具"选项区域中:

(1)"0 号字库生成工具"用于生成 0 号字库;

(2)"图片转换"用于将非标准格式的图片转换为标准的背景显示图片;

(3)"DWIN ICO 生成工具"用于图标文件的生成;

(4)"串口下载工具"没有用到。

在"预定义参数"选项区域中,勾选"数据自动上传"复选框后,在接下来配置数据变量或文本变量时,默认的字体颜色、字库位置及字体大小与预定义参数的字体设置相同;在"ICON 显示模式"下拉列表中选择图标变量显示模式,这里为 Transparent。

菜单栏和工具栏各命令功能说明如表 3-6 所示。

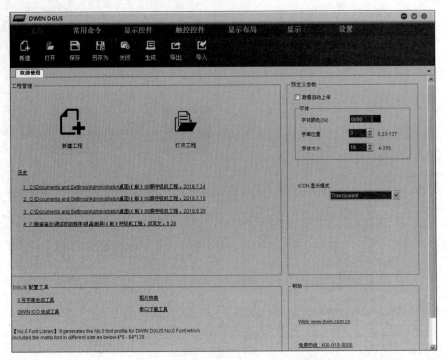

图 3-4   DGUS 组态软件初始界面

表 3-6   菜单栏和工具栏中各命令功能说明

命　　令	功　　能
新建	新建工程
打开	打开工程
保存	保存工程
另存为	将现有工程另存为另一个工程
关闭	关闭工程
生成	生成配置文件,即在 DWIN_SET 工程文件夹中生成 13 触控配置文件. bin、14 变量配置文件. bin 和 22_Config. bin 文件
导出	将所有显示变量的地址导出为 DisplayConfig. xls 文件,所有触控变量的地址导出为 TouchConfig. xls 文件
查看	在"显示"菜单中,查看所有页面全部变量的地址设置
分辨率设置	在"设置"菜单中,查看并设置当前设置的屏幕尺寸
批量选择	选择批量操作的对象
批量修改	对当前页面批量选择的变量的属性进行修改
变量图标显示	在"显示控件"菜单中,界面配置上添加图标变量
数据变量显示	在"显示控件"菜单中,界面配置上添加数据变量
文本显示	在"显示控件"菜单中,界面配置上添加文本变量
动态曲线显示	在"显示控件"菜单中,界面配置上添加曲线显示
基本图形显示	在"显示控件"菜单中,界面配置上添加基本图形变量

　　在"工程管理"选项区域，单击"新建工程"按钮，可建立新的工程；单击"打开工程"按钮可打开已有的工程，如图 3-5 所示。在工程文件夹中找到 DWprj.hmi 工程文件，单击"打开"按钮即可打开工程；"历史"表示曾经打开的工程，序号 1 表示最新打开的工程，将鼠标放在哪一个工程上面，下面的方框中就显示该工程所在路径。

　　工程完成后，用"生成""导出""配置"命令输出相应文件。

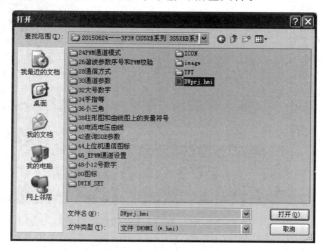

图 3-5　"打开"对话框

3.4.2　背景图片制作方法

在 DGUS 屏上显示的背景图片需要符合以下条件。

（1）图片格式：24 位 BMP 格式。

（2）图片大小：320×240 像素。

1. DGUS 屏标准图片制作方法

（1）在计算机上单击"开始"菜单→"所有程序"→"附件"→"画图"，打开"画图"工具，如图 3-6 所示。

（2）执行"图像"→"属性"菜单命令，弹出"属性"对话框，如图 3-7 所示。

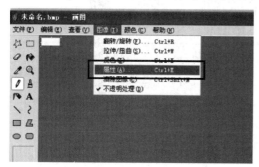

图 3-6　Windows 系统"画图"软件

图 3-7　"属性"对话框

（3）制作标准图片时，其属性设置应与图 3-7 中的设置相同。单击"确定"按钮后，出现一个 320×240 像素的画布，如图 3-8 所示。

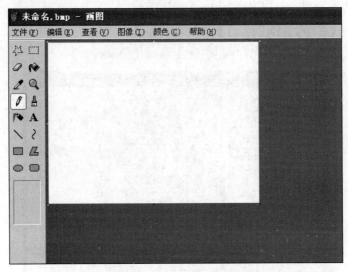

图 3-8　320×240 像素的画布

（4）画布创建好后，执行"文件"→"另存为"菜单命令，弹出"保存为"对话框，设置保存路径和文件名，如图 3-9 所示。注意将"保存类型"选择为"24 位位图"，单击"保存"按钮，一个底色为白色的标准背景图就制作好了。

图 3-9　"保存为"对话框

（5）如果要制作带有文字或线条的背景图片,单击左侧工具栏中的"文本"或"线条"按钮,即可进行绘制;如果想改变背景颜色,单击左侧工具栏中"颜色填充"按钮进行背景颜色填充。

2．非标准图片转换为标准显示图片的方法

启动 DGUS 组态软件,在初始界面单击"图片转换"链接,弹出如图 3-10 所示界面。

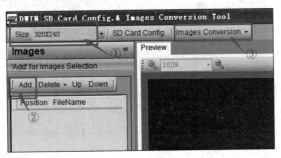

图 3-10　图片转换

图片转换的目的是把不是尺寸为 320×240、24 位 BMP 格式的图片统一转换为 320×240、24 位 BMP 格式,否则会造成显示不正常。

图片转换过程共分为 3 步,步骤如下。

（1）在 Size 下拉列表中选择 320×240。

（2）单击 Add 按钮添加要转换的图片。注意:该工具在添加图片时,会将该图片所在文件夹内所有图片都添加进去,因此在转换前,需要将所有要转换的图片都统一放在一个文件夹内。图片转换工具添加进图片后,如图 3-11 所示,左侧列表中 Position 一栏为图片的 ID。若图片在命名时前面有数字,则 ID 就为该数字;若无数字,就按名称首字母依次排序,该 ID 无任何意义。如果要删除图片,选中图片后单击 Delete 按钮即可删除。Up 和 Down 按钮仅能改变图片顺序。

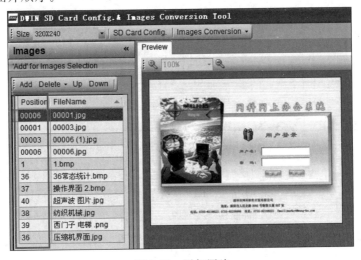

图 3-11　添加图片

（3）在 SD Card Config 右侧的下拉列表中选择 Images Conversion，如图 3-12 所示。弹出"浏览文件夹"对话框，如图 3-13 所示。选择好保存路径后，单击"确定"按钮，弹出如图 3-14 所示的提示框，则表示图片已被成功转换。

图 3-12　选择 Images Conversion

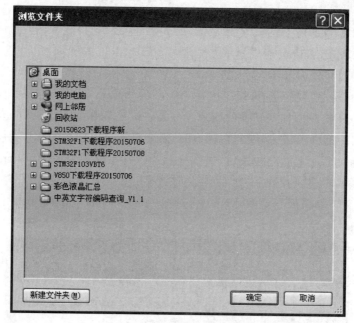

图 3-13　"浏览文件夹"对话框

图 3-14　转换成功

3. 标准图片命名规则

标准图片名称以数字开头，表示该界面的 ID，后面加上对图片的文字描述。例如，2_MAIN_MENU 表示该图片的 ID 为 2，用作主菜单。呼吸机要显示主菜单时，显示该图片即可。

图片前面的数字表示该图片的 ID，后期操作时，只操作图片的 ID 即可，所以每幅图片前面的数字最好不要重复，若重复，系统会自动排序。使用的 DGUS 屏共可添加 245 幅图片，所以图片命名的 ID 范围为 0～244。

3.4.3　图标制作方法及图标文件的生成

1. 图标制作方法

图标的制作方法和图片类似,图标就是小图片,为 24 位 BMP 格式,不同之处在于图标对图片大小不作要求。下面以字符图标为例,说明一般图标的制作方法。

使用"画图"工具打开一张有字符的图片,单击工具栏中的"框选"按钮,选择要做成图标的字符,右击,在弹出的快捷菜单中选择"复制到",如图 3-15 所示。弹出"复制到"对话框,设置文件名和路径,并将其保存为 24 位位图,字符图标制作完成,如图 3-16 所示。

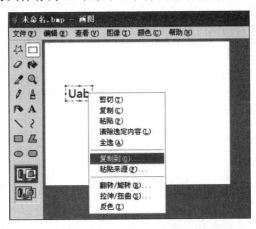

图 3-15　从图片上截取字符图标

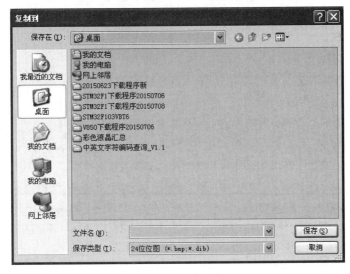

图 3-16　保存图标

用于呼吸机显示的图标主要包括字符图标和图片图标,字符图标的制作已介绍过。图片图标是指将现有图片直接做成图标。在制作图片图标时,首先将图片另存为标准 24 位

BMP 格式,再根据实际所需图标大小,将图片进行缩放,最后保存即可。

2.图标文件(ICO 文件)生成方法

启动 DGUS 组态软件,在初始界面中单击"DWIN ICO 生工具"链接进入 DWIN ICO 文件生成器,如图 3-17 所示。

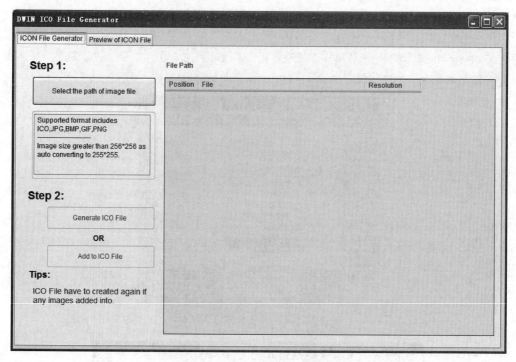

图 3-17　DWIN ICO 文件生成器

图标文件的制作共分两步。

(1)选择图标文件夹。注意图标文件夹内的图标文件命名时须以数字开头,从 0 开始排序,相关联的图标的序号尽量相连,便于后期处理。打开图标文件夹,如图 3-18 所示,列表中 Position 即为图标序号,后期操作时,操作图标序号即可。

(2)打开图标文件夹后,若要将这些图标生成在一个新的 ICO 文件中,则单击 Generate ICO File 按钮,弹出 Build ICO 对话框,如图 3-19 所示。单击 Build ICO 按钮,弹出"另存为"对话框,选择保存路径,如图 3-20 所示。待弹出如图 3-21 所示的提示框,且 Build ICO 对话框中的进度条已满,表示 ICO 文件已生成好,如图 3-22 所示。若要将这些图标添加在已有的图标文件中,则单击图 3-18 中的 Add to ICO File 按钮。注意新加的图标序号不能与已有图标文件内的图标序号重复,其余步骤与生成新 ICO 文件相同。

3.图标文件的命名规则

图标文件在命名时必须以数字开头,只能是 24～127 的数字,且不能与其他字库命名时前面的数字重复,若文件的大小超过了 256KB,则多占用一个 ID,下一个文件命名时不能使用已被占用的 ID,且要保证存储空间大于文件大小。数字后面跟着对此图标文件的文字说明。

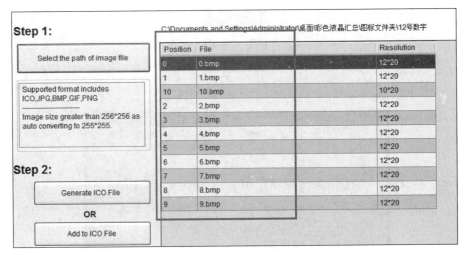

图 3-18 图标文件制作开始界面

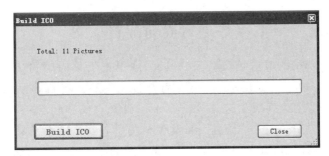

图 3-19 Build ICO 对话框

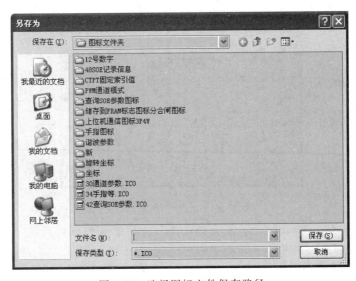

图 3-20 选择图标文件保存路径

图 3-21 图标文件制作成功

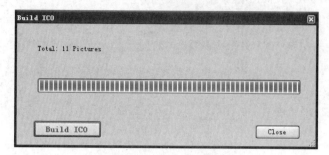

图 3-22 图标文件制作完成标识

3.4.4 新建一个工程并进行界面配置

(1) 启动 DGUS 软件,单击"新建工程"按钮,或单击工具栏中的"新建"按钮,弹出"屏幕属性设置"对话框,如图 3-23 所示。由于呼吸机使用的 DGUS 屏显示尺寸为 320×240 像素,所以在"屏幕尺寸"下拉列表中选择 320×240。选择存储路径(路径的最底层最好是自己创建的空文件夹,这样在建好工程后,自动生成的各种文件才会放在自己新建的文件夹中,否则会造成文件的混乱,难以找到哪些是生成的文件),单击 OK 按钮,工程建立完毕,进入工作界面,如图 3-24 所示。

图 3-23 "屏幕属性设置"对话框

(2) 工程建好之后,单击➕按钮,开始添加图片。所添加的图片只能是适用于该 DGUS 屏的标准图片,否则无法正常显示。添加好图片后,工作界面如图 3-25 所示。

(3) 如果图片的尺寸不标准,执行"设置"→"分辨率设置"菜单命令,将图片的分辨率修改为 320×240。

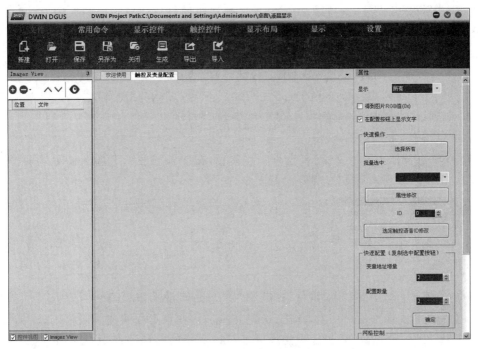

图 3-24　工程建立完成

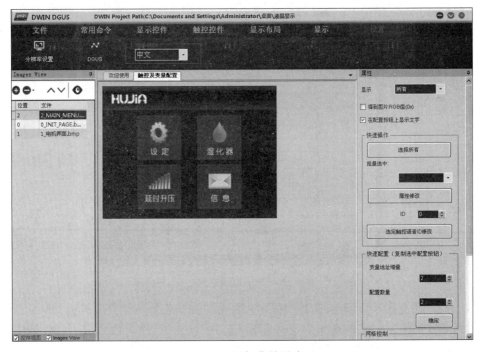

图 3-25　添加背景图片

（4）如果要删除图片，则选中该图片，单击 ● 按钮即可。如果想让图片的 ID 减 1，则选中该图片，单击 ∧ 按钮；反之，单击 ∨ 按钮。

（5）配置显示变量（各种显示变量详细配置方法参考 3.6 节）。

（6）工作界面右侧的"属性"窗口中的各项内容说明如下。

① "显示"下拉列表：可选择的项目如图 3-26 所示，默认为"所有"。

② "得到图片 RGB 值"复选框：勾选后，系统会自动显示出背景图片上鼠标所在位置处颜色的 RGB 值，如图 3-27 所示。

③ "在配置按钮上显示文字"复选框：勾选后，在配置的变量上面会显示该变量的"名称定义"，如图 3-28 所示；反之，则不会显示。

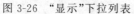

图 3-26　"显示"下拉列表　　　　图 3-27　RGB 显示　　　图 3-28　变量"名称定义"显示

④ 快速操作：与工具栏中"批量选择"和"批量修改"的功能相同。

⑤ 快速配置：选中一个变量，单击"确定"按钮后，在该页面快速复制相同类型的变量。其中，"变量地址增量"表示复制后的变量地址与该变量的地址差；"配置数量"表示复制的变量个数。

⑥ 网格控制：勾选"网格控制"后，在原来的背景图片上显示网格，便于对变量进行配置，如图 3-29 所示。

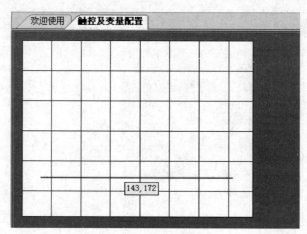

图 3-29　显示网格

（7）变量配置完毕后，依次执行"保存""生成""导出"菜单命令。其中，执行"保存"菜单命令后，将在界面上配置的显示变量保存起来；执行"生成"菜单命令后，会在 DWIN_SET 文件夹中生成 13 触控配置文件. bin、14 变量配置文件. bin 和 22_Config. bin 文件；执行"导出"菜单命令后，会在工程文件夹中生成 DisplayConfig. xls 和 TouchConfig. xls 文件。

3.4.5　工程文件说明

1. 空文件夹

一个建好的空工程,内部包含的文件如图 3-30 所示。其中,在没有对界面进行配置时,文件夹中所有内容都为空。

如图 3-30 所示,ICON、image、TFT 文件夹以及 DWprj.tft 文件在呼吸机显示屏的开发过程中均未使用。

DWIN_SET 文件夹是工程中最关键的部分,利用 SD 卡将该文件下载到 DGUS 屏中。

DGUS 组态软件通过打开 DWprj.hmi 文件打开工程。

图 3-30　空工程包含的文件

2. 配置变量后的文件夹

执行"文件"→"导出"菜单命令,工程中新增两个文件,如图 3-31 所示。其中,TouchConfig.xls 文件内为所有触控变量,MINI DGUS 屏没有触摸功能,所以不关心此文件内容;DisplayConfig.xls 文件内为所有显示变量,根据此文件,用户可以快速查看所有配置的显示变量。

图 3-31　配置变量后的文件夹

打开 DisplayConfig.xls 文件,内容如图 3-32 所示,具体说明如下。

(1) Image ID 表示背景图片 ID,相应的变量就是此 ID 页面上的显示变量。

(2) Name 为显示变量参数配置时的"名称定义"。

(3) Var Pointer 表示显示变量的地址。

(4) Desc Pointer 表示显示变量的描述指针。

(5) Var type 和 Name 意义相同。

(6) description 表示该变量的类型。

因此,通过此文件可迅速查看某一页面上配置的所有变量地址,为变量地址分配提供了方便。

　　如果显示图标变量,则必须将相应的图标文件复制到 DWIN_SET 文件夹中,此时在工程中会自动生成与复制进去的图标文件同名的文件夹,如图 3-31 中的"34 手指等"文件夹,该文件夹中为图标,无任何作用。

	A	B	C	D	E	F	G
	A1		▼	fx	Image ID		
1	Image ID	Name	Var Pointe	Desc Poin	Var type	description	
2	0	变量图标	0x00F6	0xFFFF	变量图标	VAR Icon	
3	0	变量图标	0x00F9	0xFFFF	变量图标	VAR Icon	
4	0	变量图标	0x00F8	0xFFF8	变量图标	VAR Icon	
5	0	变量图标	0x00F7	0xFFFF	变量图标	VAR Icon	
6	0	变量图标	0x00FC	0xFFFF	变量图标	VAR Icon	
7	0	变量图标	0x00FB	0xFFFF	变量图标	VAR Icon	
8	0	变量图标	0x00FA	0xFFFF	变量图标	VAR Icon	
9	0	变量图标	0x00FD	0xFFFF	变量图标	VAR Icon	
10	0	变量图标	0x00FE	0xFFFF	变量图标	VAR Icon	
11	0	la_D0	0x0000	0x0600	la_D0	Data Display	
12	0	P_012	0x001F	0x0610	P_012	Data Display	
13	0	la	0x0100	0xFFFF	la	Text	
14	0	Ep_D	0x0290	0x03E0	Ep_D	Data Display	
15	0	Ep	0x0141	0xFFFF	Ep	Text	
16	0	f_D	0x0017	0xFFFF	f_D	Data Display	
17	0	PF_D	0x0018	0xFFFF	PF_D	Data Display	

图 3-32　DisplayConfig.xls 文件

3.5　工程下载

　　DGUS 屏的所有参数和资料下载都通过 SD 卡接口完成,具体方法如下。

　　(1) 保证 SD 卡是 FAT32 系统,新的 SD 卡需要使用计算机进行格式化,方法是在命令提示符中执行 format/q g:/fs:fat32/a:4096 命令。其中,g 是 SD 卡的盘号。需要注意的是,使用右击快捷菜单命令的格式化是无效的;一般支持 SD 卡大小为 2~16GB。

　　(2) 打开建好的工程,将 DWIN_SET 文件夹放到 SD 卡根目录下。注意,迪文显示屏只会识别 DWIN_SET 这个文件夹,其他命名的文件夹都不支持,我们可以将自己要备份的文件夹命名为其他的名称,下载不受影响。每次上电,DGUS 屏会立即检测一次 SD 接口,后续每隔 3s 检测一次 SD 接口有没有插卡。

　　(3) 在显示屏 SD 卡接口处插上 SD 卡,显示屏变蓝,开始快速下载工程文件,下载完成后显示如图 3-33 所示的界面。

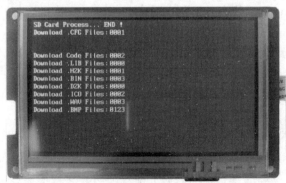

图 3-33　工程下载完成界面

（4）下载完成后拔下 SD 卡。拔卡时先向前推送一下，会听到"咔嗒"声音，然后再拔；直接拔则无法拔出。将显示屏断电，重新上电即可进入操作界面。

3.6　DGUS 屏显示变量配置方法及其指令详解

3.6.1　串口数据帧架构

DGUS 屏采用 UART 串口通信，串口模式为 8n1，即每个数据传输采用 10 位：1 个起始位、8 个数据位、1 个停止位。

默认传输速率是 115200b/s，可在 CFG 文件中修改。

串口的所有指令或数据都是十六进制（HEX）格式；对于字形数据，总是先传输高字节，如传输 0x1234 时，先传输 0x12。

1. 数据帧结构

DGUS 屏的串口数据帧由 4 个数据块组成，如表 3-7 所示。

表 3-7　DGUS 屏的串口数据帧

数据块	1	2	3	4
定义	帧头	数据长度	指令	数据
数据长度/B	2	1	1	N
说明	0x5AA5	包括指令、数据	0x80/0x81/0x82/0x83	
举例	5A　A5	04	83	00　10　04

2. 指令集

DGUS 屏共有 4 条指令。DGUS 指令集如表 3-8 所示。

表 3-8　DGUS 指令集

功　能	指　令	数　　　　据	说　　　明
访问寄存器	0x80	下发：寄存器页面（0x00～0x08）＋寄存器地址（0x00～0xFF）＋写入数据	指定地址开始写数据串到寄存器
		应答：0x4F　0x4B	写指令应答
	0x81	下发：寄存器页面（0x00～0x08）＋寄存器地址（0x00～0xFF）＋读取数据字节长度（0x01～0xFB）	指定地址开始读指定字节的寄存器数据
		应答：寄存器页面（0x00～0x08）＋寄存器地址（0x00～0xFF）＋数据长度＋数据	数据应答
访问变量空间	0x82	下发：变量空间首地址（0x0000～0x0FFFF）＋写入的数据	指定变量地址开始写入数据串（字数据）到变量空间。系统保留的空间不要写
		应答：0x4F　0x4B	写指令应答
	0x83	下发：变量空间首地址（0x0000～0x0FFFF）＋读取数据字长度（0x01～0x7D）	从变量空间指定地址开始读取指定长度字数据
		应答：变量空间首地址＋变量数据字长度＋读取的变量数据	数据应答

3.6.2 数据变量

1．数据变量配置方法

DGUS屏要显示数据变量，首先需要在工程中添加的背景图片上配置数据变量，方法如图3-34所示。

首先单击工具栏中的"数据变量显示"按钮 123，接着在背景图片上拖动鼠标形成一个矩形框，就形成了数据变量显示区域。

2．数据变量参数配置

单击数据变量显示区域，参数配置如图3-35所示。

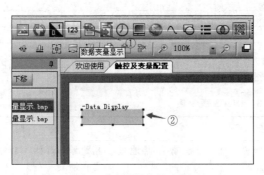

图3-34　数据变量配置　　　　　图3-35　数据变量参数配置

"数据变量显示"配置介绍如下。

（1）X/Y/W/H：X和Y为数据变量显示区域左上角的坐标，W和H分别为数据变量显示区域的宽和高，它们确定了数据变量的显示位置和区域，可以在此直接修改，也可通过鼠标拖动矩形框来确定。

（2）名称定义：由于在一个工程中，用户会用到很多的数据变量，为了查找方便、易于管理，通常取一些通俗易懂的名字标识这些变量，这个名称不会在屏上显示，只在配置时起标识作用。

（3）描述指针：如图3-35所示，描述指针的地址为0xFFFF，表示不使用描述指针。如果要使用描述指针，则需将此地址设置为0x0000～0x07F0的值，且其后最多13个地址都被占用（实际使用时为了避免出错，以16个地址来算），其他变量在设置地址时不可与其重合。假如将描述指针设为 0x0600，下一个可以使用的地址从 0x0610 开始。

使用描述指针后，可以通过发送指令修改变量配置，而不必在工程中修改。

数据变量的描述指针如表 3-9 所示，其中地址第 2 列表示偏移地址。

表 3-9　数据变量的描述指针

地　　址		定　　义	数据长度/B	说　　　　明	
0x00		0x5A10	2		
0x02		*SP	2	变量描述指针，0xFFFF 表示由配置文件加载	
0x04		0x000D	2		
0x06	0x00	*VP	2	变量指针	
0x08	0x01	X,Y	4	起始显示位置，显示字符串左上角坐标	
0x0C	0x03	COLOR	2	显示颜色	
0x0E	0x04：H	Lib_ID	1	ASCII 字库位置	
0x0F	0x04：L	字体大小	1	字符 X 方向点阵数	
0x10	0x05：H	对齐方式	1	0x00=左对齐，0x01=右对齐，0x02=居中	
0x11	0x05：L	整数位数	1	显示整数位	整数位数和小数位数之
0x12	0x06：H	小数位数	1	显示小数位	和不能超过10
0x13	0x06：L	变量数据类型	1	0x00=整数(2B)，−32768～32767 0x01=长整数(4B)，−214783648～214783647 0x02=*VP 高字节，无符号数，0～255 0x03=*VP 低字节，无符号数，0～255	
0x14	0x07：H	Len_unit	1	变量单位(固定字符串)，显示长度，0x00 表示没有单位显示	
0x15	0x07：H	String_Unit	Max11	单位字符串，ASCII 码	

参考表 3-9，假设数据变量显示的描述指针设置为 0x0600，则控制坐标的地址为 0x0601，控制颜色的地址为 0x0603。

发送指令：5A A5 05 82 0603 F800，将数据变量显示颜色修改为红色；

发送指令：5A A5 07 82 0601 0000 0000，改变数据变量显示位置，数据框会出现在(0,0)。

描述指针使数据变量上电初始值显示控制(仍假设数据变量显示的描述指针设置为 0x0600)。

发送指令：5A A5 05 82 0600 FF00，数据变量无显示值；

发送指令：5A A5 05 82 0600 0001.5A A5 05 82 0001 0009，数据变量从无显示值到显示 9。其中，0600 为描述指针；0001 为变量指针；0009 为显示数据。

每个变量均需单独发送指令，如果没有改变描述指针的内容，不需要将变量指针写入描述指针。

若要对数据变量的其他属性(包括 ASC 字库位置、字体大小、对齐方式、整数位数、小数位数、变量数据类型、变量单位及单位字符串)进行修改，可参考上述修改颜色和坐标的例子。

(4)变量地址：占用变量存储器空间，范围为 0x0000～0x07FF。如果数据类型是整型,则占用一个地址;如果是长整型,则占用两个地址。

(5) 显示颜色:文本最后显示的颜色取决于"颜色显示",其值可任意修改。

(6) 字库位置:数据变量显示使用的均是 ASC 字符,即 0 号字库,不作修改。

(7) 字体大小:字体的高所占的像素个数。

(8) 对齐方式:当数据发生变化时,决定其显示位置的变化方向。

(9) 变量类型:对于 MINI DGUS 屏,只有整数(2 字节)和长整数(4 字节)可选。整数的显示范围是 $-32768(0x8000) \sim +32767(0x7FFF)$;长整数的显示范围是 -2147483648 $(0x8000\ 0000) \sim +2147483647(0x7FFF\ FFFF)$。若想显示负数,负数表示为:负数 $= \sim$ (对应的正数 -1)。

(10) 整数位数:表示显示值中整数的个数。给数据变量输入的值都是整数,其值为实际要显示的值去掉小数点后的值。如要显示 12.34,则需要给变量输入 1234,且整数位数和小数位数都设置为 2。

(11) 小数位数:表示显示值中小数的个数。

(12) 变量单位长度:数据变量单位字符串中的字符个数。

(13) 显示单位:数据变量的单位字符串。

(14) 初始值:数据变量上电后的显示值。

3. 数据显示指令

假设变量地址为 0x0001,变量类型为整数(2 字节),要显示的值是 12.34,小数个数和整数个数都设置为 2,则数据显示指令为 5A A5 05 82 0001 04D2。其中,5A A5 表示帧头; 05 为数据长度;82 为指令;0001 表示数据变量地址;04D2 为 1234 的十六进制值(2B)。

若变量类型改为长整数(4 字节),其余条件不变,则数据显示指令为 5A A5 07 82 0001 0000 04D2。

3.6.3 文本变量

1. 文本变量配置方法

DGUS 屏要显示文本变量,需要在工程背景图片上配置文本变量,方法如图 3-36 所示。

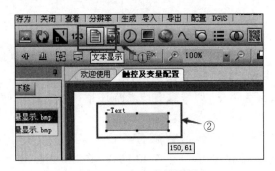

图 3-36 文本变量配置

　　单击工具栏中的"文本显示"按钮,接着在背景图片目标位置处拖动鼠标形成文本变量显示区域。

2．文本显示参数配置

　　单击文本变量显示区域,参数配置如图 3-37 所示。

"文本显示"配置介绍如下。

　　(1) X/Y/W/H:含义与"数据变量显示"相同。

　　(2) 名称定义:含义与"数据变量显示"相同。

　　(3) 描述指针:如图 3-37 所示,描述指针的地址为0xFFFF,表示不使用描述指针。若要使用描述指针,则需将此地址设置为:0x0000～0x07F0 的值,且其后的 13 个地址(实际使用时为了避免出错,以 16 个地址来算)都被占用,其他变量在设置地址时不可与其重合。假如将描述指针设为 0x0600,下一个可以使用的地址从 0x0610 开始。

　　使用描述指针,可以通过发送指令修改变量配置,而不必每次从工程中修改。

　　例如,显示汉字字符时选用自己生成的字库,而显示其他 ASC 字符时选用 0 号字库,可以通过给描述指针发送指令直接修改,而不需要配置不同的文本变量。

　　文本变量的描述指针如表 3-10 所示,其中地址第 2 列表示偏移地址,操作方法与数据变量相同。

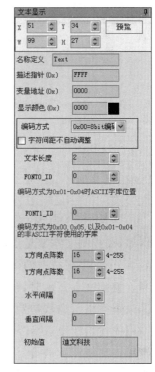

图 3-37　文本显示参数配置

表 3-10　文本变量的描述指针

地　　址		定　　义	数据长度	说　　明
0x00		0x5A11	2	
0x02		* SP	2	变量描述指针,0xFFFF 表示由配置文件加载
0x04		0x0000	2	
0x06	0x00	* VP	2	文本指针
0x08	0x01	X,Y	4	起始显示位置,显示字符串左上角坐标
0x0C		Color	2	显示文本颜色
0x0E	0x04	Xs　Ys　Xs　Ys	8	文本框
0x16	0x08	Text_length	2	显示字节数量,遇到 0xFFFF 数据或显示到文本框尾将不再显示
0x18	0x09:H	Font0_ID	1	编码方式 0x00、0x05,以及编码方式 0x01～0x04 时 ASCII 字库位置
0x19	0x09:L	Font1_ID	1	0x01～0x04 的非 ASCII 字符使用的字库
0x1A	0x0A:H	Font_X_Dots	1	字体 X 方向点阵数(0x01～0x04 模式,ASCII 字符 X 按照 X/2 计算)
0x1B	0x0A:L	Font_Y1_Dots		字体 Y 方向点阵数目

续表

地　　址		定　　义	数据长度	说　　明
0x1C	0x0B：H	Encode_Mode	1	.7～.0 定义了文本编码方式： 0＝8b 编码 1＝GB2312 内码 2＝GBK 3＝BIG5 4＝SJIS 5＝UNICODE
0x1D	0x0B：L	HOR_Dis	1	字符水平间隔
0x1E	0x0C：H	VER_Dis	1	字符垂直间隔
0x1F	0x0C：L	未定义	1	写 0x00

例如,在控制文本变量上电初始值显示时,假设文本变量地址为 0x0001,文本长度为 2 (可显示一个汉字字符或两个 ASC 字符),描述指针为 0x0500。

当切换到文本显示时,输入值为空格,发送指令 5A A5 05 82 0001 2020 (文本长度是几就发送几个空格),隐藏初始值。

当用描述指针发送指令 5A A5 05 82 05 00 FF 00 时,文本变量无显示值。

当用描述指针发送指令 5A A5 05 82 05 00 00 01.5A A5 05 82 00 01 CED2 时,文本变量从无显示值变为显示汉字字符"我"。

(4) 变量地址:占用变量存储器空间,范围为 0x0000～0x07FF。文本显示的长度决定了其占用地址的个数,占用地址的个数是文本长度的一半。

(5) 显示颜色:决定文本显示颜色,可任意修改。

(6) 编码方式:显示汉字字符时,选择汉字字库,且编码方式要与字库的编码方式一致。显示 ASC 字符时选择 0 号字库,编码方式选择"8bit 编码方式"。

(7) 文本长度:一个汉字字符占两个长度,一个 ASC 字符占一个长度,只能设置为偶数,且决定变量地址所占个数。

(8) FONT0_ID:ASC 字库位置,写为 0。

(9) FONT1_ID:汉字字库位置,DWIN_SET 文件夹内复制进去的其他字库的 ID 号。

(10) X 方向点阵数/Y 方向点阵数:当显示 0 号字库的 ASC 字符时,X 方向点阵数决定了字符的大小,可任意选取;显示其他字库的非 ASC 字符时,该点阵数必须与非 ASC 字符所在字库生成时选取的点阵数一致,因此对非 ASC 字符而言是唯一确定的。

(11) 水平/垂直间隔:两个字符之间的间隔,一般设置为 0,不修改。

(12) 初始值:文本变量上电显示初值。

3. 文本显示指令

假设变量地址为 0x0001,文本长度为 4,要显示汉字字符"我们",编码方式为 GBK,则文本显示指令为 5A A5 07 82 0001 CED2 C3C7。其中,5A A5 表示帧头;07 为数据长度;

82 为指令；0001 表示文本变量地址；CED2 C3C7 为汉字字符"我们"的 GBK 编码。

假设变量地址为 0x0001，文本长度为 4，要显示 ASC 字符 ABC，采用 8bit 编码方式，则文本显示指令为 5A A5 07 82 0001 41 42 43 00。其中，5A A5 表示帧头；07 为数据长度；82 为指令；0001 表示文本变量地址；41 为字符 A 的 ASC 编码；42 字符 B 的 ASC 编码；43 字符 C 的 ASC 编码；00：文本长度为偶数，通过在最后写入 0 来凑够。

3.6.4　图标变量

1. 图标变量配置方法

（1）将制作好的图标文件复制到 DWIN_SET 文件夹中。

（2）与数据变量的配置方法类似，单击工具栏中"图标变量显示"按钮，在背景图片目标位置处拖动鼠标形成图标显示区域，如图 3-38 所示。

2. 图标变量参数配置

单击图标显示区域，参数配置如图 3-39 所示。

图 3-38　图标变量配置

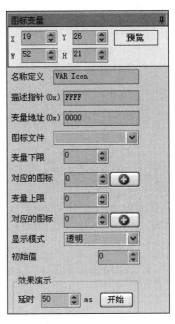

图 3-39　图标变量参数配置

"图标变量"配置介绍如下。

（1）X/Y/W/H：含义与"数据变量显示"相同。

（2）名称定义：含义与"数据变量显示"相同。

（3）描述指针：用于呼吸机显示屏的图标变量不使用描述指针。

（4）变量地址：占用变量存储器空间，范围为 0x0000～0x07FF。每个图标变量占 1B 地址。

图 3-40 添加图标文件

（5）图标文件：可选择添加进 DWIN_SET 文件夹中的图标文件，如图 3-40 所示。

（6）变量下限/变量上限及其对应的图标。

图标变量只能显示介于变量下限所对应的图标和变量上限所对应的图标之间的图标。变量上限对应图标的 ID 必须大于变量下限对应图标的 ID。变量上限一般设为 0，为方便操作也可与对应图标的 ID 一致。变量下限与变量上限的设定值和要显示的变量个数相关，应满足以下条件：

$$变量下限设定值-变量上限设定值=变量个数-1$$

单击"对应的图标"右侧按钮，弹出"迪文 ICO 文件预览"对话框，显示图标文件夹中的图标，如图 3-41 所示。

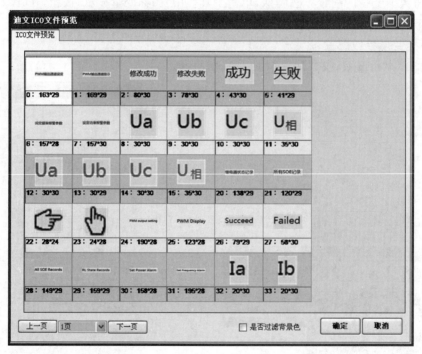

图 3-41 "迪文 ICO 文件预览"对话框

（7）显示模式：有"透明"和"显示背景"两种。"透明"表示将图标以其左上角的颜色为基准，滤掉与其颜色相同的部分，不予显示；"显示背景"则反之。一般选择"透明"模式。

（8）初始值：要显示的初始图标对应的值，该值是变量下限与变量上限之间的值。

（9）效果演示：设定好"延时"之后，单击"开始"按钮，则依次浏览下限与上限之间的图标。

3. 图标显示指令

假设变量地址为 0x0001，变量下限为 0，对应图标 ID 为 12，即图 3-41 中的 Ua 图标；变量上限为 2，对应图标 ID 为 14，即图 3-41 中的 Uc 图标。要显示 ID 为 13 的 Ub 图标，则发送的指令为 5A A5 05 82 0001 0001。其中,5A A5 表示帧头;05 为数据长度;82 为指令;前一个 0001 表示图标变量地址;后一个 0001 为 ID 为 13 的图标对应的变量值。

若该变量不显示任何图标,则发送的指令为 5A A5 05 82 0001 FFFF。其中,5A A5 表示帧头;05 为数据长度;82 为指令;0001 表示图标变量地址;FFFF 为大于变量上限或小于变量下限的任意值。

3.6.5　基本图形变量

DGUS 屏的基本图形绘制可以实现置点、连线、矩形、矩形域填充和画圆等功能。在呼吸机上,仅使用其矩形域填充功能,实现呼吸机压力值的条形图显示。

1. 基本图形变量配置方法

与数据变量的配置方法类似,在工具栏中单击"基本图形显示"按钮,在背景图片上拖动鼠标形成图形显示区域,配置完成。

2. 基本图形变量参数配置

基本图形变量参数配置如图 3-42 所示,其中下方框选部分在呼吸机显示中用不到,保持默认值即可。

"基本图形显示"配置介绍如下。

（1）X/Y/W/H：含义与"数据变量显示"相同。

（2）名称定义：含义与"数据变量显示"相同。

（3）描述指针：通过设置描述指针可以修改绘图区域,在呼吸机上一般不使用此功能。

（4）变量地址：占用变量存储器空间,占用的地址长度由发送的数据长度决定。

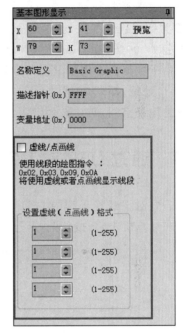

图 3-42　基本图形变量参数配置

3. 基本图形显示指令

以矩形域填充为例,下面介绍基本图形显示指令。

用于基本图形显示的数据包括 3 部分,如表 3-11 所示,分别为绘图指令、最大数据包数目及数据。数据包会占用变量存储空间。

表 3-11　用于基本图形显示的数据

地　址	定　义	说　明
VP	CMD	绘图指令
VP+1	Data_Pack_Num_Max	最大数据包数目,连线指令(0x0002),定义为连线线条数目(顶点数-1)
VP+2	DATA_Pack	数据

绘图指令有很多,下面仅对呼吸机用到的矩形域填充指令进行详细说明。

矩形域填充指令为 0x0004,其中每个数据包括 5 个字,分别为矩形域左上角的 X/Y 坐标、矩形域右下角的 X/Y 坐标和填充颜色,如表 3-12 所示。

表 3-12　矩形域填充指令说明

指令	操　作	绘图数据包格式说明（相对地址和长度单位均为字）			
		相对地址	长度	定义	说　　明
0x0004	矩形域填充	0x0000	2	(x,y)s	矩形域左上角坐标，X 坐标高字节为判断条件
		0x0002	2	(x,y)e	矩形域右下角坐标
		0x0004	1	Color	矩形域填充颜色

假设基本图形变量的地址为 0x004E，显示两个矩形域填充，显示指令为 5A A5 1B 82 004E 0004 0002 002E 005F 0038 00D9 0000 0046 0062 0050 00D9 0000。其中，5A A5 表示帧头；1B 为数据长度；82 为指令；004E 表示基本图形变量地址；0004 为矩形域填充指令；0002 为数据包的个数，上述指令共有两个数据包，所以为 2；002E 005F 0038 00D9 0000 为数据包 1；0046 0062 0050 00D9 0000 为数据包 2。

由于数据会占用变量存储空间，如上述指令，数据包的个数以及两个数据包的内容共占用 11 个地址，即 0x0058 之后的地址才可以使用。实际呼吸机显示屏开发过程中，尽量留有足够的地址空间，防止显示出错。

3.7　通过 USB 对 DGUS 屏进行调试

若要对下载好工程的 DGUS 屏进行调试，用户可以通过如图 3-43 所示的驱动模块将其连在计算机 USB 接口上，通过串口助手发指令进行调试。

图 3-43　驱动模块

DGUS 屏的调试步骤如下。

（1）安装 XR21V1410XR1410 芯片 USB 驱动。

（2）驱动安装成功后，打开串口调试助手 sscom32.exe，如图 3-44 所示。依次设置串口号(连接 DGUS 屏 USB 的串口号)、波特(设置成与 DGUS 屏一致的波特率),勾选"HEX 发送"复选框,最后输入指令,单击"发送"按钮,即可将指令发送到 DGUS 屏上,从而进行调试工作。

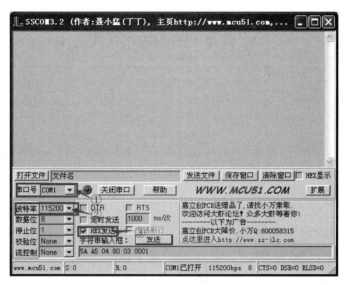

图 3-44　串口调试助手

摩托车仪表盘智能屏 UI 演示如图 3-45 所示。智能屏支持挡位、速度、储能状态和室外温度显示。这种界面通过 DGUS 软件很容易开发出来,还可以开发更复杂的界面。

图 3-45　摩托车仪表盘智能屏 UI 演示

DGUS 彩色液晶显示屏的有关操作程序清单可参考本书数字资源中的程序代码。

第 4 章

旋转编码器设计实例

本章将介绍旋转编码器设计实例,包括旋转编码器的接口设计、呼吸机按键与旋转编码器程序结构、按键扫描与旋转编码器中断检测程序和键值存取程序。

4.1 旋转编码器的接口设计

在设计仪器仪表、医疗器械、示波器、消费类电子等产品时,为了查看参数和操作方便,经常用到旋转编码器。

4.1.1 旋转编码器的工作原理

旋转编码器是一种将轴的机械转角转换为数字或模拟电信号输出的传感器件,按照工作原理可分为增量式和绝对式两类。

下面以 ALPS 公司的 EC11J152540K 型旋转编码器为例进行介绍,其外形如图 4-1 所示。

该旋转编码器为双路输出的增量式旋转编码器,定位数为 30,脉冲数为 15,并且带有按钮开关。旋转编码器旋转一周共有 30 个定位,每旋转两个定位将产生一个脉冲,旋转时将输出 A、B 两相脉冲,根据 A、B 相间正交 90°的相位差(顺时针旋转时 A 相滞后于 B 相,逆时针旋转时 A 相超前于 B 相),可以判断旋转编码器的旋转方向。

图 4-1　EC11J152540K 型
旋转编码器

另外,当旋转编码器的按开开关未按下时,它的引脚 4 和引脚 5 内部断开;按下时,引脚 4 和引脚 5 内部接通。

4.1.2 旋转编码器的接口电路设计

通过对旋转编码器的输出信号进行相应的处理和检测,可利用旋转编码器实现 KEY1、KEY2、KEY3 按键的功能,除其自带的 KEY1 外,规定旋转编码器逆时针旋转一个定位表示 KEY2 按键按下一次,顺时针旋转一个定位表示 KEY3 按键按下一次。利用旋转编码器

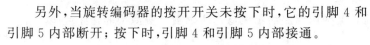

实现按键功能具有结构紧凑和操作方便等优点。

旋转编码器与 STM32F103 的接口电路如图 4-2 所示。

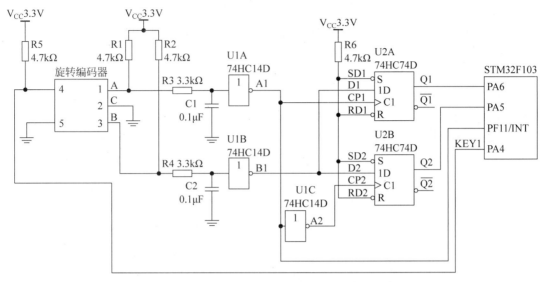

图 4-2 旋转编码器与 STM32F103 的接口电路

如图 4-2 所示,旋转编码器 A、B 两相输出,经过 RC 滤波消除抖动,由 74HC14D 施密特触发反相器反相后,连接至 74HC74D 双 D 型上升沿触发器。D 触发器 U2A 的 Q1 输出、U2B 的 Q2 输出分别连接至 STM32F103 微控制器的 GPIO 口 PA6、PA5,作为旋转编码器鉴相信号,通过检测其电平状态判断旋转编码器的旋转方向以及 KEY2、KEY3 按键的状态。

旋转编码器 A 相脉冲反相后的信号 A1 连接至控制器的外部中断引脚 PF11,作为外部中断触发信号,进行上升沿和下降沿的中断检测。

旋转编码器引脚 4 接上拉电阻至＋3.3V,接至微控制器的 GPIO 口 PA4,通过检测其电平状态判断 KEY1 按键的状态。

4.1.3 旋转编码器的时序分析

旋转编码器旋转时将输出相位相差 90° 的 A、B 两相脉冲,每旋转一个定位,A、B 两相都将输出一个脉冲边沿,下面分不同情况对旋转编码器的工作时序进行分析。

1. 旋转编码器顺时针旋转时的时序分析

当旋转编码器顺时针旋转时,A 相脉冲滞后于 B 相,由于 Q1 与 Q2 的初始状态不确定,以下分析中假定 Q1 初始状态为低电平,Q2 初始状态为高电平。

当旋转编码器顺时针旋转多个定位时,CP1、CP2 将交替出现上升沿,因此 D 触发器 U2A 输出 Q1 与 U2B 输出 Q2 会分别进行更新。多定位顺时针旋转时序如图 4-3 所示。

如图 4-3 所示,t_1 时刻 CP2 为上升沿,D2 为低电平状态,所以 D 触发器 U2B 输出 Q2

将更新为低电平；t_2 时刻 CP1 为上升沿，D1 为高电平状态，所以 D 触发器 U2A 输出 Q1 将更新为高电平；t_3 时刻 CP2 为上升沿，D2 为低电平状态，所以 D 触发器 U2B 输出 Q2 更新后仍为低电平。

所以，顺时针旋转多个定位时，在 CP1 的上升沿 Q1 更新为高电平；在 CP2 的上升沿 Q2 更新为低电平。

而顺时针旋转一个定位时，A 相仅输出一个脉冲边沿，若 A 相输出上升沿，则 CP1 为上升沿，Q1 更新为高电平，而 Q2 电平状态保持不变；若 A 相输出下降沿，则 CP2 为上升沿，Q2 更新为低电平，而 Q1 电平状态保持不变。

2. 旋转编码器逆时针旋转时的时序分析

当旋转编码器逆时针旋转时，A 相脉冲超前于 B 相，由于 Q1 与 Q2 的初始状态不确定，以下分析中假定 Q1 初始状态为高电平，Q2 初始状态为低电平。

当旋转编码器逆时针旋转多个定位时，CP1、CP2 将交替出现上升沿，因此 D 触发器 U2A 输出 Q1 与 U2B 输出 Q2 会分别进行更新。多定位逆时针旋转时序如图 4-4 所示。

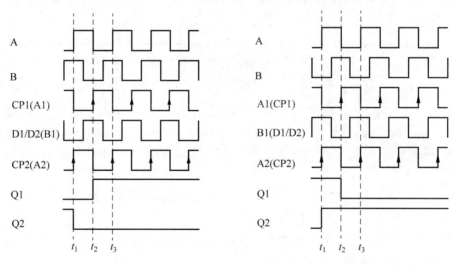

图 4-3　多定位顺时针旋转时序　　　图 4-4　多定位逆时针旋转时序

如图 4-4 所示，t_1 时刻 CP2 为上升沿，D2 为高电平状态，所以 D 触发器 U2B 输出 Q2 将更新为高电平；t_2 时刻 CP1 为上升沿，D1 为低电平状态，所以 D 触发器 U2A 输出 Q1 将更新为低电平；t_3 时刻 CP2 为上升沿，D2 为高电平状态，所以 D 触发器 U2B 输出 Q2 更新后仍为高电平。

所以，逆时针旋转多个定位时，在 CP1 的上升沿 Q1 更新为低电平；在 CP2 的上升沿 Q2 更新为高电平。

而逆时针旋转一个定位时，A 相仅输出一个脉冲边沿，若 A 相输出上升沿，则 CP1 为上升沿，Q1 更新为低电平，而 Q2 电平状态保持不变；若 A 相输出下降沿，则 CP2 为上升沿，Q2 更新为高电平，而 Q1 电平状态保持不变。

4.2　呼吸机按键与旋转编码器程序结构

呼吸机按键与旋转编码器程序可以分为按键扫描与旋转编码器中断检测程序和键值存取程序,程序结构如图 4-5 所示。

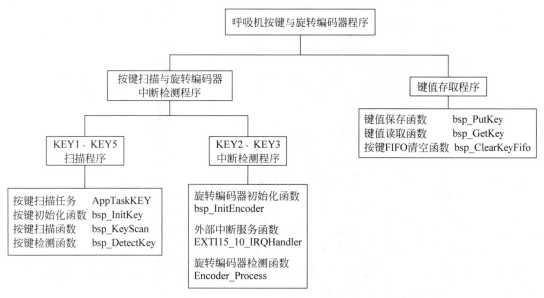

图 4-5　呼吸机按键与旋转编码器程序结构

程序中实际用到 KEY1(旋转编码器按钮开关)、KEY2(旋转编码器逆时针旋转)、KEY3(旋转编码器顺时针旋转)、KEY5(独立按键)4 个按键。其中,KEY1、KEY5 采用按键扫描的方式进行检测;KEY2、KEY3 采用中断方式进行检测。

键值的存取采用环形 FIFO 结构,通过对环形键值缓冲区进行操作实现键值的保存和读取。

程序相关函数如表 4-1 所示。

表 4-1　程序相关函数

程　　　序		函　　　数	说　　　明
按键扫描与旋转编码器中断检测程序	KEY1、KEY5 扫描程序	AppTaskKEY	按键扫描任务
		bsp_InitKey	按键初始化函数
		bsp_KeyScan	按键扫描函数
		bsp_DetectKey	按键检测函数
	KEY2、KEY3 中断检测程序	bsp_InitEncoder	旋转编码器初始化函数
		EXTI15_10_IRQHandler	外部中断服务函数
		Encoder_Process	旋转编码器检测函数

续表

程　序	函　数	说　明
键值存取程序	bsp_PutKey	键值保存函数
	bsp_GetKey	键值读取函数
	bsp_ClearKeyFifo	按键 FIFO 清空函数
	bsp_PutKey	键值保存函数

程序相关数据类型及变量如表 4-2 所示。

表 4-2　程序相关数据类型及变量

程　序		数据类型及变量	说　明
按键扫描与旋转编码器中断检测程序	KEY1、KEY5 扫描程序	KEY_T	按键结构体类型
		s_tBtn[KEY_COUNT]	按键结构体数组
	KEY2、KEY3 中断检测程序	dir	旋转编码器旋转方向标志
		Encode_Count	旋转编码器计数值
键值存取程序		KEY_FIFO_T	键值缓冲区结构体类型
		KEY_ENUM	按键键值枚举类型
		s_tKey	环形键值缓冲区结构体变量
		Buf[KEY_FIFO_SIZE]	环形键值缓冲区数组

　　系统开始运行后,按键扫描任务 AppTaskKEY 开始以 10ms 为周期,对 KEY1 和 KEY5 进行扫描;而 KEY2 与 KEY3 的按键动作将会被外部中断检测到,并在外部中断服务函数 EXTI15_10_IRQHandler 中进行处理。

　　当程序检测到某个按键动作时,将会调用 bsp_PutKey(键值保存函数),把相应的键值写入按键 FIFO 缓冲区。

　　液晶显示程序将会以 125ms 为周期调用 bsp_GetKey(键值读取函数),读取按键 FIFO 缓冲区中存储的键值,从而进行参数的修改、显示界面的更新与切换等相应的操作。

4.3　按键扫描与旋转编码器中断检测程序

　　KEY1、KEY5 采用按键扫描的方式进行检测,KEY2、KEY3 采用中断方式进行检测,下面将按照检测方式的不同分别进行介绍。

4.3.1　KEY1 与 KEY5 的按键扫描程序

1. KEY1 与 KEY5 的检测原理

　　为实现对 KEY1 与 KEY5 的按键扫描,程序在 μC/OS-Ⅱ 操作系统中建立了按键扫描任务 AppTaskKEY,每隔 10ms 对按键进行一次扫描,以检测 KEY1 与 KEY5 的按键动作。

　　KEY1(旋转编码器按钮开关)连接在 STM32F407 微控制器的 PA4 引脚,KEY5(独立按键)连接在STM32F407微控制器的PF12引脚。程序通过判断PA4与PF12引脚的电平状态检测KEY1与KEY5的按键动作。

2. 按键扫描检测程序设计

按键扫描任务AppTaskKEY程序流程如图4-6所示。

由图4-6可知,按键扫描任务AppTaskKEY在完成相关初始化之后,每隔10ms调用一次按键扫描函数bsp_KeyScan,对全部按键进行一次扫描。

按键扫描函数bsp_KeyScan程序流程如图4-7所示。

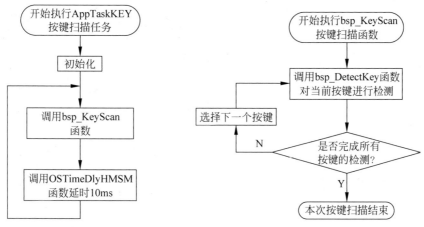

图 4-6 按键扫描任务程序流程　　　　图 4-7 按键扫描函数程序流程

由图4-7可知,在每次的按键扫描过程中,程序通过依次对每个按键调用bsp_DetectKey函数完成对所有按键的检测。

按键检测函数bsp_DetectKey程序流程如图4-8所示。

由图4-8可知,在每次执行bsp_DetectKey函数的过程中,程序首先判断是否将当前按键的IsKeyDownFunc指针指向了相应的按下判断函数,如果指向了相应函数,则执行检测过程,否则直接结束对该按键的检测(程序中只对KEY1和KEY5两个按键赋予了按下判断函数IsKeyDownFunc,所以实际上系统只对KEY1和KEY5进行了扫描检测)。

对每个按键的具体检测流程如图4-9所示。图4-9只是给出了按键检测程序的大致设计思路,说明了每次按键检测过程所要完成的具体操作。在程序代码介绍部分将给出按键扫描检测的具体实现方法。

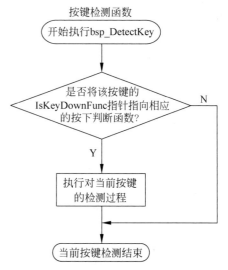

图 4-8 按键检测函数流程

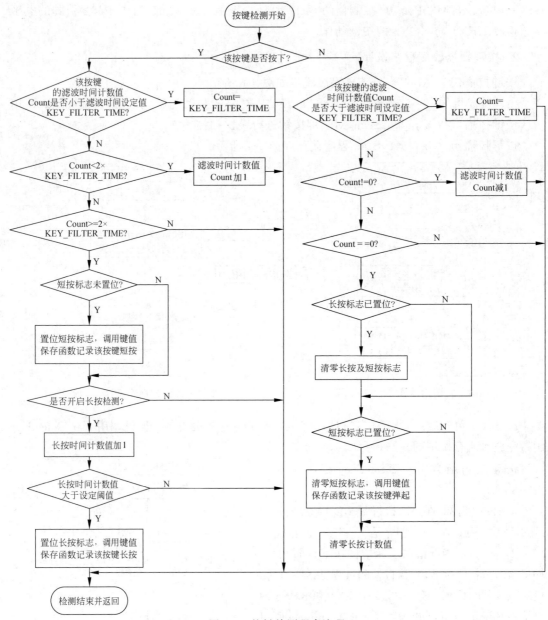

图 4-9　按键检测程序流程

3. 按键扫描检测程序代码

下面对按键扫描检测程序代码实现进行具体介绍。

1）相关引脚声明

```
#define RCC_ALL_KEY    (RCC_AHB1Periph_GPIOA | RCC_AHB1Periph_GPIOF )

#define GPIO_PORT_K1   GPIOA
```

```
#define GPIO_PIN_K1              GPIO_Pin_4

#define GPIO_PORT_K5             GPIOF
#define GPIO_PIN_K5              GPIO_Pin_12
```

上述代码声明 PA4 引脚为 K1,检测 KEY1(旋转编码器按钮开关);声明 PF12 引脚为 K5,检测 KEY5(独立按键)。

2)按键结构体类型及变量定义

程序中对按键结构体类型的定义如下。

```
typedef struct
{
    uint8_t  (*IsKeyDownFunc)(void);      //按键按下判断函数指针
    uint8_t  Count;                        //滤波时间计数值
    uint16_t LongCount;                    //长按时间计数值
    uint16_t LongTime;                     //长按时间阈值
    uint8_t  State;                        //按键短按状态标志
    uint8_t  StateLong;                    //按键长按状态标志
    uint8_t  RepeatSpeed;                  //连续按键周期
    uint8_t  RepeatCount;                  //连续按键计数器
}KEY_T;
```

其中,IsKeyDownFunc 为按键按下判断函数指针,用于指向相应按键的按下判断函数,利用函数的返回值确定按键的当前状态;Count 为滤波时间计数值,由于对 KEY1 和 KEY5 的按键扫描是通过 μC/OS-Ⅱ 操作系统中的应用任务完成的,按键检测的延时消抖不能通过普通的延时函数来完成,Count 成员的设置正是为了实现按键的滤波消抖;LongCount 为长按时间计数值,LongTime 为长按时间阈值,程序通过比较两者的大小判断按键是否发生了长按动作,LongTime 为 0 表示不进行长按检测;State 和 StateLong 分别为短按状态标志和长按状态标志,为 1 分别表示当前处于短按和长按状态,为 0 分别表示当前不处于短按和长按状态(程序中并未使用到长按自动发送键值功能,对于按键结构体的 RepeatSpeed 与 RepeatCount 两个成员不再进行详细介绍)。

程序中定义了按键结构体数组 s_tBtn,其中的每个元素分别与各按键相对应,即

```
static KEY_T s_tBtn[KEY_COUNT];
```

KEY_COUNT 的值为 5,但实际只用到 KEY1 和 KEY5 两个按键,其余可留给以后的功能扩展。

3)相关初始化函数

```
/****************************************************************
函数名:bsp_InitKey
功能说明:初始化按键,该函数被 bsp_Init 函数调用
形参:无
返回值:无
****************************************************************/
```

```
void bsp_InitKey(void)
{
    bsp_InitKeyVar();              //相关按键变量初始化
    bsp_InitKeyHard();             //相关引脚初始化
}
```

该函数在系统硬件初始化函数 bsp_Init 中被调用,用于对 KEY1 和 KEY5 按键扫描检测的相关资源进行初始化,它包含两部分:按键变量初始化和引脚初始化。

(1) 按键变量初始化函数如下。

```
/ *************************************************************
函数名: bsp_InitKeyVar
功能说明: 初始化按键变量
形参: 无
返回值: 无
************************************************************* /
static void bsp_InitKeyVar(void)
{
    uint8_t i;
    / * 对按键FIFO读写指针清零 * /
    s_tKey.Read = 0;
    s_tKey.Write = 0;
    s_tKey.Read2 = 0;
    s_tKey.ReadMirror = 0;
    s_tKey.WriteMirror = 0;
    / * 给每个按键结构体成员变量赋一组默认值 * /
    for (i = 0; i < KEY_COUNT; i++)
    {
        / * 长按时间阈值(0 为不检测长按事件) * /
        s_tBtn[i].LongTime = KEY_LONG_TIME;
        / * 滤波时间计数值设置为滤波时间的一半 * /
        s_tBtn[i].Count = KEY_FILTER_TIME / 2;
        / * 按键默认状态(0 为未按下) * /
        s_tBtn[i].State = 0;
    }
    s_tBtn[KID_K1].LongTime = 100;                    / * 设定 KEY1 长按阈值 * /
    s_tBtn[KID_K5].LongTime = 0;
    s_tBtn[0].IsKeyDownFunc = IsKeyDown1;             / * 按键按下判断函数 * /
    s_tBtn[4].IsKeyDownFunc = IsKeyDown5;
    ...
    }
```

bsp_InitKeyVar 函数首先对按键缓冲区结构体的各成员进行了初始化,为键值的保存和读取做好准备工作。

接下来,依次对按键结构体数组 s_tBtn 的 5 个元素进行初始化,将长按时间阈值设为 KEY_LONG_TIME,将滤波时间计数值初始化为滤波时间的一半,按键状态初始化为 0,表示未按下。

其中,对于 KEY_LONG_TIME 与 KEY_FILTER_TIME 的宏定义如下。

```
#define KEY_LONG_TIME 100    //当按键按下时间超过 100 * 10ms(1s)才认为长按事件发生
#define KEY_FILTER_TIME 4    //只有连续检测到 4 * 10ms 按键状态不变才认为按键弹起和短按
                             //事件有效,从而保证可靠地检测到按键事件
```

接着,程序对 KEY1 和 KEY5 的按键结构体进行单独的初始化操作。其中,将 KEY5 的 LongTime 赋值为 0,表示程序不进行 KEY5 的长按检测。然后,程序将 KEY1 和 KEY5 的按键按下判断函数指针分别指向了 IsKeyDown1 和 IsKeyDown5 两个函数;并将其他按键的指针赋为空,表示不进行其他按键的扫描检测。

程序中对 IsKeyDown1 和 IsKeyDown5 两个函数的定义如下。

```
/ ***********************************************************
函数名:IsKeyDownX
功能说明:判断按键是否按下
形参:无
返回值:返回 1 表示按下,返回 0 表示未按下
*********************************************************** /
static uint8_t IsKeyDown1(void)
{if ((GPIO_PORT_K4 -> IDR & GPIO_PIN_K1) == 0) return 1;else return 0;}
static uint8_t IsKeyDown5(void)
{if ((GPIO_PORT_K4 -> IDR & GPIO_PIN_K5) == 0) return 1;else return 0;}
```

当 PA4 检测为低电平时,IsKeyDown1 函数的返回值为 1,表示 KEY1 按下;否则,返回 0 表示 KEY1 未按下。而当 PF12 检测为低电平时,IsKeyDown5 函数的返回值为 1,表示 KEY5 按下;否则,返回 0 表示 KEY5 未按下。程序中并未使用到长按自动发送键值功能,按键结构体的 RepeatSpeed 成员均赋值为 0。

(2) 引脚初始化函数如下。

```
/ ***********************************************************
函数名:bsp_InitKeyHard
功能说明:配置按键对应的 GPIO
形参:无
返回值:无
*********************************************************** /
static void bsp_InitKeyHard(void)
{
    GPIO_InitTypeDef GPIO_InitStructure;
    /* 第 1 步:打开 GPIO 时钟 */
    RCC_AHB1PeriphClockCmd(RCC_ALL_KEY, ENABLE);
    /* 第 2 步:配置所有按键 GPIO 为浮动输入模式(实际上 CPU 复位后就是输入状态) */
    GPIO_InitStructure.GPIO_Mode = GPIO_Mode_IN;        //设为输入口
    GPIO_InitStructure.GPIO_OType = GPIO_OType_PP;      //设为推挽模式
    GPIO_InitStructure.GPIO_PuPd = GPIO_PuPd_NOPULL;    //无需上下拉电阻
    GPIO_InitStructure.GPIO_Speed = GPIO_Speed_50MHz;   //IO 口最大速度

    GPIO_InitStructure.GPIO_Pin = GPIO_PIN_K1;
    GPIO_Init(GPIO_PORT_K1, &GPIO_InitStructure);
```

```
    GPIO_InitStructure.GPIO_Pin = GPIO_PIN_K5;
    GPIO_Init(GPIO_PORT_K5, &GPIO_InitStructure);
}
```

bsp_InitKeyHard 函数将 PA4 与 PF12 引脚配置成浮动输入模式,分别用来检测KEY1 与 KEY5 的按键动作。

4) 按键扫描检测相关函数

(1) 按键扫描任务程序代码如下。

```
void AppTaskKEY(void * p_arg)
{
    (void)p_arg;
    bsp_KeyPostSetHook(App_KeyPostHook);        //调用按键钩子设置函数
    while(1)
    {
        bsp_KeyScan();                          //调用按键扫描函数
        SoftWdtFed(KEY_TASK_SWDT_ID);           //喂狗
        OSTimeDlyHMSM(0, 0, 0, 10);
    }
}
```

按键扫描任务开始执行后,首先调用按键钩子设置函数 bsp_KeyPostSetHook,接着进入了 while(1)循环,在循环中每隔 10ms 调用一次按键扫描函数 bsp_KeyScan,对全部按键进行一次扫描并且进行"喂狗"。

按键钩子设置函数 bsp_KeyPostSetHook 的定义如下。

```
void bsp_KeyPostSetHook(int ( * hook)(uint8_t _KeyCode))
{
    bsp_KeyPostHook = hook;
}
```

bsp_KeyPostHook 为全局变量,定义如下。

```
static int ( * bsp_KeyPostHook)(uint8_t _KeyCode);        //按键钩子函数指针
```

所以,bsp_KeyPostSetHook(App_KeyPostHook)这条语句的作用便是使按键钩子函数指针 bsp_KeyPostHook 指向按键发送钩子函数 App_KeyPostHook。

在键值保存函数 bsp_PutKey 中,将通过按键钩子函数指针 bsp_KeyPostHook 调用App_KeyPostHook 函数,从而在每次存放键值时,通过调用按键发送 App_KeyPostHook钩子函数实现某些功能,以完成用户功能的扩展。

App_KeyPostHook 函数的定义如下。

```
static int App_KeyPostHook(uint8_t _KeyCode)
{
    int ret = 0;
    //当液晶背光关闭时,在按键按下后打开背光
    if(lcd_bklight_status == 0)
```

```
{
    if(_KeyCode == KEY_1_UP
        || _KeyCode == KEY_2_DOWN
        || _KeyCode == KEY_3_DOWN)
    {
        lcd_bklight_time = 0;                    //打开背光
        diwen_set_bklight(255);
        lcd_bklight_status = 1;
    }
    //钩子函数返回-1,表示该键值不放入FIFO,直接丢弃
    ret = -1;
}
else
{
    lcd_bklight_time = 0;
}
/* 发送按键声音 */
if(_KeyCode == KEY_1_DOWN
    || _KeyCode == KEY_2_DOWN
    || _KeyCode == KEY_3_DOWN)
{
    /* 按键音使能且蜂鸣器无其他报警 */
    if(KeyRing_Enable == 1&&BELL_Alarm_Start == 0)
    {
        BELL_KeyRing_Start = 1;                  //置位按键音开始标志
    }
}
cnt20ms_LcdConvert = 0;                          //自动返回待机界面计时清零
return ret;
}
```

按键发送钩子函数 App_KeyPostHook 主要扩展了两个功能:一是当检测到 KEY1 弹起、KEY2 短按、KEY3 短按时,在液晶背光关闭的情况下打开背光,并且不保存此次键值,其作用为利用按键唤醒液晶背光;二是实现在 KEY1、KEY2 及 KEY3 短按时,通过蜂鸣器发出按键音。

(2) 按键扫描函数程序代码如下。

```
/*******************************************************
函数名:bsp_KeyScan
功能说明:扫描所有按键。非阻塞状态,被 SysTick 中断周期性调用
形参:无
返回值:无
*******************************************************/
void bsp_KeyScan(void)
{
    uint8_t i;
    for (i = 0; i < KEY_COUNT; i++)
    {
        bsp_DetectKey(i);                        //调用按键检测函数
    }
}
```

　　按键扫描函数 bsp_KeyScan 通过 for 循环 5 次(KEY_COUNT 值为 5)调用按键检测函数 bsp_DetectKey,依次对全部按键进行检测,从而完成一次按键扫描。

(3) 按键检测函数程序代码如下。

```
/*******************************************************
函数名: bsp_DetectKey
功能说明: 检测一个按键。非阻塞状态,必须被周期性调用
形参: 按键结构变量指针
返回值: 无
******************************************************* /
static void bsp_DetectKey(uint8_t i)
{
    KEY_T * pBtn;
    /*若未进行按键按下判断函数的初始化,则直接返回,不进行按键检测 */
    if (s_tBtn[i].IsKeyDownFunc == 0) return;
    pBtn = &s_tBtn[i];
    if (pBtn -> IsKeyDownFunc())                          //若检测该按键按下
    {
        if (pBtn -> Count < KEY_FILTER_TIME)             //延时消抖
        {
            pBtn -> Count = KEY_FILTER_TIME;
        }
        else if(pBtn -> Count < 2 * KEY_FILTER_TIME)
        {
            pBtn -> Count++;
        }
        else
        {
            if (pBtn -> State == 0)
            /*若延时消抖后仍检测该按键按下且短按标志未置位 */
            {
                pBtn -> State = 1;                        //置位短按标志
                /*调用键值保存函数记录按键短按 */
                bsp_PutKey((uint8_t)(4 * i + 1));
            }
            if (pBtn -> LongTime > 0)
            {
                if (pBtn -> LongCount < pBtn -> LongTime)
                {
                    /* 若长按时间计数达到设定阈值 */
                    if (++pBtn -> LongCount == pBtn -> LongTime)
                    {
                        if(pBtn -> StateLong == 0)        //若长按标志未置位
                        {
                            pBtn -> StateLong = 1;        //置位长按标志
                            /*调用键值保存函数记录按键长按 */
                            bsp_PutKey((uint8_t)(4 * i + 3));
                        }
                    }
                }
```

```
            }
                ...
            }
        }
    }
    else                                //若检测该按键弹起
    {
        if(pBtn -> Count > KEY_FILTER_TIME)     //延时消抖
        {
            pBtn -> Count = KEY_FILTER_TIME;
        }
        else if(pBtn -> Count != 0)
        {
            pBtn -> Count -- ;
        }
        else
        {
            if(pBtn -> StateLong == 1)
            /*若延时消抖后仍检测该按键弹起且长按标志置位*/
            {
                pBtn -> StateLong = 0;          //清零长按及短按标志
                pBtn -> State = 0;
            }
            else
            {
                if (pBtn -> State == 1)
                /*若延时消抖后仍检测该按键弹起且只有短按标志置位*/
                {
                    pBtn -> State = 0;          //清零短按标志
                    /*调用键值保存函数记录按键弹起*/
                    bsp_PutKey((uint8_t)(4 * i + 2));
                }
            }
        }
        pBtn -> LongCount = 0;                   //清零长按时间计数值
        ...
    }
}
```

按键检测函数 bsp_DetectKey 开始执行后,首先判断是否将当前按键的 IsKeyDownFunc 指针指向了相应的按下判断函数,如果指向了相应函数,则执行检测过程,否则直接结束对该按键的检测。

接下来,将要进行按键按下和弹起的滤波消抖操作。

按键滤波消抖程序流程如图 4-10 所示。

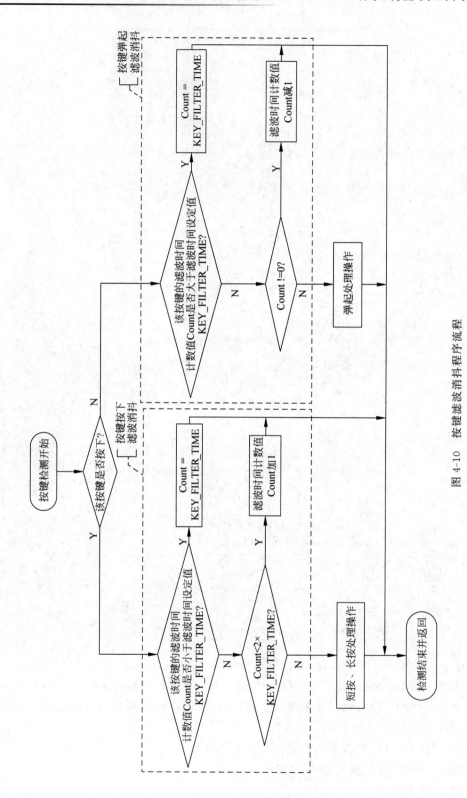

图 4-10　按键滤波消抖程序流程

　　Count 为滤波时间计数值,KEY _ FILTER _ TIME 为滤波时间阈值,程序中对 KEY_FILTER_TIME 的宏定义如下。

```
♯define KEY_FILTER_TIME 4          //只有连续检测到 4 * 10ms 按键状态不变才认为按键弹起和短
                                   //按事件有效,从而保证可靠地检测到按键事件
```

　　而在按键变量初始化函数 bsp_InitKeyVar 中,对 Count 进行了如下初始化。

```
for (i = 0; i < KEY_COUNT; i++)
{
    …
    / *  消抖计数器设置为滤波时间的一半 * /
    s_tBtn[i].Count = KEY_FILTER_TIME / 2;
    …
}
```

　　所以,滤波时间计数值 Count 的初始值为滤波时间阈值 KEY_FILTER_TIME 的一半,而上电后,KEY1 和 KEY5 按键的初始状态均为弹起状态。下面通过分析 Count 计数值随按键动作发生的变化介绍按键滤波过程。

　　Count 计数值与按键动作的关系如图 4-11 所示。

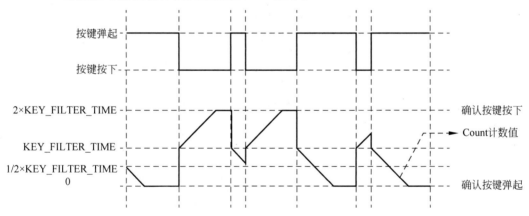

图 4-11　Count 计数值与按键动作的关系

　　由图 4-11 可知,Count 的初始值为 $1/2 \times$ KEY_FILTER_TIME,而上电后,KEY1 和 KEY5 按键的初始状态均为弹起状态,结合按键滤波消抖的流程,由于 Count < KEY_FILTER_TIME,所以 Count 的值开始减小,直至为 0。

　　以后每当按键的弹起和按下状态切换时,可以看到 Count 值都归于 KEY_FILTER_TIME。若按键保持按下,则 Count 值逐渐增加,直到等于 $2 \times$ KEY_FILTER_TIME,则确认按键按下;若按键保持弹起,则 Count 值逐渐减小,直到等于 0,则确认按键弹起。

　　从图 4-11 中可以看到,小于滤波时间阈值 KEY_FILTER_TIME 的按键抖动都将被滤除,而不会影响程序对按键状态的检测。

　　在滤波消抖后,若确认按键按下,则在短按标志未置位的情况下将其置位,并将短按键值存入按键操作状态 FIFO 缓冲区。然后,判断是否要对该按键进行长按检测,如果需要,

则将长按时间计数值加 1,并在计数值大于设定阈值的情况下置位长按标志,并保存长按键值,否则直接返回。

若确认按键弹起,则在长按标志置位的情况下清零长按短按标志,在短按标志置位的情况下清零短按标志并保存短按弹起键值,最后清零长按时间计数值,否则直接返回。

4.3.2 KEY2 与 KEY3 的中断检测程序

1. 按键中断检测程序设计

按键中断检测程序流程如图 4-12 所示。

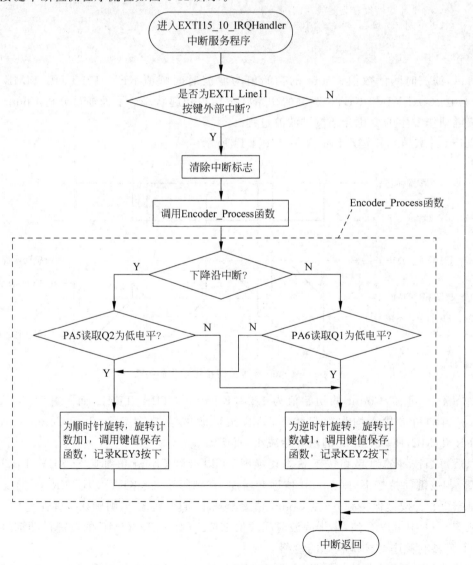

图 4-12 按键中断检测程序流程

2. 按键中断检测程序代码

对于 KEY2 和 KEY3 中断检测的实现,主要在于硬件电路的设计,代码实现并不复杂。下面对其代码实现进行简单介绍。

1)按键中断检测相关引脚声明

```
#define RCC_ENCODER_INT      RCC_AHB1Periph_GPIOF
#define RCC_ENCODER_OUT1     RCC_AHB1Periph_GPIOA
#define RCC_ENCODER_OUT2     RCC_AHB1Periph_GPIOA

#define PORT_ENCODER_INT     GPIOF
#define PORT_ENCODER_OUT1    GPIOA
#define PORT_ENCODER_OUT2    GPIOA

#define PIN_ENCODER_INT      GPIO_Pin_11
#define PIN_ENCODER_OUT1     GPIO_Pin_5
#define PIN_ENCODER_OUT2     GPIO_Pin_6
```

上述代码声明中,PF11 为外部中断引脚;PA5 为 ENCODER_OUT1,实际检测 D 触发器 U2B 的输出 Q2;PA6 为 ENCODER_OUT2,实际检测 D 触发器 U2A 的输出 Q1。

2)按键中断检测相关初始化函数

```
void bsp_InitEncoder(void)
{
    bsp_InitEncoderGPIO();                    //引脚初始化
    bsp_InitEncoderEXTI();                    //外部中断初始化
}
```

该函数在系统硬件初始化函数 bsp_Init 中被调用,用于对旋转编码器旋转检测的相关资源进行初始化,它包含两部分:引脚初始化和外部中断初始化。

bsp_InitEncoderGPIO 函数将 PA5、PA6 以及 PF11 配置成浮动输入模式;bsp_InitEncoderEXTI 函数将 EXTI_Line11 与 PF11 连接,配置外部中断对上升沿和下降沿均进行检测,而且抢占优先级和亚优先级均为 3,具体代码比较简单,不再赘述。

3)外部中断服务程序

```
void EXTI15_10_IRQHandler(void)
{
    …
    /* EXTI_Line11 的中断服务程序部分 */
    if(EXTI_GetITStatus(EXTI_Line11) != RESET)
    {
        EXTI_ClearITPendingBit(EXTI_Line11);      //清除中断标志
        /* 调用旋转编码器旋转检测函数 */
        Encoder_Process();
    }
    …
}
```

进入 EXTI15_10_IRQHandler 中断服务程序后,先判断是否为 EXTI_Line11 按键外部中断,若是,则清除相应中断标志,然后调用 Encoder_Process()函数进行相关处理。

Encoder_Process()函数的定义如下。

```
int Encoder_Process(void)
{
    uint8_t dir = 0;                            //1 表示顺时针旋转,2 表示逆时针旋转
    if(GPIO_ReadInputDataBit(GPIO_PORT_K5, GPIO_PIN_K5) == Bit_RESET)
    {
        bsp_PutKey(KEY_LONG_K3);                //在独立按键 KEY5 按下的情况下,左旋或右旋编码器
                                                //作为 KEY_LONG_K3,用于在主页面进入调试页面
    }
    else if(GPIO_ReadInputDataBit(PORT_ENCODER_INT,PIN_ENCODER_INT) == Bit_RESET)
                                //判断是否为下降沿中断
    {
        if(GPIO_ReadInputDataBit(PORT_ENCODER_OUT1, PIN_ENCODER_OUT1) == Bit_RESET)
                                        //若为下降沿中断,则判断 PA5(Q2)是否为低电平
        {
            dir = 1;                            //低电平表示顺时针旋转
        }
        else
        {
            dir = 2;                            //高电平表示逆时针旋转
        }
    }
    else                                        //若为上升沿中断
    {
        if(GPIO_ReadInputDataBit(PORT_ENCODER_OUT2, PIN_ENCODER_OUT2) == Bit_RESET)
                                        //若为上升沿中断,则判断 PA6(Q1)是否为低电平
        {
            dir = 2;                            //低电平表示逆时针旋转
        }
        else
        {
            dir = 1;                            //高电平表示顺时针旋转
        }
    }
    switch(dir)
    {
        case 1:                                 //顺时针旋转一个定位
            Encode_Count ++;                    //旋转编码器计数值加 1
            bsp_PutKey(KEY_DOWN_K3);            //记录 KEY3 按下
            break;
        case 2:                                 //逆时针旋转一个定位
            Encode_Count -- ;                   //旋转编码器计数值减 1
            bsp_PutKey(KEY_DOWN_K2);            //记录 KEY2 按下
            break;
        default:
            break;
```

```
        }
        return(0);
}
```

相关引脚声明、各初始化函数的定义以及 Encoder _ Process 函数的定义均在
bsp_encoder. c 文件中；中断服务程序 EXTI15_10_IRQHandler 的定义在 stm32f4xx_it. c
文件中。

4.4　键值存取程序

键值的存放和读取都涉及一个环形 FIFO 结构的键值缓冲区，对键值的处理操作实际
上就是对这个环形键值缓冲区进行操作，主要包括向缓冲区写入键值、从缓冲区读出键值、
清空缓冲区、获取缓冲区状态等操作。

首先对环形键值缓冲区的结构进行分析，然后再给出相关函数的具体介绍。

4.4.1　环形 FIFO 按键缓冲区

程序中对键值缓冲区结构体类型的定义如下。

```
typedef struct
{
    uint8_t Buf[KEY_FIFO_SIZE];          //环形键值缓冲区
    uint8_t Read;                        //缓冲区读指针 1
    uint8_t Write;                       //缓冲区写指针
    uint8_t Read2;                       //缓冲区读指针 2
    uint8_t ReadMirror;
    uint8_t WriteMirror;
}KEY_FIFO_T;
```

其中，Read 为缓冲区读指针 1，指向下一次要从中读取键值的缓冲区单元；Write 为缓冲区
写指针，指向下一次要向其中写入键值的缓冲区单元；Read2 为缓冲区读指针 2，目前程序
中并未使用到，可用于将来的功能扩展。

键值缓冲区为首尾相连的环形队列，当写（或读）至缓冲区尾端后，下一次写（或读）操作
将从头开始。ReadMirror 和 WriteMirror 的取值只有 0 和 1 两种情况。每当写（或读）至缓
冲区尾端将要从头开始时，ReadMirror 和 WriteMirror 的取值将会进行翻转，以作指示。

Buf[KEY_FIFO_SIZE]为用来存放键值的环形键值缓冲区，程序中对 KEY_FIFO_SIZE
的声明如下。

```
#define KEY_FIFO_SIZE10                  //缓冲区容量为 10
```

可以看到，环形键值缓冲区最多可以存放 10 个键值。

程序中定义了环形键值缓冲区结构体变量 s_tKey，代码如下。

```
static KEY_FIFO_T s_tKey;                //存放缓冲区状态及参数
```

环形键值缓冲区结构如图 4-13 所示。

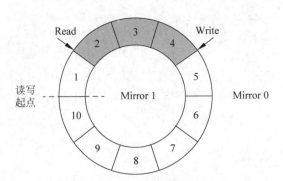

图 4-13   环形键值缓冲区结构

在图 4-13 中，规定环形键值缓冲区的外侧为 Mirror 0，当写（读）指针由外侧指向缓冲区单元时，表示 WriteMirror(ReadMirror) 的值为 0；缓冲区的内侧为 Mirror 1，当写（读）指针由内侧指向缓冲区单元时，表示 WriteMirror(ReadMirror) 的值为 1。

写（读）指针从读写起点（即缓冲区的起始单元）开始，每写入（读取）一个键值，将顺时针移动一个单元，指向下一个将要写入（读取）的单元。

当重新写（读）至读写起点后，WriteMirror(ReadMirror) 的取值将进行翻转，写（读）指针将在 Mirror 0 和 Mirror 1（即环形键值缓冲区的外侧和内侧）之间进行切换。

以写指针在 Mirror 0 和 Mirror 1 之间的切换为例，其切换过程如图 4-14 所示。

在图 4-14 中，当写指针从外侧指向缓冲区的尾端 10 号存储单元时，写指针处于缓冲区的外侧（Mirror 0），WriteMirror 的取值为 0。

若此时再写入一个键值，那么写指针在顺时针移动一个单元后将重新指向读写起点（缓冲区的起始单元），此时写指针将由缓冲区的外侧（Mirror 0）进入缓冲区的内侧（Mirror 1），表示 WriteMirror 的取值由 0 变为 1。

接下来，每写入一个键值，写指针将在缓冲区内侧（Mirror 1）顺时针移动一个单元，直到再次指向读写起点，将由缓冲区内侧（Mirror 1）重新返回到缓冲区外侧（Mirror 0），即 WriteMirror 的取值由 1 再变回 0，如此循环下去。

读指针在 Mirror 0 和 Mirror 1 之间的切换与写指针类似，不再赘述。

4.4.2   键值存取程序相关函数

在了解环形键值缓冲区结构的基础上，下面将对与环形键值缓冲区操作相关的宏定义、变量和函数进行具体介绍。

1. 环形键值缓冲区存储状态相关定义

1）缓冲区存储状态枚举类型

```
enum ringbuffer_state
{
    RINGBUFFER_EMPTY,                    //缓冲区空
    RINGBUFFER_FULL,                     //缓冲区满
```

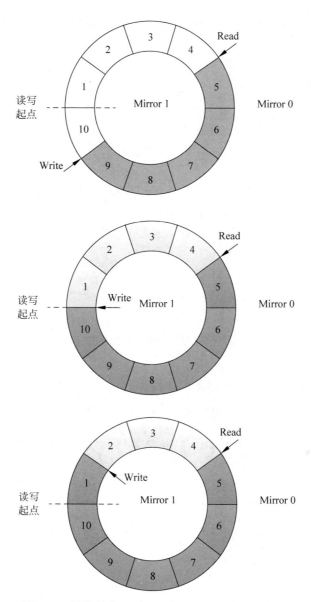

图 4-14　写指针在 Mirror 0 和 Mirror 1 之间的切换

```
        RINGBUFFER_HALFFULL,                    //缓冲区不为空且未满
    };
```

枚举变量 ringbuffer_state 用于指示缓冲区存储键值的状态。其中,RINGBUFFER_EMPTY 表示缓冲区为空,并未存储键值;RINGBUFFER_ FULL 表示缓冲区存满 10 个键值; RINGBUFFER_HALFFULL 表示缓冲区中存储键值数量为 1～9,既不为空,也未存满。

2）缓冲区存储状态判断函数

缓冲区存储状态判断函数 ringbuffer_status 用于返回缓冲区的存储状态,定义如下。

```
enum ringbuffer_state ringbuffer_status(KEY_FIFO_T * rb)
{
    if (rb->Read == rb->Write)
    {
        //读写指针在同一次循环中且指向地址相同,表示缓冲区空
        if (rb->ReadMirror == rb->WriteMirror)
            return RINGBUFFER_EMPTY;
        //读写指针不在同一次循环中且指向地址相同,表示缓冲区满
        else
            return RINGBUFFER_FULL;
    }
    return RINGBUFFER_HALFFULL;                      //否则返回缓冲区非空非满状态
}
```

通过图形的方式可以很容易地理解上述程序,环形键值缓冲区的不同存储状态如图 4-15 所示。

当读写指针指向同一单元时,如果 Read 指针和 Write 指针处于同一 Mirror 中,则缓冲区空;若处于相反 Mirror 中,则缓冲区满;否则,缓冲区非空也非满。

3) 缓冲区未读键值数获取函数

缓冲区未读键值数获取函数 ringbuffer_data_len 用于返回缓冲区中尚未被读取的键值数量,定义如下。

```
uint16_t ringbuffer_data_len(KEY_FIFO_T * rb)
{
    switch (ringbuffer_status(rb))
    {
        case RINGBUFFER_EMPTY:                  //缓冲区键值为空,返回 0
            return 0;
        case RINGBUFFER_FULL:                   //缓冲区未读键值已满,返回缓冲区最大容量
            return KEY_FIFO_SIZE;
        case RINGBUFFER_HALFFULL:
        default:                                //否则返回缓冲区中未读键值数
            if (rb->Write > rb->Read)
                return rb->Write - rb->Read;
            else
                return KEY_FIFO_SIZE - (rb->Read - rb->Write);
    };
}
```

当缓冲区存储状态为空时,表示其中键值均已读取,所以返回未读键值数为 0;当缓冲区存储状态为满时,表示未读键值数与缓冲区容量相同,返回 KEY_FIFO_SIZE(10)。当缓冲区非空非满时,缓冲区的存储状态分为两种情况,如图 4-16 所示。

由图 4-16 可知,在第 1 种状态下,Read 指针小于 Write 指针时,未读键值数为 Write-Read;而在第 2 种状态下,Read 指针大于 Write 指针时,Read-Write 为缓冲区空余单元数,所以未读键值数为 KEY_FIFO_SIZE-(Read-Write),即用缓冲区的总容量减去空余单元数。

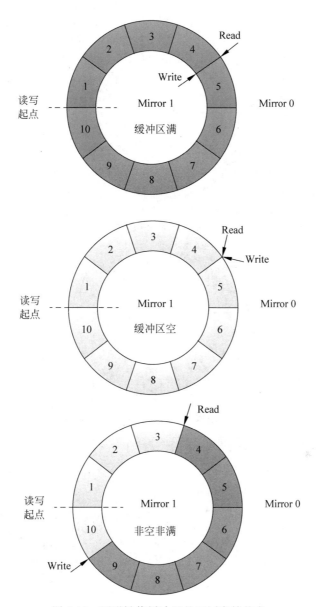

图 4-15 环形键值缓冲区的不同存储状态

程序中对键值缓冲区剩余容量的声明如下。

```
#define ringbuffer_space_len(rb)    (KEY_FIFO_SIZE - ringbuffer_data_len(rb))
```

即用缓冲区总容量减去未读键值数,便是空余单元数。

2. 环形键值缓冲区操作相关定义

1)按键键值枚举类型定义

程序中对按键键值枚举类型 KEY_ENUM 的定义如下。

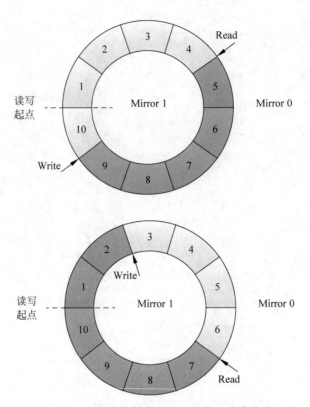

图 4-16   环形键值缓冲区的两种非空非满状态

```
typedef enum
{
    KEY_NONE = 0,
    KEY_1_DOWN,                //KEY1 按下
    KEY_1_UP,                  //KEY1 弹起
    KEY_1_LONG,                //KEY1 长按
    KEY_1_LONG_UP,             //KEY1 长按弹起

    KEY_2_DOWN,
    KEY_2_UP,
    KEY_2_LONG,
    KEY_2_LONG_UP,

    KEY_3_DOWN,
    KEY_3_UP,
    KEY_3_LONG,
    KEY_3_LONG_UP,
    ...
}KEY_ENUM;
```

如此定义按键键值枚举类型后,KEY1 短按对应数字 1,KEY1 弹起对应数字 2,以此类

推，KEY(i+1)的按下、弹起、长按、长按弹起键值分别为 $4i+1$、$4i+2$、$4i+3$、$4i+4$。

2）键值保存函数

键值保存函数的定义如下。

```
/ ***********************************************************
函数名: bsp_PutKey
功能说明: 将一个键值压入按键 FIFO 缓冲区,可用于模拟一个按键
形参: _KeyCode,按键代码
返回值: 无
*********************************************************** /
void bsp_PutKey(uint8_t _KeyCode)
{
    uint16_t size;
    int hoot_ret = 0;
    /* 按键钩子函数 */
    if(bsp_KeyPostHook != NULL)
    {
        hoot_ret = bsp_KeyPostHook(_KeyCode);
    }

    /* 如果有钩子函数,返回 -1 表示该键值不放入 FIFO,直接丢弃 */
    if(hoot_ret == 0)
    {
        /* 判断键值缓冲区是否还有存放空间 */
        size = ringbuffer_space_len(&s_tKey);
        /* 若缓冲区未读键值已满,则返回 */
        if (size == 0) return;
        if (KEY_FIFO_SIZE - s_tKey.Write > 1)
        {
            s_tKey.Buf[s_tKey.Write] = _KeyCode;          //存放键值
            /* 缓冲区写指针加 1 */
            s_tKey.Write += 1;
            return;
        }
        if(KEY_FIFO_SIZE - s_tKey.Write > 0)
            s_tKey.Buf[s_tKey.Write] = _KeyCode;
        else
            s_tKey.Buf[0] = _KeyCode;
            /* 键值缓冲区为头尾相连的环形队列,写至缓冲区尾端后从头开始写入 */
            s_tKey.WriteMirror = ~s_tKey.WriteMirror;     // WriteMirror 翻转,标志缓冲区循环
            s_tKey.Write = 1 - (KEY_FIFO_SIZE - s_tKey.Write);
            /* 当缓冲区写至剩余一个单位时,写指针清零,表示下次从头写入 */
    } return;
}
```

判断是否有按键钩子函数,如果有,钩子函数返回 -1 表示该键值不放入 FIFO,直接丢弃;如果没有钩子函数,判断键值缓冲区的存放空间。

当缓冲区存满键值时,不再写入键值;当缓冲区未存满键值时,进行键值存储。

当未写至最后一个单元,即 KEY_FIFO_SIZE−s_tKey. Write>1 时,写指针加 1 后直接返回;当写至最后一个单元,即 KEY_FIFO_SIZE−s_tKey. Write=1 时(也就是程序中的 KEY_FIFO_SIZE−s_tKey. Write >条件判断),在写入键值后将 WriteMirror 翻转,标志着重新写至读写起点,Write 指针将在 Mirror 0 和 Mirror 1 之间进行切换,在将写指针清零后,函数返回。

而由于在 KEY_FIFO_SIZE−s_tKey. Write = 1 时,存储键值后进行了写指针清零,所以不会存在 KEY_FIFO_SIZE−s_tKey. Write=0 的情况,即程序中最后的 else 判断不会进入(该程序结构引用自其他框架,所以出现了最后的 else 判断,没有用到的情况,不过这一点不会影响程序的正常执行)。

3) 键值读取函数

键值读取函数的定义如下。

```
/**********************************************************
函数名: bsp_GetKey
功能说明: 从按键 FIFO 缓冲区读取一个键值
形参: 无
返回值: 按键代码
**********************************************************/
uint8_t bsp_GetKey(void)
{
    uint8_t ret;
    uint16_t size;
    /* 判断键值缓冲区中未读键值数 */
    size = ringbuffer_data_len(&s_tKey);
    /* 若缓冲区中无未读键值,返回 0 */
    if (size == 0)
        return 0;
    if (KEY_FIFO_SIZE - s_tKey. Read > 1)
    {
        ret = s_tKey. Buf[s_tKey. Read];            //否则将键值赋予返回变量
        /* 读指针加 1 */
        s_tKey. Read += 1;
        return ret;
    }
    if (KEY_FIFO_SIZE - s_tKey. Read > 0)
        ret = s_tKey. Buf[s_tKey. Read];
    else
        ret = s_tKey. Buf[0];
    /* 键值缓冲区为头尾相连的环形队列,读至缓冲区尾端后从头开始读取键值 */
    s_tKey. ReadMirror = ~s_tKey. ReadMirror;
    s_tKey. Read = 1 - (KEY_FIFO_SIZE - s_tKey. Read);
    /* 当缓冲区读至剩余 1 个单位时,读指针清零,表示下次从头读取 */
    return ret;
}
```

当缓冲区存储状态为空时,不再读取键值;当缓冲区不为空时,则进行键值读取。

当未读至最后一个单元,即 KEY_FIFO_SIZE－s_tKey. Read＞1 时,读指针加 1 后直接返回;当读至最后一个单元,即 KEY_FIFO_SIZE－s_tKey. Read＝1 时(也就是程序中的 KEY_FIFO_SIZE － s_tKey. Read＞0 条件判断),在读取键值后将 ReadMirror 翻转,标志着重新读至读写起点,Read 指针将在 Mirror 0 和 Mirror 1 之间进行切换,在将读指针清零后,函数返回。

而由于在 KEY_FIFO_SIZE － s_tKey. Read ＝ 1 时,读取键值后进行了读指针清零,所以不会存在 KEY_FIFO_SIZE－s_tKey. Read＝0 的情况,即程序中最后的 else 判断不会进入。

4) 按键 FIFO 清空函数

按键 FIFO 清空函数的定义如下。

```
/ ***********************************************************
函数名: bsp_ClearKeyFifo
功能说明: 清空按键 FIFO
形参: 无
返回值: 0
*********************************************************** /
uint8_t bsp_ClearKeyFifo(void)
{
    OS_CPU_SR cpu_sr;
    OS_ENTER_CRITICAL();

    / * 对环形键值缓冲区的清空,要求进行原子操作 * /
    / * 将环形键值缓冲区读写指针及读写 Mirror 标志清零 * /
    s_tKey. Read = 0;
    s_tKey. Write = 0;
    s_tKey. Read2 = 0;
    s_tKey. ReadMirror = 0;
    s_tKey. WriteMirror = 0;

    OS_EXIT_CRITICAL();

    return 0;
}
```

清零环形键值缓冲区的读写指针以及读写 Mirror 标志后,接下来将对缓冲区的读写操作重新复位,相当于清空了键值缓冲区。

旋转编码器的程序清单可参考本书数字资源中的程序代码。

第 5 章　PWM 输出与看门狗定时器应用实例

本章将介绍 PWM 输出与看门狗定时器应用实例,包括 STM32F103 定时器概述、STM32 通用定时器、STM32 PWM 输出应用实例和看门狗定时器。

5.1　STM32F103 定时器概述

从本质上讲,定时器就是"数字电路"课程中学过的计数器(Counter),它像闹钟一样忠实地为处理器完成定时或计数任务,几乎是现代微处理器必备的一种片上外设。很多读者在初次接触定时器时都会提出这样一个问题:既然 Arm 内核每条指令的执行时间都是固定的,且大多数是相等的,那么我们可以用软件的方法实现定时吗? 例如,在 72MHz 系统时钟下要实现 $1\mu s$ 的定时,完全可以通过执行 72 条不影响状态的"无关指令"实现。既然这样,STM32 中为什么还要有定时/计数器这样一个完成定时工作的硬件结构呢? 其实,读者的看法一点也没有错,确实可以通过插入若干条不产生影响的"无关指令"实现固定时间的定时。但这会带来两个问题:其一,在这段时间中,STM32 不能做其他任何事情,否则定时将不再准确;其二,这些"无关指令"会占据大量程序空间。而当嵌入式处理器中集成了硬件的定时结构以后,它就可以在内核运行执行其他任务的同时完成精确的定时,并在定时结束后通过中断、事件等方法通知内核或相关外设。简单地说,定时器最重要的作用就是将内核从简单、重复的延时工作中解放出来。

当然,定时器的核心电路结构是计数器。当它对 STM32 内部固定频率的信号进行计数时,只要指定计数器的计数值,也就相当于固定了从定时器启动到溢出之间的时间长度。这种对内部已知频率计数的工作方式称为"定时方式"。定时器还可以对外部管脚输入的未知频率信号进行计数,此时由于外部输入时钟频率可能改变,从定时器启动到溢出之间的时间长度是无法预测的,软件所能判断的仅仅是外部脉冲的个数。因此,这种计数时钟来自外部的工作方式只能称为"计数方式"。在这两种基本工作方式的基础上,STM32 的定时器又衍生出了输入捕获、输出比较、PWM、脉冲计数、编码器接口等多种工作模式。

定时与计数的应用十分广泛。在实际生产过程中,许多场合都需要定时或计数操作,如产生精确的时间、对流水线上的产品进行计数等。因此,定时/计数器在嵌入式单片机应用系统中十分重要。定时和计数可以通过以下方式实现。

1. 软件延时

单片机是在一定时钟下运行的,可以根据代码所需的时钟周期完成延时操作。软件延时会导致 CPU 利用率低,因此主要用于短时间延时,如高速 A/D 转换器。

2. 可编程定时/计数器

微控制器中的可编程定时/计数器可以实现定时和计数操作,定时/计数器功能由程序灵活设置,重复利用。设置好后由硬件与 CPU 并行工作,不占用 CPU 时间,这样在软件的控制下,可以实现多个精密定时/计数。嵌入式处理器为了适应多种应用,通常集成多个高性能的定时/计数器。

微控制器中的定时器本质上是一个计数器,可以对内部脉冲或外部输入进行计数,不仅具有基本的延时/计数功能,还具有输入捕获、输出比较和 PWM 波形输出等高级功能。在嵌入式开发中,充分利用定时器的强大功能,可以显著提高外设驱动的编程效率和 CPU 利用率,增强系统的实时性。

STM32 内部集成了多个定时/计数器。根据型号不同,STM32 系列芯片最多包含 8 个定时/计数器。其中,TIM6 和 TIM7 为基本定时器;TIM2~TIM5 为通用定时器;TIM1和 TIM8 为高级控制定时器,功能最强。3 种定时器的功能如表 5-1 所示。此外,在 STM32中还有两个看门狗定时器和一个系统滴答定时器。

表 5-1　STM32 定时器的功能

主 要 功 能	高级控制定时器	通用定时器	基本定时器
内部时钟源(8MHz)	√	√	√
带 16 位分频的计数单元	√	√	√
更新中断和 DMA	√	√	√
计数方向	向上、向下、双向	向上、向下、双向	向上
外部事件计数	√	√	×
其他定时器触发或级联	√	√	×
4 个独立输入捕获、输出比较通道	√	√	×
单脉冲输出方式	√	√	×
正交编码器输入	√	√	×
霍尔传感器输入	√	√	×
输出比较信号死区产生	√	×	×
制动信号输入	√	×	×

STM32F103 定时器相比于传统的 51 单片机要完善和复杂得多,它是专为工业控制应用量身定做的。定时器有很多用途,包括基本定时功能、生成输出波形(比较输出、PWM 和带死区插入的互补 PWM)和测量输入信号的脉冲宽度(输入捕获)等。

5.2 STM32 通用定时器

5.2.1 通用定时器简介

通用定时器(TIM2~TIM5)由一个通过可编程预分频器驱动的16位自动装载计数器构成。它适用于多种场合,包括测量输入信号的脉冲长度(输入捕获)或产生输出波形(输出比较和 PWM)。使用定时器预分频器和 RCC 时钟控制器预分频器,脉冲长度和波形周期可以在几微秒到几毫秒间调整。每个定时器都是完全独立的,没有互相共享任何资源,它们可以同步操作。

5.2.2 通用定时器的主要功能

通用定时器的主要功能如下。

(1) 16 位向上、向下、向上/向下自动装载计数器。

(2) 16 位可编程(可以实时修改)预分频器,计数器时钟频率的分频系数为 1~65536 的任意数值。

(3) 4 个独立通道:输入捕获、输出比较、PWM 生成(边缘或中间对齐模式)、单脉冲模式输出。

(4) 使用外部信号控制定时器和定时器互连的同步电路。

(5) 以下事件发生时产生中断/DMA:

① 更新、计数器向上溢出/向下溢出、计数器初始化(通过软件或内部/外部触发);

② 触发事件(计数器启动、停止、初始化或由内部/外部触发计数);

③ 输入捕获;

④ 输出比较。

(6) 支持针对定位的增量(正交)编码器和霍尔传感器电路。

(7) 触发输入作为外部时钟或按周期的电流管理。

5.2.3 通用定时器的功能描述

通用定时器内部结构如图 5-1 所示,相比于基本定时器,其内部结构要复杂得多,其中最显著的区别就是增加了 4 个捕获/比较寄存器 TIMx_CCR,这也是通用定时器拥有如此多强大功能的原因。

1. 时基单元

可编程通用定时器的主要部分是一个 16 位计数器和与其相关的自动装载寄存器。这个计数器可以向上计数、向下计数或向上/向下双向计数。计数器时钟由预分频器分频得到。计数器、自动装载寄存器和预分频器寄存器可以由软件读写,在计数器运行时仍可以读写。时基单元包含计数器寄存器(TIMx_CNT)、预分频器寄存器(TIMx_PSC)和自动装载寄存器(TIMx_ARR)。

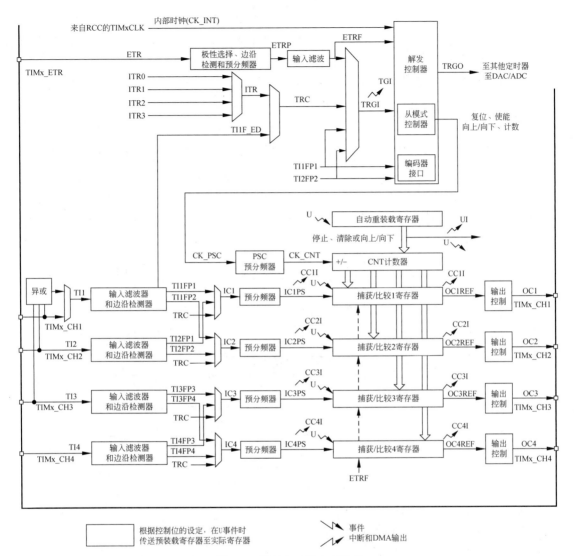

图 5-1　通用定时器内部结构

预分频器可以将计数器的时钟频率按 1～65536 的任意值分频。它是基于一个（在
TIMx_PSC 寄存器中的）16 位寄存器控制的 16 位计数器。这个控制寄存器带有缓冲器，它
能够在工作时被改变。新的预分频器参数在下一次更新事件到来时被采用。

2. 计数模式

1）向上计数模式

向上计数模式的工作过程与基本定时器向上计数模式相同，工作过程如图 5-2 所示。在
向上计数模式中，计数器在时钟 CK_CNT 的驱动下从 0 计数到自动重装载寄存器 TIMx_ARR
的预设值，然后重新从 0 开始计数，并产生一个计数器溢出事件，可触发中断或 DMA 请求。
当发生一个更新事件时，所有寄存器都被更新，硬件同时设置更新标志位。

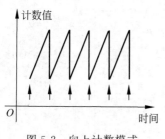

图 5-2　向上计数模式

对于一个工作在向上计数模式的通用定时器,自动重装载寄存器 T1Mx_ARR 的值为 0x0036,内部预分频系数为 4(预分频寄存器 TIMx_PSC 的值为 3),计数器时序图如图 5-3 所示。

2)向下计数模式

通用定时器向下计数模式工作过程如图 5-4 所示。在向下计数模式中,计数器在时钟 CK_CNT 的驱动下从自动重装载寄存器 TIMx_ARR 的预设值开始向下计数到 0,然后从自动重装载寄存器 TIMx_ARR 的预设值重新开始计数,并产生一个计数器溢出事件,可触发中断或 DMA 请求。当发生一个更新事件时,所有寄存器都被更新,硬件同时设置更新标志位。

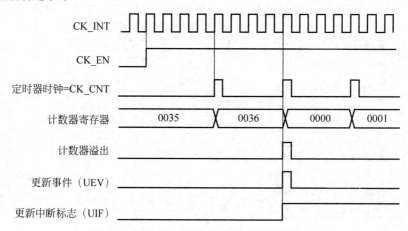

图 5-3　计数器时序图(内部预分频系数为 4)

对于一个工作在向下计数模式的通用定时器,自动重装载寄存器 TIMx_ARR 的值为 0x0036,内部预分频系数为 2(预分频寄存器 TIMx_PSC 的值为 1),计数器时序图如图 5-5 所示。

3)向上/向下计数模式

向上/向下计数模式又称为中央对齐模式或双向计数模式,其工作过程如图 5-6 所示。计数器从 0 开始计数到自动重装载寄存器 TIMx_ARR 的值

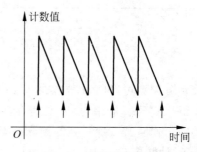

图 5-4　向下计数模式

—1,产生一个计数器溢出事件,向下计数到 1 并且产生一个计数器下溢事件;然后再从 0 开始重新计数。在这个模式下,不能写入 TIMx_CR1 中的 DIR 方向位,它由硬件更新并指示当前的计数方向。可以在每次计数上溢和每次计数下溢时产生更新事件,触发中断或 DMA 请求。

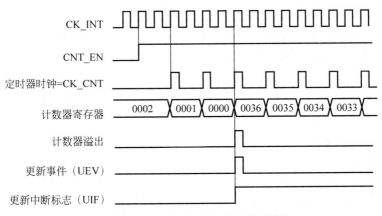

图 5-5　计数器时序图(内部预分频系数为 2)

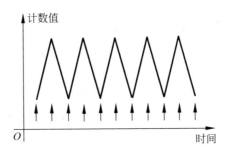

图 5-6　向上/向下计数模式

对于一个工作在向上/向下计数模式的通用定时器,自动重装载寄存器 TIMx_ARR 的值为 0x06,内部预分频系数为 1(预分频寄存器 TIMx_PSC 的值为 0),计数器时序图如图 5-7 所示。

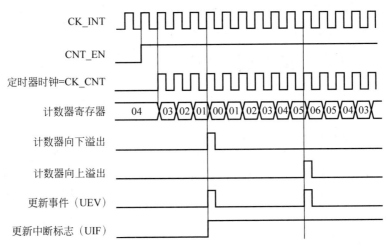

图 5-7　计数器时序图(内部预分频系数为 1)

3. 时钟选择

相比于基本定时器单一的内部时钟源,STM32F103 通用定时器的 16 位计数器的时钟源有多种选择,可由以下时钟源提供。

1) 内部时钟(CK_INT)

内部时钟 CK_INT 来自 RCC 的 TIMxCLK,根据 STM32F103 时钟树,通用定时器 TIM2~TIM5 内部时钟 CK_INT 的来源 TIM_CLK 与基本定时器相同,都是来自 APB1 预分频器的输出。通常情况下,时钟频率为 72MHz。

2) 外部输入捕获引脚 TIx(外部时钟模式 1)

外部输入捕获引脚 TIx(外部时钟模式 1)来自外部输入捕获引脚上的边沿信号。计数器可以在选定的输入端(引脚 1: TI1FP1 或 TI1F_ED,引脚 2: TI2FP2)的每个上升沿或下降沿计数。

3) 外部触发输入引脚 ETR(外部时钟模式 2)

外部触发输入引脚 ETR(外部时钟模式 2)来自外部引脚 ETR。计数器能在外部触发输入 ETR 的每个上升沿或下降沿计数。

4) 内部触发器输入 ITRx

内部触发输入 ITRx 来自芯片内部其他定时器的触发输入,使用一个定时器作为另一个定时器的预分频器。例如,可以配置 TIM1 作为 TIM2 的预分频器。

4. 捕获/比较通道

每个捕获/比较通道都围绕一个捕获/比较寄存器(包含影子寄存器),包括捕获的输入部分(数字滤波、多路复用和预分频器)和输出部分(比较器和输出控制)。输入部分对相应的 TIx 输入信号采样,并产生一个滤波后的信号 TIxF。然后,一个带极性选择的边缘检测器产生一个信号(TIxFPx),它可以作为从模式控制器的输入触发或作为捕获控制。该信号通过预分频器进入捕获寄存器(ICxPS)。输出部分产生一个中间波形 OCxRef(高有效)作为基准,链的末端决定最终输出信号的极性。

5.2.4 通用定时器的工作模式

1. 输入捕获模式

在输入捕获模式下,检测到 ICx 信号上相应的边沿后,计数器的当前值被锁存到捕获/比较寄存器(TIMx_CCRx)中。当捕获事件发生时,相应的 CCxIF 标志(TIMx_SR 寄存器)被置为 1,如果使能了中断或 DMA 操作,则将产生中断或 DMA 操作。如果捕获事件发生时 CCxIF 标志已经为高,那么重复捕获标志 CCxOF(TIMx_SR 寄存器)被置为 1。写 CCxIF=0 可清除 CCxIF,或读取存储在 TIMx_CCRx 寄存器中的捕获数据也可清除 CCxIF;写 CCxOF=0 可清除 CCxOF。

2. PWM 输入模式

PWM 输入模式是输入捕获模式的一个特例,除以下区别外,操作与输入捕获模式相同。

（1）两个 ICx 信号被映射至同一个 TIx 输入。

（2）这两个 ICx 信号为边沿有效，但是极性相反。

（3）其中一个 TIxFP 信号被作为触发输入信号，而从模式控制器被配置成复位模式。例如，需要测量输入 TI1 的 PWM 信号的长度（TIMx_CCR1 寄存器）和占空比（TIMx_CCR2 寄存器），具体步骤如下（取决于 CK_INT 的频率和预分频器的值）。

① 选择 TIMx_CCR1 的有效输入：置 TIMx_CCMR1 寄存器的 CC1S＝01（选择 TI1）。

② 选择 TI1FP1 的有效极性（捕获数据到 TIMx_CCR1 中，清除计数器）：置 CC1P＝0（上升沿有效）。

③ 选择 TIMx_CCR2 的有效输入：置 TIMx_CCMR1 寄存器的 CC2S＝10（选择 14478）。

④ 选择 T11FP2 的有效极性（捕获数据到 TIMx_CCR2）：置 CC2P＝1（下降沿有效）。

⑤ 选择有效的触发输入信号：置 TIMx_SMCR 寄存器中的 TS＝101（选择 TI1FP1）。

⑥ 配置从模式控制器为复位模式：置 TIMx_SMCR 中的 SMS＝100。

⑦ 使能捕获：置 TIMx_CCER 寄存器中 CC1E＝1 且 CC2E＝1。

3．强置输出模式

在输出模式（TIMx_CCMRx 寄存器中 CCxS＝00）下，输出比较信号（OCxREF 和相应的 OCx）能够直接由软件强置为有效或无效状态，而不依赖于输出比较寄存器和计数器间的比较结果。置 TIMx_CCMRx 寄存器中相应的 OCxM＝101，即可强置输出比较信号（OCxREF/OCx）为有效状态。这样 OCxREF 被强置为高电平（OCxREF 始终为高电平有效），同时 OCx 得到 CCxP 极性位相反的值。

例如，CCxP＝0（OCx 高电平有效），则 OCx 被强置为高电平。置 TIMx_CCMRx 寄存器中的 OCxM＝100，可强置 OCxREF 信号为低电平。该模式下，TIMx_CCRx 影子寄存器和计数器之间的比较仍然在进行，相应的标志也会被修改，因此仍然会产生相应的中断和DMA 请求。

4．输出比较模式

输出比较模式用于控制一个输出波形，或者指示一段给定的时间已经到时。

当计数器与捕获/比较寄存器的内容相同时，输出比较功能进行如下操作。

（1）将输出比较模式（TIMx_CCMRx 寄存器中的 OCxM 位）和输出极性（TIMx_CCER 寄存器中的 CCxP 位）定义的值输出到对应的引脚上。在比较匹配时，输出引脚可以保持它的电平（OCxM＝000）、被设置成有效电平（OCxM＝001）、被设置成无效电平 OCxM＝010）或进行翻转（OCxM＝011）。

（2）设置中断状态寄存器中的标志位（TIMx_SR 寄存器中的 CCxIF 位）。

（3）若设置了相应的中断屏蔽（TIMx_DIER 寄存器中的 CCxIE 位），则产生一个中断。

（4）若设置了相应的使能位（TIMx_DIER 寄存器中的 CCxDE 位，TIMx_CR2 寄存器中的 CCDS 位选择 DMA 请求功能），则产生一个 DMA 请求。

输出比较模式的配置步骤如下。

（1）选择计数器时钟（内部、外部、预分频器）。

（2）将相应的数据写入 TIMx_ARR 和 TIMx_CCRx 寄存器中。

（3）如果要产生一个中断请求和/或一个 DMA 请求，设置 CCxIE 位和/或 CCxDE 位。

（4）选择输出模式。例如，当计数器 CNT 与 CCRx 匹配时翻转 OCx 的输出引脚，CCRx 预装载未用，开启 OCx 输出且高电平有效，则必须设置 OCxM＝011、OCxPE＝0、CCxP＝0 和 CCxE＝1。

（5）设置 TIMx_CR1 寄存器的 CEN 位启动计数器。

TIMx_CCRx 寄存器能够在任何时候通过软件进行更新以控制输出波形，条件是未使用预装载寄存器（OCxPE＝0），否则 TIMx_CCRx 影子寄存器只能在发生下一次更新事件时被更新。

5. PWM 输出模式

PWM 输出模式是一种特殊的输出模式，在电力、电子和电机控制领域得到广泛应用。

1）PWM 简介

PWM 是 Pulse Width Modulation 的缩写，中文意思就是脉冲宽度调制，简称脉宽调制。它是利用微处理器的数字输出对模拟电路进行控制的一种非常有效的技术，因控制简单、灵活和动态响应好等优点而成为电力、电子技术中应用最广泛的控制方式。PWM 应用领域包括测量、通信、功率控制与变换、电动机控制、伺服控制、调光、开关电源，甚至某些音频放大器。因此，研究基于 PWM 技术的正负脉宽数控调制信号发生器具有十分重要的现实意义。PWM 是一种对模拟信号电平进行数字编码的方法，通过高分辨率计数器的使用，调制方波的占空比对一个具体模拟信号的电平进行编码。PWM 信号仍然是数字的，因为在给定的任何时刻，满幅值的直流供电要么完全有（ON），要么完全无（OFF），电压或电流源是以一种通（ON）或断（OFF）的重复脉冲序列被加载到模拟负载上的。通时即是直流供电被加到负载上，断时即是供电被断开。只要带宽足够，任何模拟值都可以使用 PWM 进行编码。

2）PWM 实现

目前在运动控制系统或电动机控制系统中实现 PWM 的方法主要有传统的数字电路、微控制器普通 I/O 模拟和微控制器的 PWM 直接输出等。

（1）传统的数字电路方式：用传统的数字电路实现 PWM（如 555 定时器），电路设计较复杂，体积大，抗干扰能力差，系统的研发周期较长。

（2）微控制器普通 I/O 模拟方式：对于微控制器中无 PWM 输出功能的情况（如 51 单片机），可以通过 CPU 操控普通 I/O 口实现 PWM 输出。但这样实现 PWM 将消耗大量的时间，大大降低 CPU 的效率，而且得到的 PWM 信号的精度不太高。

（3）微控制器的 PWM 直接输出方式：对于具有 PWM 输出功能的微控制器，在进行简单的配置后即可在微控制器的指定引脚上输出 PWM 脉冲。这也是目前使用最多的 PWM 实现方式。

STM32F103 就是一款具有 PWM 输出功能的微控制器，除了基本定时器 TIM6 和

TIM7 外,其他的定时器都可以用来产生 PWM 输出。其中,高级控制定时器 TIM1 和 TIM8 可以同时产生多达 7 路的 PWM 输出;通用定时器也能同时产生多达 4 路的 PWM 输出;STM32 最多可以同时产生 30 路 PWM 输出。

3) PWM 输出模式的工作过程

STM32F103 微控制器脉冲宽度调制模式可以产生一个由 TIMx_ARR 寄存器确定频率、由 TIMx_CCRx 寄存器确定占空比的信号,其产生原理如图 5-8 所示。

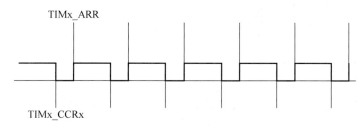

图 5-8　STM32F103 微控制器 PWM 产生原理

通用定时器 PWM 输出模式的工作过程如下。

(1) 若配置脉冲计数器 TIMx_CNT 为向上计数模式,自动重装载寄存器 TIMx_ARR 的预设值为 N,则脉冲计数器 TIMx_CNT 的当前计数值 X 在时钟 CK_CNT 的驱动下从 0 开始不断累加计数。

(2) 在脉冲计数器 TIMx_CNT 随着时钟 CK_CNT 触发进行累加计数的同时,脉冲计数 M_CNT 的当前计数值 X 与捕获/比较寄存器 TIMx_CCR 的预设值 A 进行比较。如果 $X<A$,输出高电平(或低电平);如果 $X \geqslant A$,输出低电平(或高电平)。

(3) 当脉冲计数器 TIMx_CNT 的计数值 X 大于自动重装载寄存器 TIMx_ARR 的预设值 N 时,脉冲计数器 TIMx_CNT 的计数值清零并重新开始计数。如此循环往复,得到的 PWM 输出信号周期为 $(N+1)$TCK_CNT,其中 N 为自动重装载寄存器 TIMx_ARR 的预设值,TCK_CNT 为时钟 CK_CNT 的周期。PWM 输出信号脉冲宽度为 $A \times$ TCK_CNT,其中 A 为捕获/比较寄存器 TIMx_CCR 的预设值,TCK_CNT 为时钟 CK_CNT 的周期。PWM 输出信号的占空比为 $A/(N+1)$。

下面举例具体说明,当通用定时器被设置为向上计数模式,自动重装载寄存器 TIMx_ARR 的预设值为 8,4 个捕获/比较寄存器 TIMx_CCRx 分别设为 0、4、8 和大于 8 时,通过用定时器的 4 个 PWM 通道的输出时序 OCxREF 和触发中断时序 CCxIF,如图 5-9 所示。例如,在 TIMx_CCR=4 的情况下,当 TIMx_CNT<4 时,OCxREF 输出高电平;当 TIMx_CNT≥4 时,OCxREF 输出低电平,并在比较结果改变时触发 CCxIF 中断标志。此 PWM 输出信号的占空比为 4/(8+1)。

需要注意的是,在 PWM 输出模式下,脉冲计数器 TIMx_CNT 的计数模式有向上计数、向下计数和向上/向下计数(中央对齐)3 种。以上仅介绍向上计数方式,读者在掌握了通用定时器向上计数模式的 PWM 输出原理后,其他两种计数模式的 PWM 输出也就容易推出了。

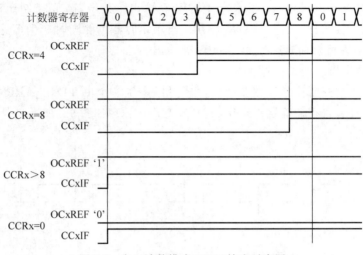

图 5-9 向上计数模式 PWM 输出时序图

5.3 STM32 PWM 输出应用实例

本节实现通过配置 STM32 的重映射功能,把定时器 TIM3 通道 2 重映射到引脚 PB5 上,由 TIM3_CH2 输出 PWM 控制 DS0 的亮度。下面介绍通过库函数配置该功能的步骤。

PWM 相关的函数设置在库函数文件 stm32f10x_tim.h 和 stm32f10x_tim.c 中。

(1) 开启 TIM3 时钟以及复用功能时钟,配置引脚 PB5 为复用输出。

要使用 TIM3,必须先开启 TIM3 的时钟。这里还要配置引脚 PB5 为复用输出,这是因为 TIM3 通道 2 将重映射到引脚 PB5 上,此时引脚 PB5 属于复用功能输出。库函数使能 TIM3 时钟的方法是

```
RCC_APB1PeriphClockCmd(RCC_APB1Periph_TIM3,ENABLE);          //使能 TIM3 时钟
```

库函数设置 AFIO 时钟的方法是

```
RCC_APB2PeriphClockCmd(RCC_APB2Periph_AFIO,ENABLE);          //复用时钟使能
```

这里简单列出 GPIO 初始化的一行代码:

```
GPIO_InitStructure.GPIO_Mode = GPIO_Mode_AF_PP;              //复用推挽输出
```

(2) 设置 TIM3 通道 2 TIM3_CH2 重映射到引脚 PB5 上。

因为 TIM3_CH2 默认是接在引脚 PA7 上的,所以需要设置 TIM3_REMAP 为部分重映射(通过 AFIO_MAPR 配置),让 TIM3_CH2 重映射到引脚 PB5 上。设置重映射的库函数是

```
void GPIO_PinRemapConf ig(uint32_t GPIO_Remap,FunctionalState NewState);
```

STM32 只能重映射到特定的端口。第 1 个入口参数可以理解为设置重映射的类型,如

TIM3 部分重映射入口参数为 GPIO_PartialRemap_TIM3。所以,TIM3 部分重映射的库函数实现方法是

```
GPIO_PinRemapConf ig(GPIO_PartialRemap_TIM3,ENABLE);
```

（3）初始化 TIM3,设置 TIM3 的 ARR 和 PSC。

开启了 TIM3 的时钟之后,就要设置 ARR 和 PSC 两个寄存器的值用于控制输出 PWM 的周期。当 PWM 周期太慢(低于 50Hz)时,我们就会明显感觉到闪烁了。

因此,PWM 周期在这里不宜设置得太小,通过 TIM_TimeBaseInit( )函数实现,调用格式为

```
TIM_TimeBaseStructure.TIM_Period = arr;          //设置自动重装载值
TIM_TimeBaseStructure.TIM_Prescaler = psc;        //设置预分频值
TIM_TimeBaseStructure.TIM_ClockDivision = 0;      //设置时钟分割,TDTS = Tck_tim
TIM_TimeBaseStructure. TIM_CounterMode = TIM_CounterMode_Up;      //向上计数模式
TIM_TimeBaseInit(TIM3,&TIM_TimeBaseStructure);   //根据指定的参数初始化 TIMx
```

（4）设置 TIM3_CH2 的 PWM 模式,使能 TIM3 的通道 2 输出。

接下来要设置 TIM3_CH2 为 PWM 模式(默认是冻结的),因为 DS0 是低电平亮,而我们希望当 CCR2 值小时 DS0 就暗,CCR2 值大时 DS0 就亮,所以要通过配置 TIM3_CCMR1 的相关位控制 TIM3_CH2 的模式。PWM 通道是通过库函数 TIM_OC1Init～TIM_OC4Init 设置的,不同通道的设置函数不一样,这里使用的是通道 2,所以使用的函数是 TIM_OC2Init。

```
void TIM_OC2Init(TIM_TypeDef * TIMx, TIM_OCInitTypeDef * TIM_oCInitStruct);
```

TIM_OCInitTypeDef 结构体的定义如下。

```
typedef struct
{
    uint16_t TIM_OCMode;
    uint16_t TIM_OutputState;
    uint16_t TIM_OutputNState;
    uint16_t TIM_Pulse;
    uint16_t TIM_OCPolarity;
    uint16_t TIM_OCNPolarity;
    uint16_t TIM_OCIdleState;
    uint16_t TIM_OCNIdleState;
}TIM_OCInitTypeDef;
```

相关的几个成员变量介绍如下。

参数 TIM_OCMode 设置是 PWM 模式还是输出比较模式,这里是 PWM 模式。

参数 TIM OutputState 设置比较输出使能,也就是使能 PWM 输出到端口。

参数 TIM_OCPolarity 设置极性是高还是低。

其他参数(TIM_OutputNState、TIM_OCNPolarity、TIM_OCIdleState 和 TIM_OCIdleState)是高级控制定时器 TIM1 和 TIM8 才用到的。

要实现上面提到的场景,方法如下。

```
TIM_OCInitTypeDef TIM_OCInitStructure;
TIM_OCInitStructure.TIM_OCMode = TIM_OCMode_PWM2;          //选择 PWM 模式 2
TIM_OCInitStructure.OutputState = TIM_OutputState_Enable;  //比较输出使能
TIM_OCInitStructure.TIM_OCPolarity = TIM_OCPolarity_High;  //输出极性高
TIM_OC2Init(TIM3,&TIM_OCInitStructure);                    //初始化 TIM3 OC2
```

(5) 在完成以上设置之后,需要使能 TIM3。

```
TIM_Cmd(TIM3,ENABLE);                  //使能 TIM3
```

(6) 修改 TIM3_CCR2 控制占空比。

经过以上设置之后,PWM 其实已经开始输出了,只是其占空比和频率都是固定的,通过修改 TIM3_CCR2 可以控制 CH2 的输出占空比,继而控制 DSO 的亮度。

修改 TIM3_CCR2 占空比的库函数是

```
void TIM_SetCompare2(TIM_TypeDef * TIMx,uint16_t Compare2);
```

当然,其他通道分别有一个函数名称,为 $TIM\_SetCompare x (x=1,2,3,4)$。

通过以上 6 个步骤,我们就可以控制 TIM3 的通道 2 输出 PWM 波形了。

5.3.1 PWM 输出硬件设计

本实例用到的硬件资源有指示灯 DS0 和定时器 TIM3。这里用到了 TIM3 的部分重映射功能,把 TIM3_CH2 直接映射到了引脚 PB5 上,引脚 PB5 和 DS0 是直接连接的。

5.3.2 PWM 输出软件设计

1. time.h 头文件

```
#ifndef __TIMER_H
#define __TIMER_H
#include "sys.h"
void TIM3_PWM_Init(u16 arr,u16 psc);
#endif
```

2. time.c 函数

```
#include "timer.h"
#include "led.h"
#include "usart.h"
//TIM3 PWM 部分初始化
//PWM输出初始化
//arr:自动重装值
//psc:时钟预分频数
void TIM3_PWM_Init(u16 arr,u16 psc)
{
    GPIO_InitTypeDef GPIO_InitStructure;
    TIM_TimeBaseInitTypeDef TIM_TimeBaseStructure;
    TIM_OCInitTypeDef TIM_OCInitStructure;
```

```
    RCC_APB1PeriphClockCmd(RCC_APB1Periph_TIM3, ENABLE);    //使能 TIM3 时钟
    //使能 GPIO 外设和 AFIO 复用功能模块时钟
    RCC_APB2PeriphClockCmd(RCC_APB2Periph_GPIOB | RCC_APB2Periph_AFIO, ENABLE);

    GPIO_PinRemapConfig(GPIO_PartialRemap_TIM3, ENABLE);          //TIM3 部分重映射 TIM3_CH2 -> PB5

    //设置该引脚为复用输出功能,输出 TIM3_CH2 的 PWM 脉冲波形
    GPIO_InitStructure.GPIO_Pin = GPIO_Pin_5;                //TIM3_CH2
    GPIO_InitStructure.GPIO_Mode = GPIO_Mode_AF_PP;          //复用推挽输出
    GPIO_InitStructure.GPIO_Speed = GPIO_Speed_50MHz;
    GPIO_Init(GPIOB, &GPIO_InitStructure);                   //初始化 GPIO

    //初始化 TIM3
    TIM_TimeBaseStructure.TIM_Period = arr;             //设置在下一个更新事件装入活动的自动
                                                        //重装载寄存器周期的值
    TIM_TimeBaseStructure.TIM_Prescaler = psc;          //作为 TIMx 时钟频率除数的预分频值
    TIM_TimeBaseStructure.TIM_ClockDivision = 0;        //设置时钟分割,TDTS = Tck_tim
    TIM_TimeBaseStructure.TIM_CounterMode = TIM_CounterMode_Up;     //TIM 向上计数模式
    TIM_TimeBaseInit(TIM3, &TIM_TimeBaseStructure);     //根据 TIM_TimeBaseInitStruct 中指定的
                                                        //参数初始化 TIMx 的时间基数单位

    //初始化 TIM3_CH2 的 PWM 模式
    TIM_OCInitStructure.TIM_OCMode = TIM_OCMode_PWM2;            //选择定时器模式
    TIM_OCInitStructure.TIM_OutputState = TIM_OutputState_Enable;     //比较输出使能
    TIM_OCInitStructure.TIM_OCPolarity = TIM_OCPolarity_High;    //输出极性,TIM 输出比较极性高
    TIM_OC2Init(TIM3, &TIM_OCInitStructure);            //根据指定的参数初始化外设 TIM3 OC2

    TIM_OC2PreloadConfig(TIM3, TIM_OCPreload_Enable);   //使能 TIM3 在 CCR2 上的预装载寄存器

    TIM_Cmd(TIM3, ENABLE);                              //使能 TIM3
}
```

3. main.c 函数

```c
# include "led.h"
# include "delay.h"
# include "key.h"
# include "sys.h"
# include "usart.h"
# include "timer.h"
int main(void)
{
    u16 led0pwmval = 0;
    u8 dir = 1;
    delay_init();               //延时函数初始化
    NVIC_PriorityGroupConfig(NVIC_PriorityGroup_2);         //设置 NVIC 中断分组 2:两位抢占式优
                                                            //先级,两位响应优先级

    uart_init(115200);          //串口初始化为 115200
    LED_Init();                 //LED 端口初始化
    TIM3_PWM_Init(899,0);       //不分频,PWM 频率 = 72000000/900 = 80kHz
```

```
        while(1)
        {
            delay_ms(10);
            if(dir) led0pwmval++;
            else led0pwmval -- ;

            if(led0pwmval > 300) dir = 0;
            if(led0pwmval == 0) dir = 1;
            TIM_SetCompare2(TIM3,led0pwmval);
        }
    }
```

从死循环函数可以看出，将 led0pwmval 的值设置为 PWM 比较值，也就是通过 led0pwmval 控制 PWM 的占空比，然后控制 led0pwmval 的值从 0 变到 300，再从 300 变到 0，如此循环。因此，DS0 的亮度也会跟着从暗变到亮，然后又从亮变到暗。这里取 300 是因为 PWM 的输出占空比达到这个值时，LED 亮度变化就不大了（虽然最大值可以设置到 899），因此设计过大的值是没有必要的。至此，软件设计就完成了。

在完成软件设计之后，将编译好的文件下载到战舰 STM32 开发板上，观看其运行结果是否与我们编写的一致。如果没有错误，则看到 DS0 不停地由暗变到亮，然后又从亮变到暗。每个过程持续时间大概为 3s。

PWM 输出的项目工程可参照本书数字资源中的程序代码。

5.4　看门狗定时器

5.4.1　看门狗应用介绍

微控制器系统的工作常常会受到来自外界的干扰（如电磁场），有时会出现程序跑飞的现象，甚至让整个系统陷入死循环。当出现这种现象时，微控制器系统中的看门狗模块或微控制器系统外的看门狗芯片就会强制对整个系统进行复位，使程序恢复到正常运行状态。看门狗实际上是一个定时器，因此也称为看门狗定时器，一般有一个输入操作，叫作"喂狗"。微控制器正常工作时，每隔一段时间输出一个信号到"喂狗端"，给看门狗定时器清零，如果超过规定的时间不喂狗（一般在程序跑飞时），看门狗定时器就会超时溢出，强制对微控制器进行复位，这样就可以防止微控制器死机。看门狗定时器的作用就是防止程序发生死循环，或者说在程序跑飞时能够进行复位操作。STM32 微控制器系统自带了两个看门狗，分别是独立看门狗（IWDG）和窗口看门狗（WWDG）。

STM32F10xxx 内置的两个看门狗提供了更高的安全性、时间的精确性和使用的灵活性。两个看门狗可用来检测和解决由软件错误引起的故障；当计数器达到给定的超时值时，触发一个中断（仅适用于窗口看门狗）或产生系统复位。

独立看门狗（IWDG）由专用的低速时钟（LSI）驱动，即使主时钟发生故障，它也仍然有效。

窗口看门狗(WWDG)由从 APB1 时钟分频后得到的时钟驱动,通过可配置的时间窗口检测应用程序非正常的过迟或过早的操作。

IWDG 适用于那些需要看门狗作为一个在主程序之外能够完全独立工作,并且对时间精度要求较低的场合。

WWDG 适用于那些要求看门狗在精确计时窗口起作用的应用程序。

5.4.2　独立看门狗

独立看门狗(IWDG)主要性能如下。

(1) 自由运行的递减计数器。

(2) 时钟由独立的 RC 振荡器提供(可在停止和待机模式下工作)。

(3) 看门狗被激活后,则在计数器计数至 0x000 时产生复位。

独立看门狗模块如图 5-10 所示。

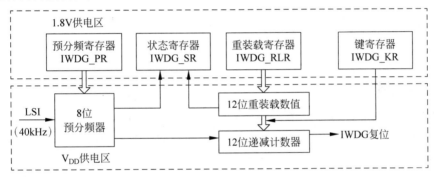

图 5-10　独立看门狗模块

1. 独立看门狗时钟

独立看门狗由专用的低速时钟(LSI 时钟)驱动,即使主时钟发生故障,它也仍然有效。LSI 时钟的标称频率为 40kHz,但是由于 LSI 时钟由内部 RC 电路产生,因此 LSI 时钟的频率约为 30~60kHz,所以 STM32 内部独立看门狗只适用于对时间精度要求比较低的场合,如果系统对时间精度要求高,建议使用外置独立看门狗芯片。

2. 独立看门狗预分频器

预分频器对 LSI 时钟进行分频之后,作为 12 位递减计数器的时钟输入。预分频系数由预分频寄存器(IWDG_PR)的 PR 决定,预分频系数可以取值 0、1、2、3、4、5、6 和 7,对应的预分频值分别为 4、8、16、32、64、128、256 和 512。

3. 12 位递减计数器

12 位递减计数器对预分频器的输出时钟进行计数,从复位值递减计算,当计数到 0 时,会产生一个复位信号。下面通过一个具体的例子对计数器的工作过程进行讲解。假如写入 IWDG_RLR 的值为 624,启动独立看门狗,即向键寄存器(IWDG_KR)中写入 0xCCCC,则计数器从复位值 624 开始递减计数,当计数到 0 时会产生一个复位信号。因此,为了避免产生看门狗复位,即避免计数器递减计数到 0,就需要向 IWDG_KR 的 KEY[15:0]写入 0xAAAA,则 IWDG_RLR 的值会被加载到 12 位递减计数器,计数器就又从复位值 624 开始递减计数。

4. 状态寄存器

独立看门狗的状态寄存器(IWDG_SR)有两个状态位,分别是独立看门狗计数器重装载值更新状态位 RVU 和独立看门狗预分频值更新状态位 PVU。RVU 由硬件置为 1,用来指示重装载值的更新正在进行中,当 V_{DD} 域中的重装载更新结束后,该位由硬件清零(最多需要 5 个 40kHz 的时钟周期),重装载值只有在 RVU 被清零后才可以更新。

5. 键寄存器

IWDG_PR 和 IWDG_RLR 都具有写保护功能,要修改这两个寄存器的值,必须先向 IWDG_KR 的 KEY[15:0]写入 0x5555。以不同的值写入 KEY[15:0]将会打乱操作顺序,寄存器将会重新被保护。

除了可以向 KEY[15:0]写入 0x5555 允许访问 IWDG_PR 和 IWDG_RLR,也可以向 KEY[15:0]写入 0xAAAA 使计数器从复位值开始重新递减计数;还可以向 KEY[15:0]写入 0xCCCC,启动独立看门狗工作。

5.4.3 窗口看门狗

窗口看门狗(WWDG)通常被用来监测由外部干扰或不可预见的逻辑条件造成的应用程序背离正常的运行序列而产生的软件故障。除非递减计数器的值在 T6 位变为 0 前被刷新,看门狗电路在达到预置的时间周期时,会产生一个 MCU 复位。在递减计数器达到窗口寄存器数值之前,如果 7 位的递减计数器数值(在控制寄存器中)被刷新,那么也将产生一个 MCU 复位。这表明递减计数器需要在一个有限的时间窗口中被刷新。

1. WWDG 主要特性

WWDG 主要特性如下。

(1) 可编程的自由运行递减计数器。

(2) 条件复位:当递减计数器的值小于 0x40 时,则产生复位(若看门狗被启动);当递减计数器在窗口外被重新装载时,则产生复位(若看门狗被启动)。

(3) 如果启动了看门狗并且允许中断,当递减计数器等于 0x40 时产生早期唤醒中断 (EWI),它可以被用于重装载计数器以避免 WWDG 复位。

2. WWDG 功能描述

如果看门狗被启动(WWDG_CR 寄存器中的 WDGA 位被置 1),并且当 7 位(T[6:0])递减计数器从 0x40 翻转到 0x3F(T6 位清零)时,则产生一个复位。如果软件在计数器值大于窗口寄存器中的数值时重新装载计数器,将产生一个复位。窗口看门狗模块如图 5-11 所示。

应用程序在正常运行过程中必须定期地写入 WWDG_CR 寄存器以防止 MCU 发生复位。只有当计数器值小于窗口寄存器的值时,才能进行写操作。存储在 WWDG_CR 寄存

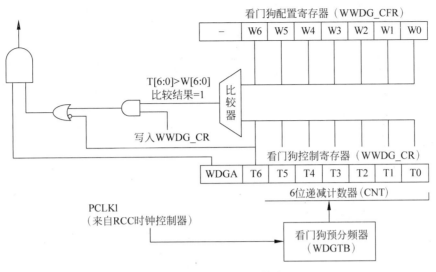

图 5-11 窗口看门狗模块

器中的数值必须在 0xC0 与 0xFF 之间。

（1）启动看门狗。在系统复位后，看门狗总是处于关闭状态，设置 WWDG_CR 寄存器的 WDGA 位能够开启看门狗，随后它不能再被关闭，除非发生复位。

（2）控制递减计数器处于自由运行状态，即使看门狗被禁止，递减计数器仍继续递减计数。当看门狗被启用时，T6 位必须被设置，以防止立即产生一个复位。

T[5:0]位包含了看门狗产生复位之前的计时数目；复位前的延时在一个最小值和一个最大值之间变化，这是因为写入 WWDG_CR 寄存器时，预分频值是未知的。

配置寄存器（WWDG_CFR）中包含窗口的上限值，要避免产生复位，递减计数器必须在其值小于窗口寄存器的数值并且大于 0x3F 时被重新装载。

另一个重装载计数器的方法是利用早期唤醒中断（EWI）。设置 WWDG_CFR 寄存器中的 EWI 位开启该中断。当递减计数器到达 0x40 时，则产生此中断，相应的中断服务程序（ISR）可以用来加载计数器以防止 WWDG 复位。在 WWDG_SR 寄存器中写 0 可以清除该中断。

注意：可以用 T6 位产生一个软件复位(设置 WDGA 位为 1，T6 位为 0)。

5.4.4 看门狗操作相关的库函数

1. 独立看门狗操作相关的库函数

```
void IWDG_Write AccessCmd(uintIWDG_WriteAccess);
```

功能描述：用默认参数初始化独立看门狗设置。

```
void IWDG_SetPrescal (wint8_t IWDG_Prescaler);
```

功能描述：设置独立看门狗的预置值。

```
void IWDG_SetReload(wint16_t Reload);
```

功能描述：设置 IWDG 的重新装载值。

```
void IWDG_ReloadCounter(void);
```

功能描述：重新装载设定的计数值。

```
void IWDG_Enable(void);
```

功能描述：使能 IWDG。

```
FlagStatus IWDG_GetFlagStatus(uint16_tIWDG_FLAG);
```

功能描述：检测独立看门狗电路的状态。

2. 窗口看门狗操作相关库函数

```
void WWDG_DeInit(void);
```

功能描述：用默认参数初始化窗口看门狗设置。

```
void WWDG_SetPrescaler(uint32_tWWDG_Prescaler);
```

功能描述：设置窗口看门狗的预置值。

```
void WWDG_Set Window Value(uint8_t WindowValue);
```

功能描述：设置窗口看门狗的值。

```
void WWDG_EnableIT(void);
```

功能描述：设置窗口看门狗的提前唤醒中断。

```
void WWDG_SetCounter(uint8_t Counter);
```

功能描述：设置窗口看门狗的计数值。

```
void WWDG_Enable(uint8_t Counter);
```

功能描述：使能窗口看门狗并装载计数值。

```
FlagStatus WWDG_GetFlagStatus(void);
```

功能描述：检测窗口看门狗提前唤醒中断的标志状态。

```
void WWDG_ClearFlag(void);
```

功能描述：清除 EWI 的中断标志。

5.4.5 独立看门狗程序设计

1. wdg.h 头文件

```
#ifndef __WDG_H
#define __WDG_H
#include "sys.h"
```

```
void IWDG_Init(u8 prer,u16 rlr);
void IWDG_Feed(void);

#endif
```

2. wdg.c 文件

```
#include "wdg.h"
//初始化独立看门狗
//prer:分频数,0~7(只有低3位有效)
//分频因子 = 4 * 2^prer,但最大值只能是256
//rlr:重装载寄存器值,低11位有效
//时间计算(大概):Tout = ((4 * 2^prer) * rlr)/40ms
void IWDG_Init(u8 prer,u16 rlr)
{
    IWDG_WriteAccessCmd(IWDG_WriteAccess_Enable); //使能对 IWDG_PR 和 IWDG_RLR 寄存器的写操作
    IWDG_SetPrescaler(prer);                      //设置 IWDG 预分频值
    IWDG_SetReload(rlr);                          //设置 IWDG 重装载值
    IWDG_ReloadCounter();                         //按照 IWDG 重装载的值重装载 IWDG 计数器

    IWDG_Enable();                                //使能 IWDG
}
//喂独立看门狗
void IWDG_Feed(void)
{
    IWDG_ReloadCounter();                         //重装载
}
```

代码中只有两个函数,IWDG_Init 是独立看门狗初始化函数,该函数有两个参数,分别用来设置预分频数与重装寄存器的值。通过这两个参数就可以大概知道看门狗复位的时间周期为多少了。IWDG_Feed 函数用来喂狗,因为 STM32 的喂狗只需要向键值寄存器写入 0xAAAA 即可,也就是调用 IWDG_ReloadCounter 函数,所以这个函数也很简单。

3. main.c 函数

接下来看看主函数的代码。在主程序中先初始化系统代码,然后启动按键输入和看门狗,在看门狗开启后马上点亮 LED0(DS0),并进入死循环等待按键的输入。一旦 WK_UP 有按键,则喂狗,否则等待 IWDG 复位的到来。

```
#include "led.h"
#include "delay.h"
#include "key.h"
#include "sys.h"
#include "usart.h"
#include "wdg.h"
int main(void)
{
    delay_init();                                 //延时函数初始化
    NVIC_PriorityGroupConfig(NVIC_PriorityGroup_2); //设置 NVIC 中断分组2:两位抢占式优先级,
                                                  //两位响应优先级
```

```
    uart_init(115200);                                //串口初始化为115200
    LED_Init();                                       //初始化与LED连接的硬件接口
    KEY_Init();                                       //按键初始化
    delay_ms(500);                                    //视觉延时
    IWDG_Init(4,625);                                 //预分频数为4,重载值为625,溢出时间为1s
    LED0 = 0;                                         //点亮LED0
    while(1)
    {
        if(KEY_Scan(0) == WKUP_PRES)
        {
         IWDG_Feed();                                 //如果WK_UP按下,则喂狗
        }
        delay_ms(10);
    };
}
```

独立看门狗的项目工程请参照本书数字资源中的程序代码。

5.4.6 窗口看门狗程序设计

1. wdg.h头文件

```
#ifndef __WDG_H
#define __WDG_H
#include "sys.h"
void IWDG_Init(u8 prer,u16 rlr);
void IWDG_Feed(void);

void WWDG_Init(u8 tr,u8 wr,u32 fprer);          //初始化WWDG
void WWDG_Set_Counter(u8 cnt);                  //设置WWDG的计数器
void WWDG_NVIC_Init(void);
#endif
```

2. wdg.c文件

```
#include "wdg.h"
#include "led.h"
//保存WWDG计数器的设置值,默认为最大
u8 WWDG_CNT = 0x7f;
//初始化窗口看门狗
//tr:T[6:0],计数器值
//wr:W[6:0],窗口值
//fprer:分频系数(WDGTB),仅最低两位有效
//Fwwdg = PCLK1/(4096 * 2^fprer)

void WWDG_Init(u8 tr,u8 wr,u32 fprer)
{
    RCC_APB1PeriphClockCmd(RCC_APB1Periph_WWDG, ENABLE);   //WWDG时钟使能
    WWDG_CNT = tr&WWDG_CNT;                                //初始化WWDG_CNT
    WWDG_SetPrescaler(fprer);                              //设置IWDG预分频值
```

```
        WWDG_SetWindowValue(wr);                                //设置窗口值
        WWDG_Enable(WWDG_CNT);                                   //使能看门狗,设置计数器
        WWDG_ClearFlag();                                       //清除提前唤醒中断标志位
        WWDG_NVIC_Init();                                       //初始化窗口看门狗 NVIC
        WWDG_EnableIT();                                         //开启窗口看门狗中断
}
//重设置 WWDG 计数器的值
void WWDG_Set_Counter(u8 cnt)
{
        WWDG_Enable(cnt);                                       //使能看门狗,设置计数器
}
//窗口看门狗中断服务程序
void WWDG_NVIC_Init()
{
        NVIC_InitTypeDef NVIC_InitStructure;
        NVIC_InitStructure.NVIC_IRQChannel = WWDG_IRQn;         //WWDG 中断
        NVIC_InitStructure.NVIC_IRQChannelPreemptionPriority = 2;  //抢占式优先级 2
        NVIC_InitStructure.NVIC_IRQChannelSubPriority = 3;      //响应优先级
        NVIC_InitStructure.NVIC_IRQChannelCmd = ENABLE;
        NVIC_Init(&NVIC_InitStructure);                         //NVIC 初始化
}

void WWDG_IRQHandler(void)
{
        WWDG_SetCounter(WWDG_CNT);                              //当注释此句后,窗口看门狗将
                                                               //产生复位
        WWDG_ClearFlag();                                       //清除提前唤醒中断标志位
        LED1 = !LED1;                                           //LED 状态翻转
}
```

新增的这 4 个函数都比较简单,WWDG_Init 函数用来设置 WWDG 的初始化值,包括看门狗计数器的值和看门狗比较值等。注意到这里有一个全局变量 WWDG_CNT,用来保存最初设置 WWDG_CR 计数器的值,在后续的中断服务函数里面,又把该数值放回到 WWDG_CR 上。

WWDG_Set_Counter 函数比较简单,用来重设窗口看门狗的计数器值,然后是中断分组函数。在中断服务函数中先重设窗口看门狗的计数器值,然后清除提前唤醒中断标志。最后对 LED1(DS1)取反,从而监测中断服务函数的执行状况。把这几个函数加入头文件,以方便其他文件调用。

3. main.c 函数

```
# include "led.h"
# include "delay.h"
# include "key.h"
# include "sys.h"
# include "usart.h"
# include "wdg.h"
int main(void)
```

```
{
    delay_init();                                   //延时函数初始化
    NVIC_PriorityGroupConfig(NVIC_PriorityGroup_2);   //设置中断优先级分组为组2:两位抢
                                                     //占式优先级,两位响应优先级
    uart_init(115200);                              //串口初始化为115200
    LED_Init();
    KEY_Init();                                     //按键初始化
    LED0 = 0;
    delay_ms(300);
    WWDG_Init(0x7F,0x5F,WWDG_Prescaler_8);          //计数器值为7F,窗口寄存器为5F,分频数为8
    while(1)
    {
    LED0 = 1;
    }
}
```

该函数通过 LED0(DS0)指示是否正在初始化,通过 LED1(DS1)指示是否发生了中断。先让 LED0 亮 300ms 然后关闭,从而判断是否有复位发生了。初始化 WWDG 之后回到死循环,关闭 LED1,并等待看门狗中断的触发/复位。

窗口看门狗的项目工程可参照本书数字资源中的程序代码。

第6章

USART 与 Modbus 通信协议应用实例

本章将介绍 USART 与 Modbus 通信协议应用实例,包括串行通信基础、STM32 的 USART 工作原理、STM32 的 USART 串行通信应用实例、外部总线、Modbus 通信协议和 PMM2000 电力网络仪表 Modbus-RTU 通信协议。

6.1 串行通信基础

在串行通信中,参与通信的两台或多台设备通常共享一条物理通路。发送者依次逐位发送一串数据信号,按一定的约定规则被接收者接收。由于串行端口通常只是规定了物理层的接口规范,所以为确保每次传送的数据报文能准确到达目的地,使每个接收者能够接收到所有发来的数据,必须在通信连接上采取相应的措施。

由于借助串行端口所连接的设备在功能、型号上往往互不相同,大多数设备除了等待接收数据之外还会有其他任务。例如,一个数据采集单元需要周期性地收集和存储数据;一个控制器需要负责控制计算或向其他设备发送报文;一台设备可能会在接收方正在进行其他任务时向它发送信息。必须有能应对多种不同工作状态的一系列规则保证通信的有效性。这里所讲的保证串行通信有效性的方法包括:使用轮询或中断检测、接收信息;设置通信帧的起始、停止位;建立连接握手;实行对接收数据的确认、数据缓存以及错误检查等。

6.1.1 串行异步通信数据格式

无论是 RS-232 还是 RS-485,均可采用串行异步收发数据格式。

在串行端口的异步传输中,接收方一般事先并不知道数据会在什么时候到达。在它检测到数据并作出响应之前,第 1 个数据位就已经过去了。因此,每次异步传输都应该在发送的数据之前设置至少一个起始位,以通知接收方有数据到达,给接收方一个接收数据、缓存数据和作出其他响应所需要的准备时间。而在传输过程结束时,则应由一个停止位通知接收方本次传输已终止,以便接收方正常终止本次通信而转入其他工作程序。

串行异步收发通信的数据格式如图 6-1 所示。

图 6-1　串行异步收发通信的数据格式

若通信线上无数据发送,该线路应处于逻辑 1 状态(高电平)。当计算机向外发送一个字符数据时,应先送出起始位(逻辑 0,低电平),随后紧跟数据位,这些数据构成要发送的字符信息。有效数据位的个数可以规定为 5、6、7 或 8。奇偶校验位视需要设定,紧跟其后的是停止位(逻辑 1,高电平),其位数可为 1、1.5 或 2。

6.1.2　连接握手

通信帧的起始位可以引起接收方的注意,但发送方并不知道,也不能确认接收方是否已经做好了接收数据的准备。利用连接握手可以使收发双方确认已经建立了连接关系,接收方已经做好准备,可以进入数据收发状态。

连接握手过程是指发送方在发送一个数据块之前使用一个特定的握手信号引起接收方的注意,表明要发送数据,接收方则通过握手信号回应发送方,说明已经做好了接收数据的准备。

连接握手可以通过软件,也可以通过硬件来实现。在软件连接握手中,发送方通过发送一个字节表明想要发送数据。接收方看到这个字节时,也发送一个编码声明自己可以接收数据,当发送方看到这个信息时,便知道可以发送数据了。接收方还可以通过另一个编码告诉发送方停止发送。

在普通的硬件握手方式中,接收方在准备好接收数据时将相应的导线置为高电平,然后开始全神贯注地监视它的串行输入端口的允许发送端。这个允许发送端与接收方的已准备好接收数据的信号端相连,发送方在发送数据之前一直在等待这个信号的变化。一旦得到信号,说明接收方已处于准备好接收数据的状态,便开始发送数据。接收方可以在任何时候将这根导线带入低电平,即便是在接收一个数据块的过程中也可以把这根导线带入低电平。当发送方检测到这个低电平信号时,就应该停止发送。而在完成本次传输之前,发送方还会继续等待这根导线再次回到高电平,以继续被中止的数据传输。

6.1.3　确认

接收方为表明数据已经收到而向发送方回复信息的过程称为确认。有的传输过程可能会收到报文而不需要向相关节点回复确认信息。但是,在许多情况下,需要通过确认告知发送方数据已经收到。有的发送方需要根据是否收到确认信息采取相应的措施,因而确认对某些通信过程是必需的和有用的。即便接收方没有其他信息要告诉发送方,也要为此单独发送一个确认数据已经收到的信息。

确认报文可以是一个特别定义过的字节,如一个标识接收方的数值。发送方收到确认报文就可以认为数据传输过程正常结束。如果发送方没有收到所希望回复的确认报文,就认为通信出现了问题,然后将采取重发或其他行动。

6.1.4　中断

中断是一个信号,它通知 CPU 有需要立即响应的任务。每个中断请求对应一个连接到中断源和中断控制器的信号。通过自动检测端口事件发现中断并转入中断处理。

许多串行端口采用硬件中断。当串口发生硬件中断,或者一个软件缓存的计数器到达一个触发值时,表明某个事件已经发生,需要执行相应的中断响应程序,并对该事件作出及时的响应。这个过程也称为事件驱动。

采用硬件中断就应该提供中断服务程序,以便在中断发生时让它执行所期望的操作。很多微控制器为满足这种应用需求而设置了硬件中断。一个事件发生时,应用程序会自动对端口的变化作出响应,跳转到中断服务程序,如发送数据、接收数据、握手信号变化、接收到错误报文等,都可能成为串行端口的不同工作状态,或称为通信中发生了不同事件,需要根据状态变化停止执行现行程序而转向与状态变化相适应的应用程序。

外部事件驱动可以在任何时间插入并且使程序转向执行一个专门的应用程序。

6.1.5　轮询

通过周期性地获取特征或信号读取数据或发现是否有事件发生的工作过程称为轮询。需要足够频繁地轮询端口,以便不遗失任何数据或事件。轮询的频率取决于对事件快速反应的需求以及缓存区的大小。

轮询通常用于计算机与 I/O 端口之间较短数据或字符组的传输。由于轮询端口不需要硬件中断,因此可以在一个没有分配中断的端口运行此类程序。很多轮询使用系统计时器确定周期性读取端口的操作时间。

6.2　STM32 的 USART 工作原理

6.2.1　USART 介绍

通用同步/异步接收发送设备(USART)可以说是嵌入式系统中除了 GPIO 外最常用的一种外设。USART 常用的原因不在于其性能超强,而是因为其简单、通用。自 Intel 公司20 世纪 70 年代发明 USART 以来,上至服务器、PC 之类的高性能计算机,下到 4 位或 8 位的单片机几乎都配置了 USART 口,通过 USART,嵌入式系统可以和所有计算机系统进行简单的数据交换。USART 口的物理连接也很简单,只要 2~3 根线即可实现通信。

与 PC 软件开发不同,很多嵌入式系统没有完备的显示系统,开发者在软/硬件开发和调试过程中很难实时地了解系统的运行状态。一般开发者会选择用 USART 作为调试手段:首先完成 USART 的调试,在后续功能的调试中就通过 USART 向 PC 发送嵌入式系统运行状态的提示信息,以便定位软/硬件错误,加快调试进度。

USART 通信的另一个优势是可以适应不同的物理层。例如,使用 RS-232 或 RS-485 可以明显提升 USART 通信的距离,无线频移键控(Frequency Shift Keying,FSK)调制可以降低布线施工的难度。所以,USART 口在工控领域也有着广泛的应用,是串行接口的工业标准。

USART 提供了一种灵活的方法与使用工业标准 NRZ 异步串行数据格式的外部设备之间进行全双工数据交换。USART 利用分数波特率发生器提供宽范围的波特率选择。它支持同步单向通信和半双工单线通信,也支持局部互联网(Local Interconnect Network, LIN)、智能卡协议和红外线数据协会(Infrared Data Association,IrDA)SIR ENDEC 规范,以及调制解调器(CTS/RTS)操作。它还允许多处理器通信。使用多缓冲器配置的 DMA 方式,可以实现高速数据通信。

SM32F103 微控制器的小容量产品有两个 USART 口,中等容量产品有 3 个 USART 口,大容量产品有 3 个 USART+两个 UART 口。

6.2.2 USART 主要特性

USART 主要特性如下。

(1) 全双工,异步通信。

(2) NRZ 标准格式。

(3) 分数波特率发生器系统。发送和接收共用的可编程波特率最高达 4.5Mb/s。

(4) 可编程数据字长度(8 位或 9 位)。

(5) 可配置的停止位——支持 1 或 2 个停止位。

(6) LIN 主发送同步断开符的能力以及 LIN 从检测断开符的能力。当 USART 硬件配置为 LIN 时,生成 13 位断开符;检测 10/11 位断开符。

(7) 发送方为同步传输提供时钟。

(8) IrDA SIR 编码器/解码器。在正常模式下支持 3/16 位的持续时间。

(9) 智能卡模拟功能。智能卡接口支持 ISO 7816-3 标准中定义的异步智能卡协议;智能卡用到 0.5 或 1.5 个停止位。

(10) 单线半双工通信。

(11) 可配置的使用 DMA 的多缓冲器通信。在 SRAM 中利用集中式 DMA 缓冲接收/发送字节。

(12) 单独的发送器和接收器使能位。

(13) 检测标志:接收缓冲器满、发送缓冲器空、传输结束标志。

(14) 校验控制:发送校验位、对接收数据进行校验。

(15) 4 个错误检测标志:溢出错误、噪声错误、帧错误、校验错误。

(16) 10 个带标志的中断源:CTS 改变、LIN 断开符检测、发送数据寄存器空、发送完成、接收数据寄存器满、检测到总线为空闲、溢出错误、帧错误、噪声错误、校验错误。

（17）多处理器通信。如果地址不匹配，则进入静默模式。

（18）从静默模式中唤醒。通过空闲总线检测或地址标志检测。

（19）两种唤醒接收器的方式：地址位（MSB，第 9 位）、总线空闲。

6.2.3　USART 功能概述

STM32F103 微控制器 USART 口通过 3 个引脚与其他设备连接在一起，其内部结构如图 6-2 所示。

任何 USART 双向通信至少需要两个引脚：接收数据输入（RX）和发送数据输出（TX）。

RX 为接收数据串行输入，通过过采样技术区别数据和噪声，从而恢复数据。

TX 为发送数据串行输出。当发送器被禁止时，输出引脚恢复到它的 I/O 端口配置。当发送器被激活，并且不发送数据时，TX 引脚处于高电平。在单线和智能卡模式下，此 I/O 被同时用于数据的发送和接收。

（1）总线在发送或接收前应处于空闲状态。

（2）一个起始位。

（3）一个数据字（8 位或 9 位），最低有效位在前。

（4）0.5、1.5、2 个的停止位，由此表明数据帧的结束。

（5）使用分数波特率发生器——12 位整数和 4 位小数的表示方法。

（6）一个状态寄存器（USART_SR）。

（7）数据寄存器（USART_DR）。

（8）一个波特率寄存器（USART_BRR）——12 位的整数和 4 位小数。

（9）一个智能卡模式下的保护时间寄存器（USART_GTPR）。

在同步模式中需要 CK 引脚，即发送器时钟输出。此引脚输出用于同步传输的时钟，可以用来控制带有移位寄存器的外部设备（如 LCD 驱动器）。时钟相位和极性都是软件可编程的。在智能卡模式下，CK 引脚可以为智能卡提供时钟。

在 IrDA 模式下需要以下引脚。

（1）IrDA_RDI：IrDA 模式下的数据输入。

（2）IrDA_TDO：IrDA 模式下的数据输出。

在硬件流控模式下需要以下引脚。

（1）nCTS：清除发送，若是高电平，在当前数据传输结束时阻断下一次的数据发送。

（2）nRTS：发送请求，若是低电平，表明 USART 准备好接收数据。

6.2.4　USART 通信时序

可以通过编程 USART_CR1 寄存器中的 M 位选择字长（8 位或 9 位），如图 6-3 所示。

在起始位期间，TX 引脚处于低电平，在停止位期间处于高电平。空闲符号被视为一个完全由 1 组成的完整的数据帧，后面跟着包含了数据的下一帧的开始位。断开符号被视为

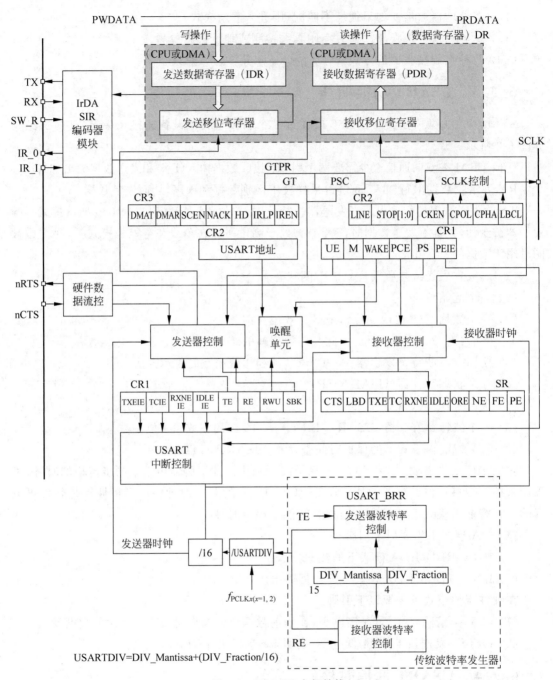

图 6-2 USART 内部结构

在一个帧周期内全部收到 0。在断开帧结束时,发送器再插入 1 或 2 个停止位(1)用于应答起始位。发送和接收由一个共用的波特率发生器驱动,当发送器和接收器的使能位分别置位时,分别为其产生时钟。

图 6-3 中的 LBCL 为控制寄存器 2(USART_CR2)的位 8。在同步模式下,该位用于控制是否在 CK 引脚上输出最后发送的那个数据位(最高位)对应的时钟脉冲,0 表示最后一位数据的时钟脉冲不从 CK 输出；1 表示最后一位数据的时钟脉冲会从 CK 输出。

注意:

(1) 最后一个数据位就是第 8 个或第 9 个发送的位(根据 USART_CR1 寄存器中的 M 位所定义的 8 位或 9 位数据帧格式确定)。

(2) UART4 和 UART5 上不存在这一位。

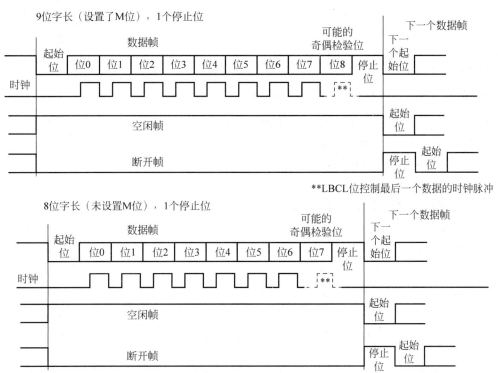

图 6-3　USART 通信时序

6.2.5　USART 中断

STM32F103 系列微控制器的 USART 主要有以下中断事件。

(1) 发送期间的中断事件包括发送完成(TC)、清除发送(CTS)、发送数据寄存器空(TXE)。

(2) 接收期间：空闲总线检测(IDLE)、溢出错误(ORE)、接收数据寄存器非空(RXNE)、校验错误(PE)、LIN 断开检测(LBD)、噪声错误(NE,仅在多缓冲器通信)和帧错误(FE,仅在多缓冲器通信)。

如果设置了对应的使能位,这些事件就可以产生各自的中断,如表 6-1 所示。

表 6-1　STM32F103 系列微控制器 USART 的中断事件及其使能位

中 断 事 件	事 件 标 志	使 能 位
发送数据寄存器空	TXE	TXEIE
CTS 标志	CTS	CTSIE
发送完成	TC	TCIE
接收数据就绪可读	RXNE	RXNEIE
检测到数据溢出	ORE	OREIE
检测到空闲线路	IDLE	IDLEIE
奇偶检验错	PE	PEIE
断开标志	LBD	LBDIE
噪声标志、溢出错误、帧错误	NE、ORT、FE	EIE

6.2.6　USART 相关寄存器

STM32F103 的 USART 相关寄存器如下。可以用半字(16 位)或字(32 位)的方式操作这些外设寄存器,由于采用库函数方式编程,故不进一步讨论。

(1) 状态寄存器(USART_SR)。

(2) 数据寄存器(USART_DR)。

(3) 波特比率寄存器(USART_BRR)。

(4) 控制寄存器 1(USART_CR1)。

(5) 控制寄存器 2(USART_CR2)。

(6) 控制寄存器 3(USART_CR3)。

(7) 保护时间和预分频寄存器(USART_GTPR)。

6.3　STM32 的 USART 串行通信应用实例

STM32 通常具有 3 个以上的串行通信口(USART),可根据需要选择其中一个。

在串行通信应用的实现中,难点在于正确配置、设置相应的 USART。与 51 单片机不同的是,除了要设置串行通信口的波特率、数据位数、停止位和奇偶校验等参数外,还要正确配置 USART 涉及的 GPIO 和 USART 口本身的时钟,即使能相应的时钟,否则无法正常通信。

串行通信通常有查询法和中断法两种。因此,如果采用中断法,还必须正确配置中断向量、中断优先级,使能相应的中断,并设计具体的中断函数;如果采用查询法,则只要判断发送、接收的标志,即可进行数据的发送和接收。

USART 只需两根信号线即可完成双向通信,对硬件要求低,使得很多模块都预留 USART 口实现与其他模块或控制器进行数据传输,如 GSM 模块、Wi-Fi 模块、蓝牙模块等。在硬件设计时,注意还需要一根"共地线"。

经常使用 USART 实现控制器与计算机之间的数据传输,这使得调试程序非常方便。

例如,可以把一些变量的值、函数的返回值、寄存器标志位等通过 USART 发送到串口调试助手,这样可以非常清楚程序的运行状态,在正式发布程序时再把这些调试信息去掉即可。

不仅可以将数据发送到串口调试助手,还可以从串口调试助手发送数据给控制器,控制器程序根据接收到的数据进行下一步工作。

首先编写一个程序实现开发板与计算机通信,在开发板上电时通过 USART 发送一串字符串给计算机,然后开发板进入中断接收等待状态。如果计算机发送数据过来,开发板就会产生中断,通过中断服务函数接收数据,并把数据返回给计算机。

6.3.1　STM32 的 USART 的基本配置流程

STM32F1 的 USART 的功能有很多,最基本的功能就是发送和接收。其功能的实现需要串口工作方式配置、串口发送和串口接收 3 部分程序。本节只介绍基本配置,其他功能和技巧都是在基本配置的基础上完成的,读者可参考相关资料。USART 的基本配置流程如图 6-4 所示。

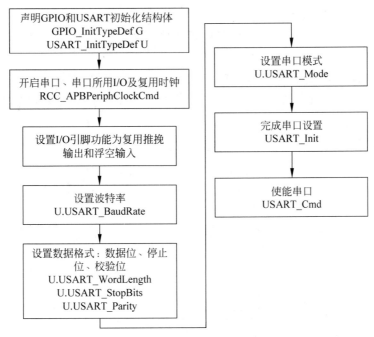

图 6-4　USART 的基本配置流程

需要注意的是,串口是 I/O 的复用功能,需要根据数据手册将相应的 I/O 配置为复用功能。例如,USART1 的发送引脚和 PA9 引脚复用,需将 PA9 引脚配置为复用推挽输出;接收引脚和 PA10 引脚复用,需将 PA10 引脚配置为浮空输入,并开启复用功能时钟。另外,根据需要设置串口波特率和数据格式。

和其他外设一样,完成配置后一定要使能串口功能。

发送数据使用 USART_SendData 函数。发送数据时一般要判断发送状态,等发送完成后再执行后面的程序,如下所示。

```
/*发送数据*/
USART_SendData(USART1,i);
/*等待发送完成*/
while(USART_GetFlagStatus(USART1,USART_FLAG_TC)!= SET);
```

接收数据使用 USART_ReceiveData 函数。无论使用中断方式接收还是查询方式接收,首先要判断接收数据寄存器是否为空,非空时才进行接收,如下所示。

```
/*接收寄存器非空*/
(USART_GetFlagStats(USART1,USART_IT_RXNE) == SET);
/*接收数据*/
i = USART_ReceiveData(USARTI);
```

6.3.2 STM32 的 USART 串行通信应用硬件设计

为利用 USART 实现开发板与计算机通信,需要用到一个 USB 转 USART 的 IC 电路,选择 CH340G 芯片实现这个功能。CH340G 是一个 USB 总线的转接芯片,实现 USB 转 USART、USB 转 IrDA 红外或 USB 转打印机接口。这里使用其 USB 转 USART 功能,具体电路设计如图 6-5 所示。

将 CH340G 的 TXD 引脚与 USART1 的 RX 引脚连接,CH340G 的 RXD 引脚与 USART1 的 TX 引脚连接。CH340G 芯片集成在开发板上,其地线(GND)已与控制器的 GND 相连。

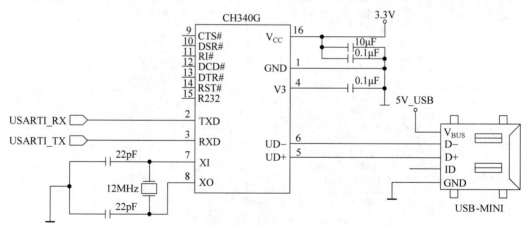

图 6-5　USB 转 USART 的硬件电路设计

6.3.3 STM32 的 USART 串行通信应用软件设计

编程要点如下。

(1) 使能 RX 和 TX 引脚的 GPIO 时钟和 USART 时钟。

（2）初始化 GPIO，并将 GPIO 复用到 USART 上。

（3）配置 USART 参数。

（4）配置中断控制器并使能 USART 接收中断。

（5）使能 USART。

（6）在 USART 接收中断服务函数中实现数据接收。

6.4 外部总线

外部总线主要用于计算机系统与系统之间或计算机系统与外部设备之间的通信。外部总线又分为两类：一类是各位之间并行传输的并行总线，如 IEEE 488；另一类是各位之间串行传输的串行总线，如 USB、RS-232C、RS-485 等。

6.4.1 RS-232C 串行通信接口

1．RS-232C 端子

RS-232C 的连接插头早期使用 25 针 EIA 连接插头座，现在使用 9 针 EIA 连接插头座，其主要端子分配如表 6-2 所示。

表 6-2 RS-232C 主要端子分配

端子		方 向	符 号	功 能
25 针	9 针			
2	3	输出	TXD	发送数据
3	2	输入	RXD	接收数据
4	7	输出	RTS	请求发送
5	8	输入	CTS	为发送清零
6	6	输入	DSR	数据设备准备好
7	5		GND	信号地
8	1	输入	DCD	
20	4	输出	DTR	数据信号检测
22	9	输入	RI	

1）信号含义

（1）从计算机到调制解调器的信号。

DTR——数据终端（DTE）准备好：告诉调制解调器计算机已接通电源，并已准备好。

RTS——请求发送：告诉调制解调器现在要发送数据。

（2）从调制解调器到计算机的信号。

DSR——数据设备（DCE）准备好：告诉计算机调制解调器已接通电源，并已准备好。

CTS——为发送清零：告诉计算机调制解调器已准备好接收数据。

DCD——数据信号检测：告诉计算机调制解调器已与对端的调制解调器建立连接。

RI——振铃指示器：告诉计算机对端电话已在振铃。

（3）数据信号。

TXD——发送数据。

RXD——接收数据。

2）电气特性

RS-232C 的电气连接如图 6-6 所示。

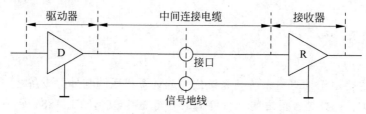

图 6-6　RS-232C 的电气连接

接口为非平衡型，每个信号用一根导线，所有信号回路共用一根地线。通信速率限于 20kb/s 内，电缆长度限于 15m 内。由于是单线，线间干扰较大。电性能用 ±12V 标准脉冲。值得注意的是，RS-232C 采用负逻辑。

在数据线上，传号（Mark）＝−5～−15V，逻辑 1 电平；空号（Space）＝＋5～＋15V，逻辑 0 电平。

在控制线上，通（On）＝＋5～＋15V，逻辑 0 电平；断（Off）＝−5～−15V，逻辑 1 电平。

RS-232C 的逻辑电平与 TTL 电平不兼容，为了与 TTL 器件相连，必须进行电平转换。

由于 RS-232C 采用电平传输，在通信速率为 19.2kb/s 时，其通信距离只有 15m。若要延长通信距离，必须以降低通信速率为代价。

2．通信接口的连接

当两台计算机经 RS-232C 接口直接通信时，两台计算机之间的连线如图 6-7 和图 6-8 所示，虽然不接调制解调器，图中仍连接着有关的调制解调器信号线，这是由于 INT 14H 中断使用这些信号，假如程序中没有调用 INT 14H，在自编程序中也没有用到调制解调器的有关信号，两台计算机直接通信时，只连接引脚 2、3、7(25 针 EIA)或引脚 3、2、5(9 针 EIA)就可以了。

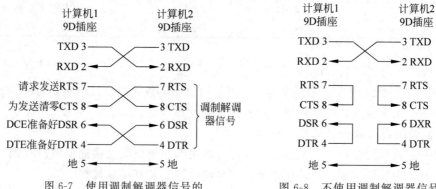

图 6-7　使用调制解调器信号的 RS-232C 接口

图 6-8　不使用调制解调器信号的 RS-232C 接口

3．RS-232C 电平转换器

为了实现采用＋5V 供电的 TTL 和 CMOS 通信接口电路与 RS-232C 标准接口连接，必须进行串行口的输入/输出信号的电平转换。

目前常用的电平转换器有摩托罗拉公司的 MC1488 驱动器、MC1489 接收器，TI 公司的 SN75188 驱动器、SN75189 接收器以及美国 MAXIM 公司生产的单一＋5V 电源供电、多路 RS-232 驱动器/接收器，如 MAX232A 等。

MAX232A 内部具有双充电泵电压变换器，把＋5V 变换为±10V，作为驱动器的电源，具有两路发送器和两路接收器，使用相当方便，典型应用如图 6-9 所示。

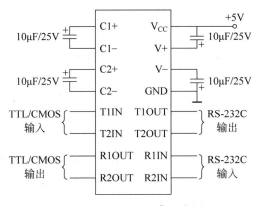

图 6-9　MAX232A 典型应用

单一＋5V 电源供电的 RS-232C 电平转换器还有 TL232、ICL232 等。

6.4.2　RS-485 串行通信接口

由于 RS-232C 通信距离较近，当传输距离较远时，可采用 RS-485 串行通信接口。

1．RS-485 接口标准

RS-485 接口采用二线差分平衡传输，其信号定义如下。

当采用＋5V 电源供电时，若差分电压信号为 $-2500 \sim -200$mV，为逻辑 0；若差分电压信号为 $+200 \sim +2500$mV，为逻辑 1；若差分电压信号为 $-200 \sim +200$mV，为高阻状态。

RS-485 差分平衡电路如图 6-10 所示。一根导线上的电压是另一根导线上的电压值取反。接收器的输入电压为这两根导线电压的差值 $V_A - V_B$。

图 6-10　RS-485 差分平衡电路

RS-485 实际上是 RS-422 的变形。RS-422 采用两对差分平衡线路；而 RS-485 只用一对。差分电路的最大优点是抑制噪声。由于在两根信号线上传递着大小相等、方向相反的电流，而噪声电压往往在两根导线上同时出现，一根导线上出现的噪声电压会被另一根导线上出现的噪声电压抵消,因而可以极大地削弱噪声对信号的影响。

差分电路的另一个优点是不受节点间接地电平差异的影响。

RS-485价格比较便宜,能够很方便地添加到一个系统中,还支持比RS-232更长的距离、更快的速度以及更多的节点。

RS-485更适用于多台计算机或带微控制器的设备之间的远距离数据通信。

应该指出的是,RS-485标准没有规定连接器、信号功能和引脚分配。要保持两根信号线相邻,两根差分导线应该位于同一根双绞线内。引脚A与引脚B不要调换。

2. RS-485收发器

RS-485收发器种类较多,如MAXIM公司的MAX485,TI公司的SN75LBC184、SN65LBC184、高速型SN65ALS1176等。它们的引脚是完全兼容的,其中SN65ALS1176主要用于高速应用场合,如PROFIBUS-DP现场总线等。下面仅介绍SN75LBC184。

SN75LBC184是具有瞬变电压抑制的差分收发器,为商业级,引脚如图6-11所示。其工业级产品为SN65LBC184。

SN75LBC184引脚介绍如下。

(1) R:接收端。

(2) $\overline{RE}$:接收使能,低电平有效。

(3) DE:发送使能,高电平有效。

(4) D:发送端。

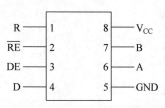

图6-11 SN75LBC184引脚图

(5) A:差分正输入端。

(6) B:差分负输入端。

(7) V_{CC}:+5V电源。

(8) GND:地。

3. 应用电路

RS-485应用电路如图6-12所示。

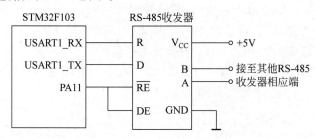

图6-12 RS-485应用电路

在图6-12中,RS-485收发器可为SN75LBC184、SN65LBC184、MAX485等。当引脚PA11为低电平时,接收数据;当引脚PA11为高电平时,发送数据。

如果采用RS-485组成总线拓扑结构的分布式控制系统,在双绞线终端应接120Ω的终端电阻。

4．RS-485网络互联

利用RS-485接口可以使一个或多个信号发送器与接收器互联，在多台计算机或带微控制器的设备之间实现远距离数据通信，形成分布式测控网络系统。

在大多数应用条件下，RS-485的端口连接都采用半双工通信方式。有多个驱动器和接收器共享一条信号通路。图6-13所示为RS-485端口半双工连接的电路图。其中RS-485差分总线收发器采用SN75LBC184。

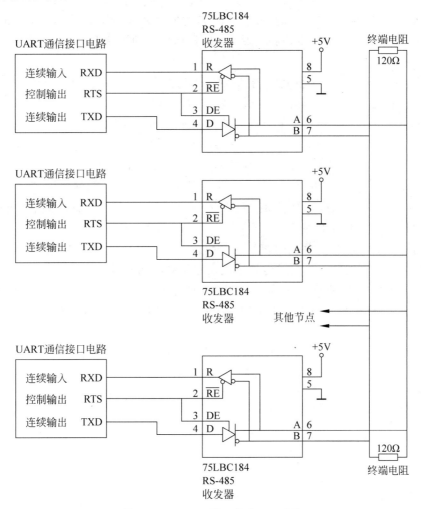

图6-13　RS-485端口的半双工连接

图6-13中的两个120Ω电阻是作为总线的终端电阻存在的。当终端电阻等于电缆的特征阻抗时，可以削弱甚至消除信号的反射。

特征阻抗是导线的特征参数，它的数值随着导线的直径、在电缆中与其他导线的相对距离以及导线的绝缘类型而变化。特征阻抗值与导线的长度无关，一般双绞线的特征阻抗为100～150Ω。

RS-232C 和 RS-485 之间的转换可采用相应的 RS-232/RS-485 转换模块。

6.5 Modbus 通信协议

6.5.1 概述

Modbus 协议是应用于 PLC 或其他控制器的一种通用语言。通过 Modbus 协议,控制器之间、控制器通过网络(如以太网)和其他设备之间可以实现串行通信。Modbus 协议已经成为通用工业标准。采用 Modbus 协议,不同厂商生产的控制设备可以互联成工业网络,实现集中监控。

Modbus 协议定义了一个控制器,能识别使用的消息结构,而不管它们是经过何种网络进行通信的。它描述了控制器请求访问其他设备的过程,如何响应来自其他设备的请求,以及如何侦测错误并记录。它制定了消息域格式和内容的公共格式。

当在 Modbus 网络上通信时,协议要求每个控制器必须知道它们的设备地址,识别按地址发来的消息,决定要产生何种动作。如果需要响应,控制器将生成反馈信息并用 Modbus 协议发出。在其他网络上,包含了 Modbus 协议的消息转换为在此网络上使用的帧或包结构,这种转换也扩展了根据具体的网络解决节点地址、路由路径及错误检测的方法。

1. 在 Modbus 网络上传输

标准的 Modbus 接口使用 RS-232C 兼容串行接口,它定义了连接器的引脚、电缆、信号位、传输波特率、奇偶校验。控制器能直接或通过调制解调器组网。

控制器通信使用主-从技术,即仅某一设备(主设备)能主动传输(查询),其他设备(从设备)根据主设备查询提供的数据作出响应。典型的主设备有主机和可编程仪表;典型的从设备有可编程控制器。

主设备可单独与从设备通信,也能以广播方式与所有从设备通信。如果单独通信,从设备返回一个消息作为响应;如果是以广播方式查询的,则不作任何响应。Modbus 协议建立了主设备查询的格式:设备(或广播)地址＋功能代码＋所有要发送的数据＋一个错误检测域。

从设备响应消息也由 Modbus 协议构成,包括确认要动作的域、任何要返回的数据和一个错误检测域。如果在消息接收过程中发生一个错误,或从设备不能执行其命令,从设备将建立一个错误消息并把它作为响应发送出去。

2. 在其他类型网络上传输

在其他网络上,控制器使用"对等"技术通信,任何控制器都能初始化和其他控制器的通信。这样在单独的通信过程中,控制器既可作为主设备,也可作为从设备。提供的多个内部通道允许同时发生传输进程。

在消息级,Modbus 协议仍提供了主-从原则,尽管网络通信方法是"对等"的。如果一个控制器发送一个消息,它只是作为主设备,并期望从从设备得到响应。同样,当控制器接收到一个消息,它将建立一个从设备响应格式并返回给发送的控制器。

3. 查询-响应周期

1）查询

查询消息中的功能代码告知被选中的从设备要执行何种功能。数据段包含了从设备要执行功能的任何附加信息。例如,功能代码03是要求从设备读保持寄存器并返回它们的内容。数据段必须包含要告知从设备的信息:从何种寄存器开始读及要读的寄存器数量。错误检测域为从设备提供了一种验证消息内容是否正确的方法。

2）响应

如果从设备产生一个正常的响应,在响应消息中的功能代码是在查询消息中的功能代码的响应。数据段包括了从设备收集的数据,如寄存器值或状态。如果有错误发生,功能代码将被修改以用于指出响应消息是错误的,同时数据段包含了描述此错误信息的代码。错误检测域允许主设备确认消息内容是否可用。

6.5.2 两种传输模式

控制器可设置为两种传输模式(ASCII或RTU)中的任何一种,在标准的Modbus网络中通信。用户选择想要的模式,包括串口通信参数(波特率、校验方式等),在配置每个控制器时,在一个Modbus网络中的所有设备都必须选择相同的传输模式和串口参数。

ASCII模式如图6-14所示,RTU模式如图6-15所示。

| : | 地址 | 功能代码 | 数据长度 | 数据1 | … | 数据n | LRC高字节 | LRC低字节 | 回车 | 换行 |

图6-14　ASCII模式

| 地址 | 功能代码 | 数据长度 | 数据1 | … | 数据n | CRC高字节 | CRC低字节 |

图6-15　RTU模式

所选的ASCII或RTU模式仅适用于标准的Modbus网络,它定义了在这些网络上连续传输的消息段的每位,以及决定怎样将信息打包成消息域和如何解码。

在其他网络上(如MAP和Modbus Plus),Modbus消息被转换为与串行传输无关的帧。

1. ASCII模式

当控制器设置为在Modbus网络上以ASCII模式通信时,消息中的每个字节(8位)都作为两个ASCII字符发送。这种方式的主要优点是字符发送的时间间隔可达到1s而不产生错误。

(1)代码系统:十六进制,ASCII字符0~9、A~F;消息中的每个ASCII字符都由一个十六进制字符组成。

(2)每个字节的位:1个起始位;7个数据位,最低有效位先发送;1个奇偶校验位,无校验则无;1个停止位(有校验时),2个比特位(无校验时)。

（3）错误检测域：LRC(Longitadinal Redundancy Check,纵向冗余检验)。

2. RTU 模式

当控制器设置为在 Modbus 网络上以远程终端单元(Remote Terminal Unit,RTU)模式通信时,消息中的每个字节(8 位)包含两个 4 位的十六进制字符。这种模式的主要优点是在同样的波特率下,可比 ASCII 模式传输更多的数据。

（1）代码系统：8 位二进制,十六进制数 0~9,A~F;消息中的每个 8 位域都由两个十六进制字符组成。

（2）每个字节的位：1 个起始位;8 个数据位,最低有效位先发送;1 个奇偶校验位,无校验则无;1 个停止位(有校验时),2 个比特位(无校验时)。

（3）错误检测域：CRC(Cyclic Redundancy Check,循环冗余校验)。

6.5.3 Modbus 消息帧

两种传输模式(ASCII 或 RTU)中,传输设备可以将 Modbus 消息转换为有起点和终点的帧,这就允许接收的设备在消息起始处开始工作,读地址分配信息,判断哪个设备被选中(广播方式则传给所有设备),判断何时信息已完成。部分消息也能侦测到并且能将错误设置为返回结果。

1. ASCII 帧

使用 ASCII 模式,消息以冒号(:)字符(ASCII 码为 3AH)开始,以回车、换行符(ASCII 码为 0DH、0AH)结束。

其他域可以使用的传输字符是十六进制的 0~9、A~F。网络上的设备不断侦测冒号字符,当有一个冒号接收到时,每个设备都解码下个域(地址域)判断是否是发送给自己的。

消息中字符间发送的时间间隔最长不能超过 1s,否则接收的设备将认为传输错误。一个典型的 ASCII 消息帧如图 6-16 所示。

起始位	设备地址	功能代码	数据	LRC校验	结束符
1个字符	2个字符	2个字符	n个字符	2个字符	2个字符

图 6-16 ASCII 消息帧

2. RTU 帧

使用 RTU 模式,消息发送至少要以 3.5 个字符时间的停顿间隔开始。在网络波特率下设置多个字符时间(如图 6-17 中的 T1-T2-T3-T4),这是最容易实现的。传输的第 1 个域是设备地址,可以使用的传输字符是十六进制的 0~9、A~F。网络设备不断侦测网络总线,包括停顿间隔时间。当第 1 个域(地址域)接收到,每个设备都进行解码以判断是否是发送给自己的。在最后一个传输字符之后,一个至少 3.5 个字符时间的停顿标注了消息的结束,一个新的消息可在此停顿后开始传输。

整个消息帧必须作为一个连续的流进行传输。如果在帧完成之前有超过 1.5 个字符的停顿时间,接收设备将刷新不完整的消息并假定下一字节是一个新消息的地址域。同样地,如果一个新消息在小于 3.5 个字符时间内接着前一个消息开始,接收的设备将认为它是前一个消息的延续。这将导致一个错误,因为在最后的 CRC 域的值不可能是正确的。一个典型的 RTU 消息帧如图 6-17 所示。

起始位	设备地址	功能代码	数据	CRC校验	结束符
T1-T2-T3-T4	8b	8b	$n×8b$	16b	T1-T2-T3-T4

图 6-17 RTU 消息帧

3. 地址域

消息帧的地址域包含两个字符(ASCII)或 8b(RTU)。允许的从设备地址为 0~247(十进制)。单个从设备的地址范围为 1~247。主设备通过将从设备的地址放入消息中的地址域选通从设备。当从设备发送响应消息时,它把自己的地址放入响应的地址域中,以便主设备知道是哪个设备作出的响应。

地址 0 用作广播地址,以使所有从设备都能识别。当 Modbus 协议用于更高级的网络时,广播可能不允许或以其他方式代替。

4. 功能域

消息帧中的功能代码域包含了两个字符(ASCII)或 8b(RTU)。允许的代码范围为十进制的 1~255。当然,有些代码是适用于所有控制器的,有些只适用于某种控制器,还有些保留以备后用。

当消息从主设备发往从设备时,功能代码域将告知从设备需要执行哪些动作,如读取输入的开关状态、读一组寄存器的数据内容、读从设备的诊断状态、允许调入/记录/校验在从设备中的程序等。

当从设备响应时,它使用功能代码域指示是正常响应(无误)还是有某种错误发生(称作异常响应)。对于正常响应,从设备仅响应相应的功能代码;对于异常响应,从设备返回一个在正常功能代码的最高位置 1 的代码。

例如,一个主设备发往从设备的消息要求读一组保持寄存器,将产生以下功能代码。

00000011(十六进制 03H)

对于正常响应,从设备仅响应同样的功能代码。对于异常响应,返回以下功能代码。

10000011(十六进制 83H)

除功能代码因异常错误作了修改外,从设备将一个特殊的代码放到响应消息的数据域中,这能告诉主设备发生了什么错误。

主设备应用程序得到异常的响应后,典型的处理过程是重发消息,或者诊断发给从设备的消息并报告给操作员。

5. 数据域

数据域是由两位十六进制数构成的,范围为 00H~FFH。根据网络传输模式,数据域可以由一对 ASCII 字符组成或由一个 RTU 字符组成。

主设备发给从设备消息的数据域包含附加的信息,从设备必须采用该信息执行由功能代码所定义的动作,包括不连续的寄存器地址、要处理项目的数量、域中实际数据字节数等。

例如,如果主设备需要从从设备读取一组保持寄存器(功能代码为 03H),数据域指定了起始寄存器以及要读的寄存器数量。如果主设备写一组从设备的寄存器(功能代码为 10H),数据域则指明了要写的起始寄存器以及要写的寄存器数量、数据域的数据字节数、要写入寄存器的数据。

如果没有错误发生,从从设备返回的数据域包含请求的数据。如果有错误发生,数据域包含一个异常代码,主设备应用程序可以用来判断采取的下一步动作。

在某种消息中数据域可以是不存在的(长度为 0)。例如,主设备要求从设备响应通信事件记录(功能代码为 0BH),从设备不需任何附加的信息。

6. 错误检测域

标准的 Modbus 网络有两种错误检测方法,错误检测域的内容与所选的传输模式有关。

1) ASCII

当选用 ASCII 模式作字符帧时,错误检测域包含两个 ASCII 字符。这是使用 LRC 方法对消息内容计算得出的,不包括开始的冒号及回车、换行符。LRC 字符附加在回车、换行符前面。

2) RTU

当选用 RTU 模式作字符帧时,错误检测域包含一个 16 位值(用两个 8 位的字符来实现)。错误检测域的内容是通过对消息内容进行 CRC 方法得出的。CRC 域附加在消息的最后,添加时先是低字节,然后是高字节。因此,CRC 的高字节是发送消息的最后一个字节。

7. 字符的连续传输

当消息在标准的 Modbus 系列网络上传输时,每个字符或字节以如下方式发送(从左到右):最低有效位→最高有效位。

使用 ASCII 字符帧时,位顺序如图 6-18 所示。

有奇偶校验

起始位	1	2	3	4	5	6	7	奇偶位	停止位

无奇偶校验

起始位	1	2	3	4	5	6	7	停止位	停止位

图 6-18　位顺序(ASCII 字符帧)

使用 RTU 字符帧时,位顺序如图 6-19 所示。

有奇偶校验

起始位	1	2	3	4	5	6	7	8	奇偶位	停止位

无奇偶校验

起始位	1	2	3	4	5	6	7	8	停止位	停止位

图 6-19　位顺序(RTU 字符帧)

6.5.4 错误检测方法

标准的 Modbus 网络采用两种错误检测方法。奇偶校验对每个字符都可用,帧检测(LRC 或 CRC)应用于整个消息。它们都是在消息发送前由主设备产生的,从设备在接收过程中检测每个字符和整个消息帧。

退出传输前,用户要给主设备配置一个预先定义的超时时间间隔,这个时间间隔要足够长,以使任何从设备都能作出正常响应。如果从设备检测到一个传输错误,消息将不会接收,也不会向主设备作出响应。这样超时事件将触发主设备处理错误。发往不存在的从设备的消息也会产生超时。

1. 奇偶校验

用户可以配置控制器是奇校验还是偶校验,或无校验。这将决定每个字符中的奇偶校验位是如何设置的。

如果指定了奇校验或偶校验,1 的位数将算到每个字符的位数中(ASCII 模式为 7 个数据位,RTU 模式为 8 个数据位)。例如,RTU 字符帧中包含以下 8 个数据位:1 1 0 0 0 1 0 1,其中 1 的总数是 4 个。如果使用了偶校验,该帧的奇偶校验位将是 0,使 1 的个数仍是偶数(4 个);如果使用了奇校验,帧的奇偶校验位将是 1,使 1 的个数是奇数(5 个)。

如果没有指定奇偶校验,传输时就没有校验位,也不进行校验检测,将一个附加的停止位填充至要传输的字符帧中。

2. LRC 检测

使用 ASCII 模式,消息包括一个基于 LRC 方法的错误检测域。LRC 域检测消息域中除开始的冒号及结束的回车、换行符以外的内容。

LRC 域包含一个 8 位二进制数的字节。LRC 值由传输设备计算并放到消息帧中,接收设备在接收消息的过程中计算 LRC 值,并将它和接收到消息中 LRC 域中的值比较,如果两值不相等,说明有错误。

LRC 方法是将消息中的 8 位的字节连续累加,不考虑进位。

3. CRC 检测

使用 RTU 模式,消息包括一个基于 CRC 方法的错误检测域。CRC 域检测整个消息的内容。

CRC 域是两个字节,包含一个 16 位的二进制数。它由传输设备计算后加入消息中。接收设备重新计算收到消息的 CRC 值,并与接收到的 CRC 域中的值比较,如果两值不同,则有错误。

CRC 是先调入一个数值是全 1 的 16 位寄存器,然后调用一个过程将消息中连续的 8 位字节和当前寄存器中的值进行处理。仅每个字符中的 8 位数据对 CRC 有效,起始位和停止位以及奇偶校验位均无效。

CRC 产生过程中,每个 8 位字符都单独和寄存器内容相或(OR),结果向最低有效位(LSB)方向移动,最高有效位以 0 填充。LSB 被提取出来检测,如果 LSB 为 1,寄存器单独和预置的值相或;如果 LSB 为 0,则不执行。整个过程要重复 8 次。在最后一位(第 8 位)完成后,下一个 8 位字节又单独和寄存器的当前值相或。最终寄存器中的值是消息中所有字节都执行之后的 CRC 值。

将 CRC 添加到消息中时,先加入低字节,然后加入高字节。

CRC 简单函数如下。

```
unsigned short CRC16(puchMsg,usDataLen)
unsigned char * puchMsg;                          //要进行 CRC 校验的消息
unsigned short usDataLen;                         //消息中字节数
{
    unsigned char uchCRCHi = 0xFF;                //高 CRC 字节初始化
    unsigned char uchCRCLo = 0xFF;                //低 CRC 字节初始化
    unsigned uIndex;                              //CRC 循环中的索引
    while(usDataLen -- )                          //传输消息缓冲区
    {
        uIndex = uchCRCHi^ * puchMsg++;           //计算 CRC
        uchCRCHi = uchCRCLo^auchCRCHi[uIndex];
        uchCRCLo = auchCRCLo[uIndex];
    }
    return(uchCRCHi << 8|uchCRCLo);
}
/ *  CRC 高位字节值表  * /
static unsigned char auchCRCHi[] = {
0x00,0xC1,0x81,0x40,0x01,0xC0,0x80,0x41,0x01,0xC0,
0x80,0x41,0x00,0xC1,0x81,0x40,0x01,0xC0,0x80,0x41,
0x00,0xC1,0x81,0x40,0x00,0xC1,0x81,0x40,0x01,0xC0,
0x80,0x41,0x01,0xC0,0x80,0x41,0x00,0xC1,0x81,0x40,
0x00,0xC1,0x81,0x40,0x01,0xC0,0x80,0x41,0x00,0xC1,
0x81,0x40,0x01,0xC0,0x80,0x41,0x01,0xC0,0x80,0x41,
0x00,0xC1,0x81,0x40,0x01,0xC0,0x80,0x41,0x00,0xC1,
0x81,0x40,0x00,0xC1,0x81,0x40,0x01,0xC0,0x80,0x41,
0x00,0xC1,0x81,0x40,0x01,0xC0,0x80,0x41,0x01,0xC0,
0x80,0x41,0x00,0xC1,0x81,0x40,0x00,0xC1,0x81,0x40,
0x01,0xC0,0x80,0x41,0x01,0xC0,0x80,0x41,0x00,0xC1,
0x81,0x40,0x01,0xC0,0x80,0x41,0x00,0xC1,0x81,0x40,
0x00,0xC1,0x81,0x40,0x01,0xC0,0x80,0x41,0x01,0xC0,
0x80,0x41,0x00,0xC1,0x81,0x40,0x00,0xC1,0x81,0x40,
0x01,0xC0,0x80,0x41,0x00,0xC1,0x81,0x40,0x01,0xC0,
0x80,0x41,0x01,0xC0,0x80,0x41,0x00,0xC1,0x81,0x40,
0x00,0xC1,0x81,0x40,0x01,0xC0,0x80,0x41,0x01,0xC0,
0x80,0x41,0x00,0xC1,0x81,0x40,0x01,0xC0,0x80,0x41,
0x00,0xC1,0x81,0x40,0x00,0xC1,0x81,0x40,0x01,0xC0,
0x80,0x41,0x00,0xC1,0x81,0x40,0x01,0xC0,0x80,0x41,
0x01,0xC0,0x80,0x41,0x00,0xC1,0x81,0x40,0x01,0xC0,
0x80,0x41,0x00,0xC1,0x81,0x40,0x00,0xC1,0x81,0x40,
0x01,0xC0,0x80,0x41,0x01,0xC0,0x80,0x41,0x00,0xC1,
0x81,0x40,0x00,0xC1,0x81,0x40,0x01,0xC0,0x80,0x41,
0x00,0xC1,0x81,0x40,0x01,0xC0,0x80,0x41,0x01,0xC0,
0x80,0x41,0x00,0xC1,0x81,0x40
};
/ *  CRC 低位字节值表 * /
static char auchCRCLo[] = {
0x00,0xC0,0xC1,0x01,0xC3,0x03,0x02,0xC2,0xC6,0x06,
```

```
0x07,0xC7,0x05,0xC5,0xC4,0x04,0xCC,0x0C,0x0D,0xCD,
0x0F,0xCF,0xCE,0x0E,0x0A,0xCA,0xCB,0x0B,0xC9,0x09,
0x08,0xC8,0xD8,0x18,0x19,0xD9,0x1B,0xDB,0xDA,0x1A,
0x1E,0xDE,0xDF,0x1F,0xDD,0x1D,0x1C,0xDC,0x14,0xD4,
0xD5,0x15,0xD7,0x17,0x16,0xD6,0xD2,0x12,0x13,0xD3,
0x11,0xD1,0xD0,0x10,0xF0,0x30,0x31,0xF1,0x33,0xF3,
0xF2,0x32,0x36,0xF6,0xF7,0x37,0xF5,0x35,0x34,0xF4,
0x3C,0xFC,0xFD,0x3D,0xFF,0x3F,0x3E,0xFE,0xFA,0x3A,
0x3B,0xFB,0x39,0xF9,0xF8,0x38,0x28,0xE8,0xE9,0x29,
0xEB,0x2B,0x2A,0xEA,0xEE,0x2E,0x2F,0xEF,0x2D,0xED,
0xEC,0x2C,0xE4,0x24,0x25,0xE5,0x27,0xE7,0xE6,0x26,
0x22,0xE2,0xE3,0x23,0xE1,0x21,0x20,0xE0,0xA0,0x60,
0x61,0xA1,0x63,0xA3,0xA2,0x62,0x66,0xA6,0xA7,0x67,
0xA5,0x65,0x64,0xA4,0x6C,0xAC,0xAD,0x6D,0xAF,0x6F,
0x6E,0xAE,0xAA,0x6A,0x6B,0xAB,0x69,0sA9,0xA8,0x68,
0x78,0xB8,0xB9,0x79,0xBB,0x7B,0x7A,0xBA,0xBE,0x7E,
0x7F,0xBF,0x7D,0xBD,0xBC,0x7C,0xB4,0x74,0x75,0xB5,
0x77,0xB7,0xB6,0x76,0x72,0xB2,0xB3,0x73,0xB1,0x71,
0x70,0xB0,0x50,0x90,0x91,0x51,0x93,0x53,0x52,0x92,
0x96,0x56,0x57,0x97,0x55,0x95,0x94,0x54,0x9C,0x5C,
0x5D,0x9D,0x5F,0x9F,0x9E,0x5E,0x5A,0x9A,0x9B,0x5B,
0x99,0x59,0x58,0x98,0x88,0x48,0x49,0x89,0x4B,0x8B,
0x8A,0x4A,0x4E,0x8E,0x8F,0x4F,0x8D,0x4D,0x4C,0x8C,
0x44,0x84,0x85,0x45,0x87,0x47,0x46,0x86,0x82,0x42,
0x43,0x83,0x41,0x81,0x80,0x40
};
```

6.5.5　Modbus 的编程方法

由 RTU 模式消息帧格式可以看出,在完整的一帧消息开始传输时,必须和上一帧消息之间至少有 3.5 个字符时间的间隔,这样接收方在接收时才能将该帧作为一个新的数据帧进行接收。另外,在本数据帧进行传输时,帧中传输的每个字符之间必须不能超过 1.5 个字符时间的间隔,否则本帧将被视为无效帧。但接收方将继续等待和判断下一次 3.5 个字符的时间间隔之后出现的新一帧并进行相应的处理。

因此,在编程时首先要考虑 1.5 个字符时间和 3.5 个字符时间的设定和判断。

1. 字符时间的设定

在 RTU 模式中,1 个字符时间是指按照用户设定的波特率传输 1 字节所需要的时间。

例如,当传输波特率为 2400b/s 时,1 个字符时间为 $11 \times 1/2400 \approx 0.004583s = 4583\mu s$;同样,可得出 1.5 个字符时间和 3.5 个字符时间分别为 $6875\mu s$ 和 $16041\mu s$。

为了节省定时器,在设定这两个时间段时可以使用同一个定时器,定时时间取为 1.5 个字符时间和 3.5 个字符时间的最大公约数,即 0.5 个字符时间,同时设定两个计数器变量分别为 m 和 n,用户可以在需要开始启动时间判断时将 m 和 n 清零。而在定时器的中断服务程序中,只需要对 m 和 n 分别作加 1 运算,并判断是否累加到 3 和 7。当 $m=3$ 时,说明 1.5 个字符时间已到,此时可以将 1.5 个字符时间已到标志 T15FLG 置为 01H,并将 m 重新清零;当 $n=7$ 时,说明 3.5 个字符时间已到,此时将 3.5 个字符时间已到标志 T35FLG 置为 01H,并

将 n 重新清零。波特率从 1200b/s 至 19200b/s，定时器定时时间均采可用此方法计算而得。

当波特率为 38400b/s 时，Modbus 通信协议推荐此时 1 个字符时间为 $500\mu s$，即定时器定时时间为 $250\mu s$。

2. 数据帧接收的编程方法

在实现 Modbus 通信时，设每个字节的一帧信息需要 11 位：1 位起始位＋8 位数据位＋2 位停止位，无校验位。通过串行口的中断接收数据，中断服务程序每次只接收并处理一字节数据，并启动定时器实现时序判断。

在接收新一帧数据时，接收完第 1 个字节之后，置一个帧标志（FLAG）为 0AAH，表明当前存在一个有效帧正在接收，在接收该帧的过程中，一旦出现时序不对，则将帧标志（FLAG）置为 55H，表示当前存在的帧为无效帧。其后，接收到本帧的剩余字节仍然放入接收缓冲区，但 FLAG 不再改变，直至接收到 3.5 字符时间间隔后的新一帧数据的第 1 个字节，主程序即可根据 FLAG 判断当前是否有有效帧需要处理。

Modbus 数据串行口接收中断服务程序如图 6-20 所示。

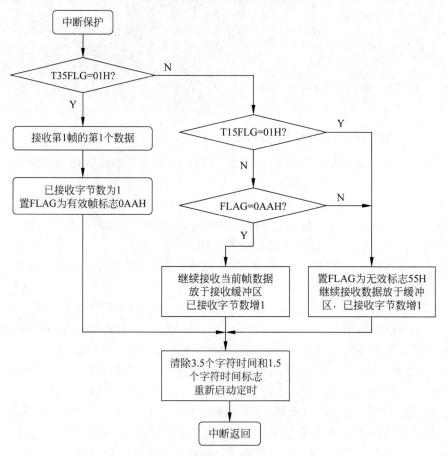

图 6-20　Modbus 数据串行口接收中断服务程序

6.6 PMM2000 电力网络仪表 Modbus-RTU 通信协议

PMM2000 电力网络仪表 Modbus-RTU 通信协议详细介绍如下。

6.6.1 串口初始化参数

(1) 串行通信方式：2 个停止位，8 个数据位，无校验位，RS-485 Modbus RTU。

(2) 波特率支持：1200b/s、2400b/s、4800b/s、9600b/s、19200b/s、38400b/s。

(3) 默认地址：0x06。

(4) 波特率：9600b/s。

6.6.2 开关量输入

功能号：0x02。

1. 开关量发送数据

开关量输入 0x02 命令发送数据格式如图 6-21 所示。

地址（1字节）	功能号（1字节）	开始地址（2字节）	读取路数（2字节）	校验和（2字节）
0x06	0x02	从0x0000开始	N	CRC16

图 6-21 开关量输入 0x02 命令发送数据格式

2. 开关量正常响应数据

开关量输入 0x02 命令正常响应数据格式如图 6-22 所示。

地址（1字节）	功能号（1字节）	字节数（1字节）	状态值（N字节）	校验和（2字节）
0x06	0x02	N^*		CRC16

图 6-22 开关量输入 0x02 命令正常响应数据格式

注意：图 6-22 中，如果 $N/8$ 余数为 0，则 $N^* = N/8$，否则 $N^* = N/8+1$。

3. 示例

(1) 读取当前开关量输入状态(DI1~DI4)，共 4 路，其中 DI1=1，DI4=1(闭合)；DI2=0，DI3=0(断开)。读到的数据应为 09H，即 0000 1001。

主机发送数据：06 02 00 00 00 04 CRC CRC

从机正常响应数据：06 02 01 09 CRC CRC

上传数据中，09H 为 DI1~DI4 状态，Bit0~Bit3 对应 DI1~DI4。

(2) 读取当前开关量输入状态(DI1~DI16)，共 16 路，其中 DI1=1，DI4=1(闭合)；DI8=1(闭合)；DI9=1，DI11=1(闭合)，其余断开。读到的数据应为 05H 89H，即 0000 0101 1000 1001。

主机发送数据：06 02 00 00 00 0C CRC CRC

从机正常响应数据：06 02 02 05 89 CRC CRC

上传数据中，89H 为 DI1～DI8 状态，Bit0～Bit7 对应 DI1～DI8；05H 为 DI9～DI12 状态，Bit0～Bit3 对应 DI9～DI12。

6.6.3 继电器控制

继电器地址从 0x0000 开始。

功能号：0x05。

输出值：FF00 为控制继电器"合"；0000 为控制继电器"开"。

1．继电器控制发送数据

继电器输出 0x05 命令发送数据格式如图 6-23 所示。

地址（1字节）	功能号（1字节）	输出地址（2字节）	输出值（2字节）	校验和（2字节）
0x06	0x05	从0x0000开始	0x0000或0xFF00	CRC16

图 6-23　继电器输出 0x05 命令发送数据格式

2．继电器控制正常响应数据

继电器输出 0x05 命令正常响应数据格式如图 6-24 所示。

地址（1字节）	错误代码（1字节）	错误值（1字节）	校验和（2字节）
0x06	0x80+功能码	01、02、03或04	CRC16

图 6-24　继电器输出 0x05 命令正常响应数据格式

3．示例

继电器 2 当前为"开"状态，控制继电器 2 输出"合"状态。

主机发送数据：06 05 00 01 FF 00 CRC CRC

如果控制继电器成功，则返回数据同发送数据。

6.6.4 错误处理

错误响应数据格式如图 6-25 所示。

地址（1字节）	错误代码（1字节）	错误值（1字节）	校验和（2字节）
0x06	0x80+功能码	01、02、03或04	CRC16

图 6-25　错误响应数据格式

图 6-25 的错误值中，01 为无效的功能码；02 为无效的数据地址；03 为无效的数据值；04 为执行功能码失败。

6.6.5　读取标准电力参数

功能号：0x04。

1．读取标准电力参数发送数据

读取标准电力参数 0x04 命令发送数据格式如图 6-26 所示。

地址（1字节）	功能号（1字节）	开始地址（2字节）	数据长度（2字节）	校验和（2字节）
0x06	0x04	从0x0000开始	N（N为读取寄存器个数）	CRC16

图 6-26　读取标准电力参数 0x04 命令发送数据格式

2．读取标准电力参数正常响应数据

读取标准电力参数 0x04 命令正常响应数据格式如图 6-27 所示。

地址（1字节）	功能号（1字节）	字节数（1字节）	寄存器值（2N字节）	校验和（2字节）
0x06	0x04	2N		CRC16

图 6-27　读取标准电力参数 0x04 命令正常响应数据格式

3．示例

所有参数全部上传(三相四线)。

上位机发送数据：06 04 00 00 00 36 CRC CRC

从机正常响应数据：06 04 6C…CRC CRC

PMM2000 电力网络仪表 Modbus-RTU 通信协议寄存器地址表如表 6-3 所示。

表 6-3　PMM2000 电力网络仪表 Modbus-RTU 通信协议寄存器地址表

参　　　数	寄存器地址	说　　　明		字　节　数
CT 比	0000H			2
VT 比	0001H			2
仪表信息	0002H	仪表信息　SYS_INFO		2
		设定信息　CFG_INFO		
继电器和总报警状态	0003H	总报警状态　RL_FLG		2
		继电器状态　RL_STATUS		
报警状态	0004H	报警状态 2　RL_FLG2		2
		报警状态 1　RL_FLG1		
功率状态	0005H	功率符号　PQ_FLG		2
		0x00		
A 相电流（整数）	0006H	二次侧值,单位为 0.001A		2
B 相电流（整数）	0007H	二次侧值,单位为 0.001A		2
C 相电流（整数）	0008H	二次侧值,单位为 0.001A		2
中相电流（整数）	0009H	二次侧值,单位为 0.001A		2

续表

参　数	寄存器地址	说　明	字节数
A 相电压(整数)	000AH	一次侧值,单位为 0.1V	2
B 相电压(整数)	000BH	一次侧值,单位为 0.1V	2
C 相电压(整数)	000CH	一次侧值,单位为 0.1V	2
AB 线电压(整数)	000DH	一次侧值,单位为 0.1V	2
BC 线电压(整数)	000EH	一次侧值,单位为 0.1V	2
CA 线电压(整数)	000FH	一次侧值,单位为 0.1V	2
频率	0010H	实际值=上传值/100	2
功率因数	0011H	一个字节整数,一个字节小数 有符号,高位为符号位 (0 为正,1 为负)	2
有功功率(整数高)	0012H	有符号,高位为符号位 (0 为正,1 为负)	4
有功功率(整数低)	0013H		
无功功率(整数高)	0014H	有符号,高位为符号位 (0 为正,1 为负)	4
无功功率(整数低)	0015H		
视在功率(整数高)	0016H		4
视在功率(整数低)	0017H		
总电能	0018H	BCD 码	4
	0019H		
总无功电能	001AH	BCD 码	4
	001BH		
A 相电能	001CH	BCD 码	4
	001DH		
B 相电能	001EH	BCD 码	4
	001FH		
C 相电能	0020H	BCD 码	4
	0021H		
A 相电流基波(整数)	0022H	二次侧值,单位为 0.001A	2
B 相电流基波(整数)	0023H	二次侧值,单位为 0.001A	2
C 相电流基波(整数)	0024H	二次侧值,单位为 0.001A	2
A 相电流 THD(整数)	0025H	单位为 0.1%	2
B 相电流 THD(整数)	0026H	单位为 0.1%	2
C 相电流 THD(整数)	0027H	单位为 0.1%	2
A 相电压基波(整数)	0028H	一次侧值,单位为 0.1V	2
B 相电压基波(整数)	0029H	一次侧值,单位为 0.1V	2
C 相电压基波(整数)	002AH	一次侧值,单位为 0.1V	2
A 相电压 THD(整数)	002BH	单位为 0.1%	2
B 相电压 THD(整数)	002CH	单位为 0.1%	2

续表

参　　数	寄存器地址	说　　　明	字　节　数
C 相电压 THD(整数)	002DH	单位为 0.1%	2
DIDO 状态	002EH	DIDO_VALUE1	2
		DIDO_VALUE2	
RESERVED	002FH	保留寄存器	2
A 相有功功率(整数高)	0030H	有符号,高位为符号位	4
A 相有功功率(整数低)	0031H	(0 为正,1 为负)	
B 相有功功率(整数高)	0032H	有符号,高位为符号位	4
B 相有功功率(整数低)	0033H	(0 为正,1 为负)	
C 相有功功率(整数高)	0034H	有符号,高位为符号位	4
C 相有功功率(整数低)	0035H	(0 为正,1 为负)	
A 相无功功率(整数高)	0036H	有符号,高位为符号位	4
A 相无功功率(整数低)	0037H	(0 为正,1 为负)	
B 相无功功率(整数高)	0038H	有符号,高位为符号位	4
B 相无功功率(整数低)	0039H	(0 为正,1 为负)	
C 相无功功率(整数高)	003AH	有符号,高位为符号位	4
C 相无功功率(整数低)	003BH	(0 为正,1 为负)	
A 相视在功率(整数高)	003CH		4
A 相视在功率(整数低)	003DH		
B 相视在功率(整数高)	003EH		4
B 相视在功率(整数低)	003FH		
C 相视在功率(整数高)	0040H		4
C 相视在功率(整数低)	0041H		
A 相功率因数	0042H	一个字节整数,一个字节小数 有符号,高位为符号位 (0 为正,1 为负)	2
B 相功率因数	0043H	一个字节整数,一个字节小数 有符号,高位为符号位 (0 为正,1 为负)	2
C 相功率因数	0044H	一个字节整数,一个字节小数 有符号,高位为符号位 (0 为正,1 为负)	2
A 相总无功电能	0045H	BCD 码	4
	0046H		
B 相总无功电能	0047H	BCD 码	4
	0048H		
C 相总无功电能	0049H	BCD 码	4
	004AH		

第 7 章　SPI 与铁电存储器接口应用实例

本章将讲述 SPI 与铁电存储器接口应用实例,包括 STM32 的 SPI 通信原理、STM32F103 的 SPI 工作原理和 STM32 的 SPI 与铁电存储器接口应用实例。

7.1　STM32 的 SPI 通信原理

实际生产生活中,有些系统的功能无法完全通过 STM32 的片上外设实现,如 16 位及以上的 A/D 转换器、温/湿度传感器、大容量 EEPROM 或 Flash、大功率电机驱动芯片、无线通信控制芯片等。此时,只能通过扩展特定功能的芯片实现这些功能。另外,有的系统需要两个或两个以上的主控器(STM32 或 FPGA),而这些主控器之间也需要通过适当的芯片间通信方式实现通信。

常见的系统内通信方式有并行和串行两种。并行方式指同一时刻在嵌入式处理器和外围芯片之间传递多位数据;串行方式则是指每个时刻传递的数据只有一位,需要通过多次传递才能完成一字节的传输。并行方式具有传输速度快的优点,但连线较多,且传输距离较近;串行方式虽然较慢,但连线较少,且传输距离较远。早期的 MCS-51 单片机只集成了并行接口,但人们发现在实际应用中对于可靠性、体积和功耗要求较高的嵌入式系统,串行通信更加实用。

串行通信可以分为同步串行通信和异步串行通信两种。它们的不同点在于判断一个数据位结束,另一个数据位开始的方法。同步串行端口通过另一个时钟信号判断数据位的起始时刻。在同步通信中,这个时钟信号被称为同步时钟,如果失去了同步时钟,同步通信将无法完成。异步通信则通过时间判断数据位的起始,即通信双方约定一个相同的时间长度作为每个数据位的时间长度(这个时间长度的倒数称为波特率)。当某位的时间到达后,发送方就开始发送下一位数据,而接收方也把下一时刻的数据存放到下一个数据位的位置。在使用中,同步串行端口虽然比异步串行端口多一根时钟信号线,但由于无需计时操作,同步串行接口硬件结构比较简单,且通信速度比异步串行接口快得多。

根据在实际嵌入式系统中的重要程度,本书将分别在后续章节中介绍 SPI 模式和 I2C 模式两种同步串行接口的使用方法。

7.1.1 SPI 概述

串行外设接口(SPI)是由美国摩托罗拉公司提出的一种高速全双工串行同步通信接口,首先出现在 M68HC 系列处理器中,由于其简单方便、成本低廉、传输速度快,被其他半导体厂商广泛使用,从而成为事实上的标准。

SPI 与 USART 相比,其数据传输速度要快得多,因此它被广泛地应用于微控制器与 ADC、LCD 等设备的通信,尤其是高速通信的场合。微控制器还可以通过 SPI 组成一个小型同步网络进行高速数据交换,完成较复杂的工作。

作为全双工同步串行通信接口,SPI 采用主/从模式(Master/Slave),支持一个或多个从设备,能够实现主设备和从设备之间的高速数据通信。

SPI 具有硬件简单、成本低廉、易于使用、传输数据速度快等优点,适用于成本敏感或高速通信的场合。但 SPI 也存在无法检查纠错、不具备寻址能力和接收方没有应答信号等缺点,不适合复杂或可靠性要求较高的场合。

SPI 是同步全双工串行通信接口。由于同步,SPI 有一根公共的时钟线;由于全双工,SPI 至少有两根数据线实现数据的双向同时传输;由于串行,SPI 收发数据只能一位一位地在各自的数据线上传输,因此最多只有两根数据线,即一根发送数据线和一根接收数据线。由此可见,SPI 在物理层体现为 4 根信号线,分别是 SCK、MOSI、MISO 和 SS。

(1) SCK(Serial Clock)即时钟线,由主设备产生。不同的设备支持的时钟频率不同。但每个时钟周期可以传输一位数据,经过 8 个时钟周期,一个完整的字节数据就传输完成了。

(2) MOSI(Master Output Slave Input)即主设备数据输出/从设备数据输入线。这根信号线的方向是从主设备到从设备,即主设备从这根信号线发送数据,从设备从这根信号线接收数据。有的半导体厂商(如 Microchip 公司)站在从设备的角度,将其命名为 SDI。

(3) MISO(Master Input Slave Output)即主设备数据输入/从设备数据输出线。这根信号线的方向是由从设备到主设备,即从设备从这根信号线发送数据,主设备从这根信号线接收数据。有的半导体厂商(如 Microchip 公司)站在从设备的角度,将其命名为 SDO。

(4) SS(Slave Select)有时也叫 CS(Chip Select),即 SPI 从设备选择信号线,当有多个 SPI 从设备与 SPI 主设备相连(即一主多从)时,SS 用来选择激活指定的从设备,由 SPI 主设备(通常是微控制器)驱动,低电平有效。当只有一个 SPI 从设备与 SPI 主设备相连(即一主一从)时,SS 并不是必需的。因此,SPI 也被称为三线同步通信接口。

除了 SCK、MOSI、MISO 和 SS 这 4 根信号线外,SPI 还包含一个串行移位寄存器,如图 7-1 所示。

SPI 主设备向它的 SPI 串行移位寄存器写入 1 字节发起一次传输,该寄存器通过 MOSI 数据线一位一位地将字节传送给 SPI 从设备;与此同时,SPI 从设备也将自己的 SPI 串行移位寄存器中的内容通过 MISO 数据线返回给主设备。这样,SPI 主设备和 SPI 从设备的两个数据寄存器中的内容相互交换。需要注意的是,对从设备的写操作和读操作是同步完

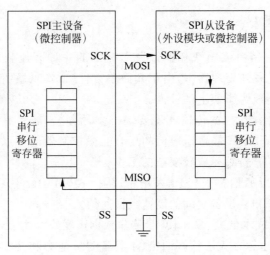

图 7-1　SPI 组成

成的。

　　如果只进行 SPI 从设备写操作(即 SPI 主设备向 SPI 从设备发送 1 字节数据),忽略收到字节即可;反之,如果要进行 SPI 从设备读操作(即 SPI 主设备要读取 SPI 从设备发送的1 字节数据),则 SPI 主设备发送一个空字节触发从设备的数据传输。

7.1.2　SPI 互连

　　SPI 主要有一主一从和一主多从两种互连方式。

1. 一主一从

　　在一主一从的 SPI 互连方式下,只有一个 SPI 主设备和一个 SPI 从设备进行通信。这种情况下,只需要分别将主设备的 SCK、MOSI、MISO 和从设备的 SCK、MOSI、MISO 直接相连,并将主设备的 SS 置为高电平,从设备的 SS 接地(置为低电平,片选有效,选中该从设备)即可,如图 7-2 所示。

　　值得注意的是,USART 互连时,通信双方 USART 的两根数据线必须交叉连接,即一端的 TxD 必须与另一端的 RxD 相连;对应地,一端的 RxD 必须与另一端的 TxD 相连。而当 SPI 互连时,主设备和从设备的两根数据线必须直接相连,即主设备的 MISO 与从设备的 MISO 相连,主设备的 MOSI 与从设备的 MOSI 相连。

2. 一主多从

　　在一主多从的 SPI 互连方式下,一个 SPI 主设备可以和多个 SPI 从设备相互通信。这种情况下,所有 SPI 设备(包括主设备和从设备)共享时钟线和数据线,即 SCK、MOSI、MISO 这 3 根线,并在主设备端使用多个 GPIO 引脚选择不同的 SPI 从设备,如图 7-3 所示。显然,在多个从设备的 SPI 互连方式下,片选信号 SS 必须对每个从设备分别进行选通,增加了连接的难度和连接的数量,失去了串行通信的优势。

　　需要特别注意的是,在多个从设备的 SPI 的系统中,由于时钟线和数据线为所有 SPI 设

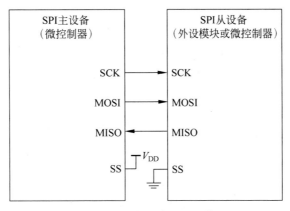

图 7-2　一主一从 SPI 互连

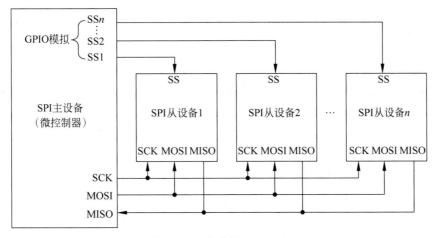

图 7-3　一主多从 SPI 互连

备共享,因此在同一时刻只能有一个从设备参与通信。而且,当主设备与其中一个从设备进行通信时,其他从设备的时钟和数据线都应保持高阻态,以免影响当前数据的传输。

7.2　STM32F103 的 SPI 工作原理

串行外设接口(SPI)允许芯片与外部设备以半/全双工、同步、串行方式通信。此接口可以被配置成主模式,并为外部从设备提供通信时钟(SCK),接口还能以多主的配置方式工作。它可用于多种用途,包括使用一根双向数据线的双线单工同步传输,还可使用 CRC 的可靠通信。

7.2.1　SPI 主要特征

STM32F103 微控制器的小容量产品有一个 SPI,中等容量产品有两个 SPI,大容量产品则有 3 个 SPI。

STM32F103 微控制器的 SPI 主要具有以下特征。

（1）3 线全双工同步传输。

（2）带或不带第 3 根双向数据线的双线单工同步传输。

（3）8 位或 16 位传输帧格式选择。

（4）主或从操作。

（5）支持多主模式。

（6）8 个主模式波特率预分频系数（最大为 $f_{\text{PCLK}/2}$）。

（7）从模式频率最大为 $f_{\text{PCLK}/2}$。

（8）主模式和从模式的快速通信。

（9）主模式和从模式下均可以由软件或硬件进行 NSS 管理；主/从操作模式的动态改变。

（10）可编程的时钟极性和相位。

（11）可编程的数据顺序，MSB 在前或 LSB 在前。

（12）可触发中断的专用发送和接收标志。

（13）SPI 总线忙状态标志。

（14）支持可靠通信的硬件 CRC。在发送模式下，CRC 值可以被作为最后 1 字节发送；在全双工模式下，对接收到的最后 1 字节自动进行 CRC。

（15）可触发中断的主模式故障、过载以及 CRC 错误标志。

（16）支持 DMA 功能的 1 字节发送和接收缓冲器；产生发送和接受请求。

7.2.2　SPI 内部结构

STM32F103 微控制器的 SPI 主要由波特率发生器、收发控制和数据存储转移 3 部分组成，内部结构如图 7-4 所示。波特率发生器用来产生 SPI 的 SCK 时钟信号；收发控制主要由控制寄存器组成；数据存储转移主要由移位寄存器、接收缓冲区和发送缓冲区等构成。

通常 SPI 通过以下 4 个引脚与外部器件相连。

（1）MISO：主设备输入/从设备输出引脚。该引脚在从模式下发送数据，在主模式下接收数据。

（2）MOSI：主设备输出/从设备输入引脚。该引脚在主模式下发送数据，在从模式下接收数据。

（3）SCK：串口时钟，作为主设备的输出、从设备的输入。

（4）NSS：从设备选择。这是一个可选的引脚，它的功能是作为片选引脚，让主设备可以单独地与特定从设备通信，避免数据线上的冲突。

1. 波特率控制

波特率发生器可产生 SPI 的 SCK 时钟信号。波特率预分频系数为 2、4、8、16、32、64、128 或 256。通过设置波特率控制位（BR）可以控制 SCK 的输出频率，从而控制 SPI 的传输速率。

2. 收发控制

收发控制由若干个控制寄存器组成，如 SPI 控制寄存器 SPI_CR1、SPI_CR2 和 SPI 状

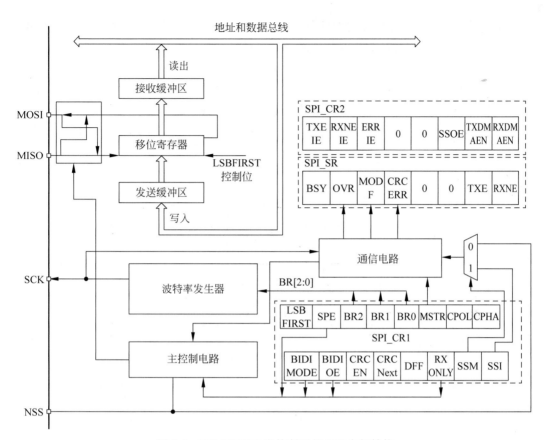

图 7-4 STM32F103 微控制器的 SPI 内部结构

态寄存器 SPI_SR 等。

SPI_CR1 寄存器主控收发电路,用于设置 SPI 的协议,如时钟极性、相位和数据格式等。

SPI_CR2 寄存器用于设置各种 SPI 中断使能,如使能 TXE 的 TXEIE 和 RXNE 的 RXNEIE 等。

通过 SPI_SR 寄存器中的各个标志位可以查询 SPI 当前的状态。

SPI 的控制和状态查询可以通过库函数实现。

3. 数据存储转移

数据存储转移如图 7-4 的左上部分所示,主要由移位寄存器、接收缓冲区和发送缓冲区等构成。

移位寄存器与 SPI 的 MISO 和 MOSI 引脚连接。一方面,将从 MISO 接收到的数据位根据数据格式及顺序经串/并转换后转发到接收缓冲区;另一方面,将从发送缓冲区接收到的数据根据数据格式及顺序经并/串转换后逐位从 MOSI 发送出去。

7.2.3 时钟信号的相位和极性

SPI_CR 寄存器的 CPOL 和 CPHA 位能够组合成 4 种可能的时序关系。CPOL(时钟极性)位控制在没有数据传输时时钟的空闲状态电平,此位对主模式和从模式下的设备都有效。如果 CPOL 被清零,SCK 引脚在空闲状态保持低电平;如果 CPOL 被置 1,SCK 引脚在空闲状态保持高电平。

如图 7-5 所示,如果 CPHA(时钟相位)位被清零,数据在 SCK 时钟的奇数(第 1,3,5,… 个)跳变沿(CPOL=0 时就是上升沿,CPOL=1 时就是下降沿)进行数据位的存取,数据在 SCK 时钟偶数(第 2,4,6,… 个)跳变沿(CPOL=0 时就是下降沿,CPOL=1 时就是上升沿)准备就绪。

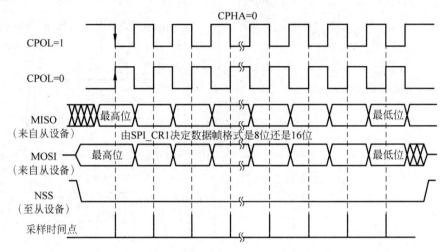

图 7-5　CPHA＝0 时的 SPI 时序图

如图 7-6 所示,如果 CPHA(时钟相位)位被置 1,数据在 SCK 时钟的偶数(第 2,4,6,… 个)跳变沿(CPOL=0 时就是下降沿,CPOL=1 时就是上升沿)进行数据位的存取,数据在 SCK 时钟奇数(第 1,3,5,… 个)跳变沿(CPOL=0 时就是上升沿,CPOL=1 时就是下降沿)准备就绪。

CPOL(时钟极性)和 CPHA(时钟相位)的组合选择数据捕捉的时钟边沿。图 7-5 和图 7-6 显示了 SPI 传输的 4 种 CPHA 和 CPOL 位组合,可以解释为主设备和从设备的 SCK、MISO、MOSI 引脚直接连接的主/从时序图。

7.2.4　数据帧格式

根据 SPI_CR1 寄存器的 LSBFIRST 位,输出数据位时可以 MSB 在先,也可以 LSB 在先。

根据 SPI_CR1 寄存器的 DFF 位,每个数据帧可以是 8 位或 16 位。所选择的数据帧格式决定发送/接收的数据长度。

7.2.5　配置 SPI 为主模式

当 SPI 为主模式时,在 SCK 引脚产生串行时钟。

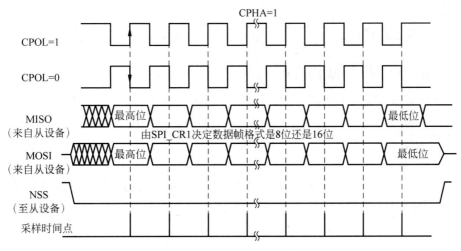

图 7-6　CPHA＝1 时的 SPI 时序图

按照以下步骤配置 SPI 为主模式。

1．配置步骤

（1）设置 SPI_CR1 寄存器的 BR［2:0］位，定义串行时钟波特率。

（2）选择 CPOL 和 CPHA 位，定义数据传输和串行时钟间的相位关系。

（3）设置 DFF 位，定义 8 位或 16 位数据帧格式。

（4）配置 SPI_CR1 寄存器的 LSBFIRST 位，定义帧格式。

（5）如果需要 NSS 引脚工作在输入模式，硬件模式下，在整个数据帧传输期间应把 NSS 引脚连接到高电平；在软件模式下，需设置 SPI_CR1 寄存器的 SSM 位和 SSI 位。如果 NSS 引脚工作在输出模式，则只需设置 SSOE 位。

（6）必须设置 MSTR 位和 SPE 位（只有当 NSS 引脚被连到高电平时这些位才能保持置位）。在这个配置中，MOSI 引脚是数据输出，MISO 引脚是数据输入。

2．数据发送过程

当写入数据至发送缓冲器时，发送过程开始。

发送第 1 个数据位时，数据被并行地（通过内部总线）存入移位寄存器，而后串行地移出到 MOSI 引脚上。

数据从发送缓冲器传输到移位寄存器时，TXE 标志将被置位。如果设置了 SPI_CR1 寄存器中的 TXEIE 位，将产生中断。

3．数据接收过程

对于接收器，当数据传输完成时，传送移位寄存器中的数据到接收缓冲器，并且 RXNE 标志被置位。如果设置了 SPI_CR2 寄存器中的 RXNEIE 位，则产生中断。

在最后一个采样时钟沿，RXNE 位被置位，在移位寄存器中接收到的数据被传送到接收缓冲器。读 SPI_DR 寄存器时，SPI 设备返回接收缓冲器中的数据。读 SPI_DR 寄存器将清除 RXNE 位。

7.3 STM32 的 SPI 与铁电存储器接口应用实例

7.3.1 STM32 的 SPI 配置流程

SPI 是一种串行同步通信协议,由一个主设备和一个或多个从设备组成,主设备启动一个与从设备的同步通信,从而完成数据的交换。该总线大量用在 Flash、ADC、RAM 和显示驱动器之类的慢速外设器件中。因为不同的器件通信命令不同,这里具体介绍 STM32 的 SPI 配置方法,关于具体器件,请参考相关说明书。

SPI 配置流程如图 7-7 所示,主要包括开启时钟、相关引脚配置和 SPI 工作模式设置。其中,GPIO 配置需将 SPI 器件片选设置为高电平,将 SCK、MISO、MOSI 设置为复用功能。

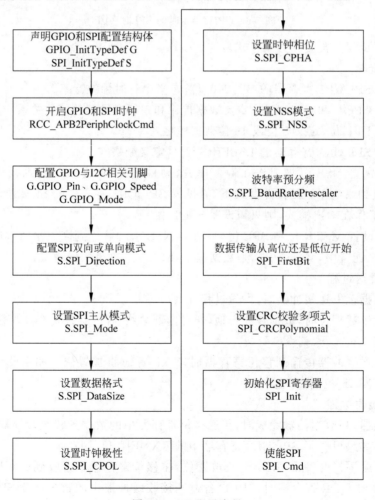

图 7-7 SPI 配置流程

配置完成后,可根据器件功能和命令进行读写操作。

7.3.2　SPI与铁电存储器接口的硬件设计

MB85RS256 是由富士通(FUJITSU)公司生产的一种配置为 32768 字×8 位的铁电存储器(Ferroelectric Random Access Memory,FRAM)芯片,采用铁电工艺和硅栅 CMOS 工艺技术形成非易失性存储单元。MB85RS256 采用 SPI,能够在不使用备用电池的情况下保留数据,这正是 SRAM 所需要的。MB85RS256 中使用的存储单元可用于 10^{12} 次读/写操作,这是对 Flash 和 EEPROM 支持的读和写操作数量的显著改进。MB85RS256 不像闪存或 EEPROM 那样需要很长时间写入数据,并且不需要等待时间。

MB85RS256 主要特点如下。

(1) 位配置:32768 字×8 位。

(2) 串行外围接口:对应于 SPI 模式 0(0,0)和模式 3(1,1)。

(3) 工作频率:20MHz(最大)。

(4) 高耐久性:每字节 1 万亿次读/写。

(5) 数据保存:10 年(+85℃)、95 年(+55℃)、200 年以上(+35℃)。

(6) 工作电源电压:2.7~3.6V。

(7) 低功耗:工作电源电流为 1.5 mA(Typ@20MHz),备用电流为 5μA(典型值)。

(8) 工作环境温度:-40~85℃。

(9) 封装:符合 RoHS 标准的 8 针塑料 SOP(FPT-8P-M02)和 8 针塑料 SON(LCC-8P-M04)。

MB85RS256 可以用于仪器仪表、智能设备、电表、工业控制等产品中,可以取代 RAMTRAN 公司生产的 FM25L256。

MB85RS16 为富士通(FUJITSU)公司生产的 2048 字× 8 位 FRAM,可以取代 RAMTRAN 公司生产的 FM25L04。

MB85RS256 与 STM32F103 接口电路如图 7-8 所示。

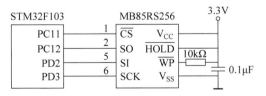

图 7-8　MB85RS256 与 STM32F103 接口电路

7.3.3　SPI与铁电存储器接口的软件设计

编程要点如下。

（1）初始化通信使用的目标引脚及端口时钟。

（2）使能 SPI 外设的时钟。

（3）配置 SPI 外设的模式、地址、速率等参数并使能 SPI 外设。

（4）编写基本 SPI 按字节收发的函数。

（5）编写读写操作的函数。

（6）编写测试程序，对读写数据进行校验。

SPI 与铁电存储器接口的程序清单可参照本书数字资源的程序代码。

第8章

I2C 与日历时钟接口
应用实例

本章将讲述 I2C 与日历时钟接口应用实例,包括 STM32 的 I2C 通信原理、STM32F103 的 I2C 接口和 STM32 的 I2C 与日历时钟接口应用实例。

8.1 STM32 的 I2C 通信原理

I2C 总线是原 Philips 公司推出的一种用于 IC 器件之间连接的 2 线制串行扩展总线, 它通过两根信号线(串行数据线 SDA、串行时钟线 SCL)在连接到总线上的器件之间传输数据,所有连接在 I2C 总线上的器件都可以工作于发送方式或接收方式。

I2C 总线主要用来连接整体电路,是一种多向控制总线,也就是说,多个芯片可以连接到同一总线结构下,同时每个芯片都可以作为实时数据传输的控制源。这种方式简化了信号传输总线接口。

8.1.1 I2C 控制器概述

I2C 总线结构如图 8-1 所示,SDA 和 SCL 是双向 I/O 线,必须通过上拉电阻接到正电源,当总线空闲时,两根线都是高电平。所有连接在 I2C 总线上的器件引脚必须是开漏或集电极开路输出,即具有"线与"功能。所有连接在总线上器件的 I2C 引脚也应该是双向的; SDA 输出电路用于总线上发送数据,而 SDA 输入电路用于接收总线上的数据;主机通过 SCL 输出电路发送时钟信号,同时其本身的接收电路需检测总线上 SCL 电平,以决定下一步的动作,从机的 SCL 输入电路接收总线时钟,并在 SCL 控制下向 SDA 发送或从 SDA 接收数据,另外也可以通过拉低 SCL(输出)延长总线周期。

I2C 总线上允许连接多个器件,支持多主机通信。但为了保证数据可靠传输,任意时刻总线只能由一台主机控制,其他设备此时均表现为从机。I2C 总线的运行(指数据传输过程)由主机控制。所谓主机控制,就是由主机发出启动信号和时钟信号,控制传输过程结束时发出停止信号等。每个接到 I2C 总线上的设备或器件都有一个唯一独立的地址,以便主机寻访。主机与从机之间的数据传输,可以是主机发送数据到从机,也可以是从机发送数据到主机。因此,在 I2C 协议中,除了使用主机、从机的定义外,还使用了发送器、接收器的定

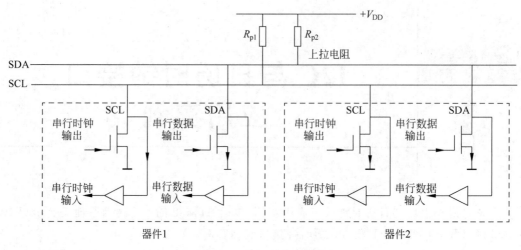

图 8-1　I2C 总线结构

义。发送器表示发送数据方,可以是主机,也可以是从机,接收器表示接收数据方,同样也可以代表主机或从机。在 I2C 总线上一次完整的通信过程中,主机和从机的角色是固定的,SCL 时钟由主机发出,但发送器和接收器是不固定的,经常变化,这一点请读者特别注意,尤其在学习 I2C 总线时序过程中,不要把它们混淆在一起。

在 I2C 总线上,双向串行的数据以字节为单位传输,位速率在标准模式下可达 100kb/s,快速模式下可达 400kb/s,高速模式下可达 3.4Mb/s。各种被控制电路均并联在总线的 SDA 和 SCL 上,每个器件都有唯一的地址。通信由充当主机的器件发起,它像打电话一样呼叫希望与之通信的从机的地址(相当于从机的电话号码),只有被呼叫了地址的器件才能占据总线与主机"对话"。地址由器件的类别识别码和硬件地址共同组成,其中的器件类别包括微控制器、LCD 驱动器、存储器、实时时钟或键盘接口等,各类器件都有唯一的识别码。硬件地址则通过从机器件上的管脚连线设置。在信息的传输过程中,主机初始化 I2C 总线通信,并产生同步信号的时钟信号。任何被寻址的器件都被认为是从机,总线上并接的每个器件既可以是主机,又可以是从机,这取决于它所要完成的功能。如果两个或更多主机同时初始化数据传输,可以通过冲突检测和仲裁防止数据被破坏。I2C 总线上挂接的器件数量只受到信号线上的总负载电容的限制,只要不超过 400pF 的限制,理论上可以连接任意数量的器件。

与 SPI 相比,I2C 接口最主要的优点是简单性和有效性。

(1) I2C 仅用两根信号线(SDA 和 SCL)就实现了完善的半双工同步数据通信,且能够方便地构成多机系统和外围器件扩展系统。I2C 总线上的器件地址采用硬件设置方法,寻址则由软件完成,避免了从机选择线寻址时造成的片选线众多的弊端,使系统具有更简单也更灵活的扩展方法。

(2) I2C 支持多主控系统,I2C 总线上任何能够进行发送和接收的设备都可以成为主机,所有主控都能够控制信号的传输和时钟频率。当然,在任何时间点上只能有一个主控。

（3）I2C 接口被设计成漏极开路的形式。在这种结构中,高电平水平只由电阻上拉电平＋V_{DD} 电压决定。图 8-1 中的上拉电阻 R_{p1} 和 R_{p2} 的阻值决定了 I2C 的通信速率,理论上阻值越小,波特率越高。一般而言,当通信速度为 100kb/s 时,上拉电阻取 4.7kΩ;而当通信速度为 400kb/s 时,上拉电阻取 1kΩ。

目前 I2C 接口已经获得了广大开发者和设备生产商的认同,市场上存在众多集成了 I2C 接口的器件。意法半导体(ST)、微芯(Microchip)、德州仪器(TI)和恩智浦(NXP)等嵌入式处理器主流厂商产品中几乎都集成有 I2C 接口。外围器件也有越来越多的低速、低成本器件使用 I2C 接口作为数据或控制信息的接口标准。

8.1.2　I2C 总线的数据传输

1. 数据位的有效性规定

如图 8-2 所示,I2C 总线进行数据传输时,时钟信号为高电平期间,数据线上的数据必须保持稳定,只有在时钟线上的信号为低电平期间,数据线上的高电平或低电平状态才允许变化。

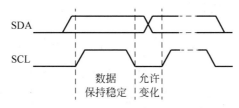

图 8-2　I2C 数据位的有效性规定

2. 起始和终止信号

I2C 总线规定,当 SCL 为高电平时,SDA 的电平必须保持稳定不变的状态,只有当 SCL 处于低电平时,才可以改变 SDA 的电平值,但起始信号和停止信号是特例。因此,当 SCL 处于高电平时,SDA 的任何跳变都会被识别为一个起始信号或停止信号。如图 8-3 所示,SCL 线在高电平期间,SDA 线由高电平向低电平的变化表示起始信号;SCL 线在高电平期间,SDA 线由低电平向高电平的变化表示终止信号。

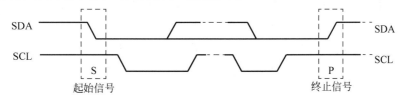

图 8-3　I2C 总线起始和终止信号

起始和终止信号都是由主机发出的,在起始信号产生后,总线就处于被占用的状态;在终止信号产生后,总线就处于空闲状态。连接到 I2C 总线上的器件,若具有 I2C 总线的硬件接口,则很容易检测到起始和终止信号。

每当发送器件传输完 1 字节的数据后,后面必须紧跟一个校验位,这个校验位是接收端通过控制 SDA(数据线)实现的,以提醒发送端数据已经接收完成,数据传输可以继续进行。

3. 数据传输格式

1) 字节传输与应答

在 I2C 总线的数据传输过程中,发送到 SDA 信号线上的数据以字节为单位,每个字节必须为 8 位,而且是高位(MSB)在前,低位(LSB)在后,每次发送数据的字节数量不受限制。但在这个数据传输过程中需要强调的是,当发送方发送完每个字节后,都必须等待接收方返回一个应答响应信号,如图 8-4 所示。响应信号宽度为 1 位,紧跟在 8 个数据位后面,所以发送 1 字节的数据需要 9 个 SCL 时钟脉冲。响应时钟脉冲也是由主机产生的,主机在响应时钟脉冲期间释放 SDA 线,使其处在高电平。

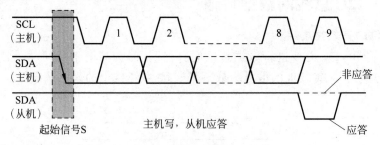

图 8-4　I2C 总线字节传输与应答

而在响应时钟脉冲期间,接收方需要将 SDA 拉低,使 SDA 在响应时钟脉冲高电平期间保持稳定的低电平,即为有效应答信号(ACK 或 A),表示接收器已经成功地接收高电平期间数据。

如果在响应时钟脉冲期间,接收方没有将 SDA 线拉低,使 SDA 在响应时钟脉冲高电平期间保持稳定的高电平,即为非应答信号(NAK 或/A),表示接收器接收该字节没有成功。

由于某种原因从机不对主机寻址信号应答时(如从机正在进行实时性的处理工作而无法接收总线上的数据),它必须将数据线置于高电平,而由主机产生一个终止信号以结束总线的数据传输。

如果从机对主机进行了应答,但在数据传输一段时间后无法继续接收更多的数据,从机可以通过对无法接收的第 1 个数据字节的"非应答"通知主机,主机则应发出终止信号以结束数据的继续传输。

当主机接收数据时,收到最后一个数据字节后,必须向从机发出一个结束传输的信号。这个信号是由对从机的"非应答"来实现的。然后,从机释放 SDA 线,以允许主机产生终止信号。

2) 总线的寻址

挂在 I2C 总线上的器件可以很多,但相互只有两根线连接(数据线和时钟线),如何进行识别寻址呢?具有 I2C 总线结构的器件在其出厂时已经给定了器件的地址编码。I2C 总线器件地址 SLA(以 7 位为例)格式如图 8-5 所示。

(1) DA3~DA0:4 位器件地址是 I2C 总线器件固有的地址编码,器件出厂时就已给

图 8-5　I2C 总线器件地址 SLA 格式

定,用户不能自行设置。例如,I2C 总线器件 E2PROM AT24CXX 的器件地址为 1010。

（2）A2～A0：3 位引脚地址用于相同地址器件的识别。若 I2C 总线上挂有相同地址的器件,或同时挂有多片相同器件,可用硬件连接方式对 3 位引脚 A2～A0 接 V_{CC} 或接地,形成地址数据。

（3）R/$\overline{W}$：用于确定数据传输方向。R/$\overline{W}$=1 时,主机接收（读）；R/$\overline{W}$=0,主机发送（写）。

主机发送地址时,总线上的每个从机都将这 7 位地址码与自己的地址进行比较,如果相同,则认为自己正被主机寻址,根据 R/$\overline{W}$ 位将自己确定为发送器或接收器。

3）数据帧格式

I2C 总线上传输的数据信号是广义的,既包括地址信号,又包括真正的数据信号。在起始信号后必须传输一个从机的地址（7 位）,第 8 位是数据的传送方向位（R/$\overline{W}$）,用 0 表示主机发送数据（W）,1 表示主机接收数据（R）。每次数据传输总是由主机产生的终止信号结束。但是,若主机希望继续占用总线进行新的数据传输,则可以不产生终止信号,立即再次发出起始信号对另一从机进行寻址。

在总线的一次数据传输过程中,可以有以下几种组合方式。

（1）主机向从机写数据。主机向从机写 n 字节数据,数据传输方向在整个传输过程中不变。主机向从机写数据 SDA 数据流如图 8-6 所示。阴影部分表示数据由主机向从机传输,无阴影部分则表示数据由从机向主机传输。A 表示应答,$\overline{A}$ 表示非应答（高电平）,S 表示起始信号,P 表示终止信号。

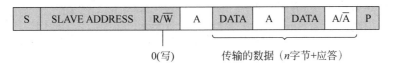

图 8-6　主机向从机写数据 SDA 数据流

如果主机要向从机传输一个或多个字节数据,在 SDA 上需经历以下过程。

① 主机产生起始信号 S。

② 主机发送寻址字节 SLAVE ADDRESS,其中的高 7 位表示数据传输目标的从机地址；最后 1 位是传输方向位,此时其值为 0,表示数据传输方向从主机到从机。

③ 当某个从机检测到主机在 I2C 总线上广播的地址与它的地址相同时,该从机就被选中,并返回一个应答信号 A。没被选中的从机会忽略之后 SDA 上的数据。

④ 当主机收到来自从机的应答信号后,开始发送数据 DATA。主机每发送完 1 字节,从机产生一个应答信号。如果在 I2C 的数据传输过程中,从机产生了非应答信号 $\overline{A}$,则主机提前结束本次数据传输。

⑤ 当主机的数据发送完毕后,主机产生一个停止信号结束数据传输,或者产生一个重复起始信号进入下一次数据传输。

(2) 主机从从机读数据。主机从从机读 n 字节数据时,SDA 数据流如图 8-7 所示。其中,阴影部分表示数据由主机传输到从机,无阴影部分表示数据流由从机传输到主机。

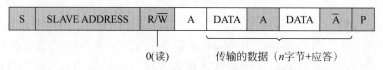

图 8-7　主机由从机读数据 SDA 数据流

如果主机要从从机读取一个或多个字节数据,在 SDA 上需经历以下过程。

① 主机产生起始信号 S。

② 主机发送寻址字节 SLAVE ADDRESS,其中的高 7 位表示数据传输目标的从机地址;最后 1 位是传输方向位,此时其值为 1,表示数据传输方向为由从机到主机。寻址字节 SLAVE ADDRESS 发送完毕后,主机释放 SDA(拉高 SDA)。

③ 当某个从机检测到主机在 I2C 总线上广播的地址与它的地址相同时,该从机就被选中,并返回一个应答信号 A。没被选中的从机会忽略之后 SDA 上的数据。

④ 当主机收到应答信号后,从机开始发送数据 DATA。从机每发送完 1 字节,主机产生一个应答信号。当主机读取从机数据完毕或主机想结束本次数据传输时,可以向从机返回一个非应答信号 $\overline{A}$,从机即自动停止数据传输。

⑤ 当传输完毕后,主机产生一个停止信号结束数据传输,或者产生一个重复起始信号进入下一次数据传输。

(3) 主机和从机双向数据传输。

在传送过程中,当需要改变传输方向时,起始信号和从机地址都被重复产生一次,但两次读/写方向位正好反向。SDA 数据流如图 8-8 所示。

图 8-8　主机和从机双向数据传输 SDA 数据流

数据传输过程是主机向从机写数据和主机由从机读数据的组合,故不再赘述。

4. 传输速率

I2C 的标准传输速率为 100kb/s,快速传输可达 400kb/s;目前还增加了高速模式,最高传输速率可达 3.4Mb/s。

8.2　STM32F103 的 I2C 接口

STM32F103 微控制器的 I2C 模块连接微控制器和 I2C 总线,提供多主机功能,支持标准和快速两种传输速率,同时与 SMBus 2.0 兼容,控制所有 I2C 总线特定的时序、协议、仲裁和定时。I2C 模块有多种用途,包括 CRC 码的生成和校验、系统管理总线(System Management Bus,SMBus)和电源管理总线(Power Management Bus,PMBus)。根据特定设备的需要,可以使用 DMA 以减轻 CPU 的负担。

8.2.1 STM32F103 的 I2C 主要特性

STM32F103 微控制器的小容量产品有一个 I2C,中等容量和大容量产品有两个 I2C。
STM32F103 微控制器的 I2C 主要具有以下特性。

(1)所有 I2C 都位于 APB1 总线。

(2)支持标准(100kb/s)和快速(400kb/s)两种传输速率。

(3)所有 I2C 可工作于主模式或从模式,可以作为主发送器、主接收器、从发送器或从接收器。

(4)支持 7 位或 10 位寻址和广播呼叫。

(5)具有 3 个状态标志:发送器/接收器模式标志、字节发送结束标志、总线忙标志。

(6)具有两个中断向量:一个中断用于地址/数据通信成功、一个中断用于错误。

(7)具有单字节缓冲器的 DMA。

(8)兼容系统管理总线 SMBus 2.0。

8.2.2 STM32F103 的 I2C 内部结构

STM32F103 系列微控制器的 I2C 结构由 SDA 线和 SCL 线展开,主要分为时钟控制、数据控制和控制逻辑等部分,负责实现 I2C 的时钟产生、数据收发、总线仲裁和中断、DMA 等功能,如图 8-9 所示。

1. 时钟控制

时钟控制模块根据控制寄存器 CCR、CR1 和 CR2 中的配置产生 I2C 协议的时钟信号,即 SCL 线上的信号。为了产生正确的时序,必须在 I2C_CR2 寄存器中设定 I2C 的输入时钟。当 I2C 工作在标准传输速率时,输入时钟的频率必须大于或等于 2MHz;当 I2C 工作在快速传输速率时,输入时钟的频率必须大于或等于 4MHz。

2. 数据控制

数据控制模块通过一系列控制架构,在将要发送数据的基础上,按照 I2C 的数据格式加上起始信号、地址信号、应答信号和停止信号,将数据一位一位地从 SDA 线上发送出去。读取数据时,则从 SDA 线上的信号中提取出接收到的数据值。发送和接收的数据都被保存在数据寄存器中。

3. 控制逻辑

控制逻辑模块用于产生 I2C 中断和 DMA 请求。

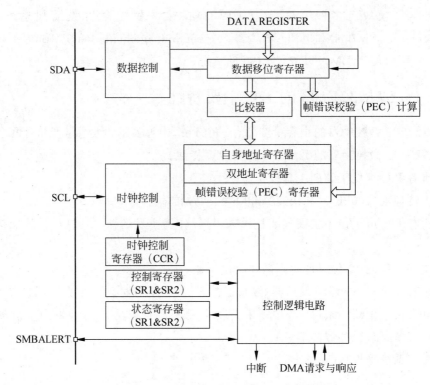

图 8-9　STM32F103 微控制器 I2C 内部结构

8.2.3　STM32F103 的模式选择

I2C 接口可以按以下 4 种模式之一运行。

(1) 从发送器模式。

(2) 从接收器模式。

(3) 主发送器模式。

(4) 主接收器模式。

模块默认工作于从模式。接口在生成起始条件后自动地从从模式切换到主模式；当仲裁丢失或产生停止信号时，则从主模式切换到从模式。允许多主机功能。

主模式下，I2C 接口启动数据传输并产生时钟信号。串行数据传输总是以起始条件开始，并以停止条件结束。起始条件和停止条件都是在主模式下由软件控制产生。

从模式下，I2C 接口能识别它自己的地址(7 位或 10 位)和广播呼叫地址。软件能够控制开启或禁止广播呼叫地址的识别。

数据和地址按 8 位/字节进行传输，高位在前。跟在起始条件后的 1 或 2 字节是地址(7 位模式为 1 字节，10 位模式为 2 字节)。地址只在主模式发送。在 1 字节传输的 8 个时钟后的第 9 个时钟期间，接收器必须向发送器回送一个应答位(ACK)。

8.3 STM32 的 I2C 与日历时钟接口应用实例

8.3.1 STM32 的 I2C 配置流程

虽然不同器件实现的功能不同,但是只要遵守 I2C 协议,其通信方式都是一样的,配置流程也基本相同。对于 STM32,首先要对 I2C 进行配置,使其能够正常工作,再结合不同器件的驱动程序,完成 STM32 与不同器件的数据传输。STM32 的 I2C 配置流程如图 8-10 所示。

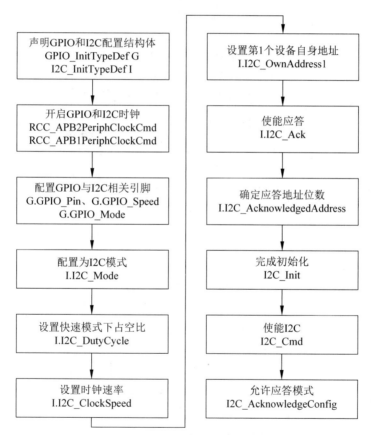

图 8-10 STM32 的 I2C 配置流程

8.3.2 I2C 与日历时钟接口的硬件设计

PCF2129 是 NXP 公司生产的一款 CMOS 实时时钟和日历,集成了温度补偿晶体振荡器(TCXO)和 32.768kHz 石英晶体,优化后适用于高精度和低功耗应用。PCF2129 具有可选的 I2C 总线或 SPI 总线、备用电池切换电路、可编程看门狗功能、时间戳功能及许多其他特性。

PCF2129 主要特性如下。

（1）工作温度范围：$-40\sim+85℃$。

（2）带集成式电容的温度补偿型晶体振荡器。

（3）典型精度。

① PCF2129AT：$-15\sim+60℃$为±3ppm；

② PCF2129T：$-30\sim+80℃$为±3ppm。

（4）在同一封装中集成 32.768kHz 石英晶体和振荡器。

（5）提供年、月、日、周、时、分、秒和闰年校正。

（6）时间戳功能。

① 具备中断能力；

② 可在一个多电平输入针脚上检测两个不同的事件（如用于篡改检测）。

（7）两线路双向 400kHz 快速模式 I2C 总线接口。

（8）数据线输入和输出分离的 3 线 SPI 总线（最大速度为 6.5Mb/s）。

（9）电池备用输入引脚和切换电路。

（10）电池后备输出电压。

（11）电池电量低检测功能。

（12）上电复位。

（13）振荡器停止检测功能。

（14）中断输出（开漏）。

（15）可编程 1s 或 1min 中断。

（16）具备中断能力的可编程看门狗定时器。

（17）具备中断能力的可编程警报功能。

（18）可编程方波输出。

（19）时钟工作电压：$1.8\sim4.2$V。

（20）低电源电流：典型值为 0.70μA，$V_{DD}=3.3$V。

PCF2129A 可以应用于移动电话、袖珍仪器、电子表计和电池供电产品。少引脚（8 引脚）的日历时钟可以选择 NXP 公司生产的带 I2C 接口的 PCF8563。

PCF2129A 接口电路如图 8-11 所示。

8.3.3　I2C 与日历时钟接口的软件设计

编程要点如下。

（1）配置通信使用的目标引脚为开漏模式。

（2）使能 I2C 外设的时钟。

（3）配置 I2C 外设的模式、地址、速率等参数，并使能 IC 外设。

（4）编写基本 I2C 按字节收发的函数。

（5）编写读写 PCF2129A 日历时钟内容的函数。

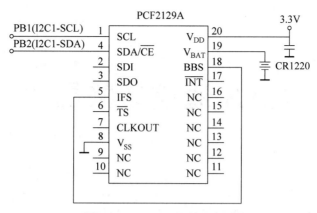

图 8-11 PCF2129A 接口电路

（6）编写测试程序，对读写数据进行校验。

I2C 与日历时钟接口的程序清单可参考本书数字资源的程序代码。

第9章 CAN 通信转换器设计实例

本章将讲述 CAN 通信转换器设计实例,包括 CAN 的特点、STM32 的 CAN 总线概述、STM32 的 bxCAN 工作模式、STM32 的 bxCAN 功能描述、CAN 总线收发器、CAN 通信转换器概述、CAN 通信转换器微控制器主电路的设计、CAN 通信转换器 UART 驱动电路的设计、CAN 通信转换器 CAN 总线隔离驱动电路的设计、CAN 通信转换器 USB 接口电路的设计和 CAN 通信转换器的程序设计。

9.1　CAN 的特点

现场总线(Fieldbus)自产生以来,一直是自动化领域技术发展的热点之一,被誉为自动化领域的计算机局域网,各自动化厂商纷纷推出自己的现场总线产品,并在不同的领域和行业得到了越来越广泛的应用,现在已处于稳定发展期。近几年,无线传感网络与物联网(Internet of Things,IoT)技术也融入工业测控系统中。

按照国际电工委员会(International Electrotechnical Commission,IEC)对"现场总线"一词的定义,现场总线是一种应用于生产现场,在现场设备之间、现场设备与控制装置之间实行双向、串行、多节点数字通信的技术。这是由 IEC/TC65 负责测量和控制系统数据通信部分国际标准化工作的 SC65/WG6 定义的。现场总线作为工业数据通信网络的基础,沟通了生产过程现场级控制设备之间及其与更高控制管理层之间的联系。它不仅是一个基层网络,而且还是一种开放式、新型全分布式控制系统。这项以智能传感、控制、计算机、数据通信为主要内容的综合技术,已受到世界范围的关注而成为自动化技术发展的热点,并将导致自动化系统结构与设备的深刻变革。

由于技术和利益的原因,目前国际上存在着几十种现场总线标准,比较流行的有 FF、CAN、DeviceNet、LonWorks、PROFIBUS、HART、INTERBUS、CC-Link、ControlNet、WorldFIP、P-Net、SwiftNet、EtherCAT、SERCOS、PowerLink、ProFinet、EPA 等现场总线和工业以太网。

欧美各国凭借多年的积累和沉淀,在现场总线技术和产品上拥有绝对的话语权。通过对现有成熟的网络通信技术进行改造,使之成为符合现场设备互联和控制要求的总线技术,是一种很好的研发思路,也是我国在现场总线技术上实现自主创新,建立民族品牌的一条很好的途径。在这方面,浙江中控技术有限公司做出了很好的榜样,以以太网、Internet、Web技术为基础,推出了基于工业以太网的EPA现场总线控制系统,获得了不错的市场占有率,并被列入现场总线国际标准IEC 61158(第4版),标志着中国第1个拥有自主知识产权的现场总线国际标准得到国际电工委员会的正式承认,并全面进入现场总线国际标准化体系。

目前,现场总线与工业以太网的核心技术主要掌握在欧美等发达国家,我国在该领域的研究起步较晚,因此,需要我国的企业和研究人员发扬艰苦奋斗、求真务实、百折不挠、坚持真理的科研精神,为国奉献的精神,创新创业的精神,使我国的现场总线与工业以太网技术赶超世界先进水平,研发出具有独立自主知识产权的产品。

CAN总线通信协议主要是规定通信节点之间是如何传递信息的,以及通过一个怎样的规则传递消息。在当前的汽车产业中,出于对安全性、舒适性、低成本的要求,各种各样的电子控制系统都运用到了这一项技术,使自己的产品更具竞争力。生产实践中CAN总线传输速率可达1Mb/s,发动机控制单元模块、传感器和防刹车模块挂接在CAN的高、低两个电平总线上。CAN采取的是分布式实时控制,能够满足比较高安全等级的分布式控制需求。CAN总线技术的这种高、低端兼容性使其既可以使用在高速网络中,又可以在低价的多路接线情况下应用。

20世纪80年代初,德国BOSCH公司提出了用控制器局域网络(Controller Area Network)解决汽车内部的复杂硬信号接线。目前,其应用范围已不再局限于汽车工业,而向过程控制、纺织机械、农用机械、机器人、数控机床、医疗器械及传感器等领域发展。CAN总线以其独特的设计、低成本、高可靠性、实时性、抗干扰能力强等特点得到了广泛的应用。

1993年11月,ISO正式颁布了道路交通运输工具、数据信息交换、高速通信控制器局域网国际标准ISO 11898(CAN高速应用标准)和ISO 11519(CAN低速应用标准),这为控制器局域网的标准化、规范化铺平了道路。CAN具有以下特点。

(1) CAN为多主方式工作,网络上任意节点均可以在任意时刻主动地向网络上其他节点发送信息,而不分主从,通信方式灵活,且无需站地址等节点信息。利用这一特点可方便地构成多机备份系统。

(2) CAN网络上的节点信息分为不同的优先级,可满足不同的实时要求,高优先级的数据可在$134\mu s$内得到传输。

(3) CAN采用非破坏性总线仲裁技术。当多个节点同时向总线发送信息时,优先级较低的节点会主动退出发送,而最高优先级的节点可不受影响地继续传输数据,从而大大节省了总线冲突仲裁时间,尤其是在网络负载很重的情况下也不会出现网络瘫痪情况(以太网则有可能出现网络瘫痪情况)。

(4) CAN只需通过报文滤波即可实现点对点、一点对多点及全局广播等几种方式传输接收数据,无需专门的"调度"。

(5) CAN的直接通信距离最远可达10km(速率在5kb/s以下);传输速率最高可达

1Mb/s(此时通信距离最长为40m)。

(6) CAN上的节点数主要取决于总线驱动电路,目前可达110个;报文标识符可达2032种(CAN 2.0A),而扩展标准(CAN 2.0B)的报文标识符几乎不受限制。

(7) 采用短帧结构,传输时间短,受干扰概率低,具有极好的检错效果。

(8) CAN的每帧信息都有CRC及其他检错措施,保证了数据出错率极低。

(9) CAN的通信介质可为双绞线、同轴电缆或光纤,选择灵活。

(10) CAN节点在错误严重的情况下具有自动关闭输出功能,以使总线上其他节点的操作不受影响。

9.2 STM32 的 CAN 总线概述

9.2.1 bxCAN 的主要特点

bxCAN是基本扩展CAN(Basic Extended CAN)的缩写,它支持CAN协议2.0A和2.0B。bxCAN的设计目标是以最小的CPU负荷高效处理大量收到的报文。bxCAN也支持报文发送的优先级要求(优先级特性可软件配置)。

对于安全紧要的应用,bxCAN提供所有支持时间触发通信模式所需的硬件功能。

bxCAN的主要特点如下。

(1) 支持的协议:

- 支持CAN协议2.0A和2.0B主动模式;
- 波特率最高可达1Mb/s;
- 支持时间触发通信功能。

(2) 发送:

- 3个发送邮箱;
- 发送报文的优先级特性可软件配置;
- 记录发送SOF时刻的时间戳。

(3) 接收:

- 3级深度的两个接收FIFO;
- 可变的过滤器组:在互联型产品中,CAN1和CAN2分享28个过滤器组;其他STM32F103xx系列产品中有14个过滤器组。
- 标识符列表;
- FIFO溢出处理方式可配置;
- 记录接收SOF时刻的时间戳。

(4) 时间触发通信模式:

- 禁止自动重传模式;
- 16位自由运行定时器;
- 可在最后两个数据字节发送时间戳。

（5）管理：

- 中断可屏蔽；
- 邮箱占用单独一块地址空间,便于提高软件效率。

（6）双 CAN：

- CAN1 为主 bxCAN,负责管理在从 bxCAN 和 512B 的 SRAM 之间的通信;
- CAN2 为从 bxCAN,它不能直接访问 SRAM;
- 这两个 bxCAN 模块共享 512B 的 SRAM。

CAN 拓扑结构如图 9-1 所示。

bxCAN 模块可以完全自动地接收和发送 CAN 报文,且完全支持标准标识符(11 位)和扩展标识符(29 位)。控制、状态和配置寄存器应用程序通过这些寄存器,可以实现以下功能。

（1）配置 CAN 参数,如波特率。

（2）请求发送报文。

（3）处理报文接收。

（4）管理中断。

（5）获取诊断信息。

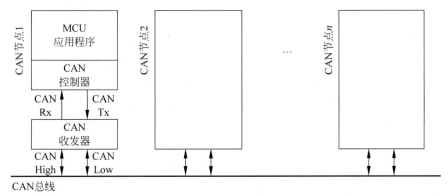

图 9-1　CAN 拓扑结构

bxCAN 共有 3 个发送邮箱供软件发送报文。发送调度器根据优先级决定哪个邮箱的报文先被发送。在互联型产品中,bxCAN 提供 28 个位宽可变/可配置的标识符过滤器组,软件通过对它们编程,从而在引脚收到的报文中选择需要的报文,把其他报文丢弃掉。

9.2.2　CAN 物理层特性

CAN 协议经过 ISO 标准化后有两个: ISO 11898 和 ISO 11519-2。其中,ISO 11898 标准是针对通信速率为 125kb/s〜1Mb/s 的高速通信标准,而 ISO 11519-2 标准是针对通信速率为 125kb/s 以下的低速通信标准。本章使用的是 ISO 11898 标准 450kb/s 的通信速率,该物理层特征如图 9-2 所示。

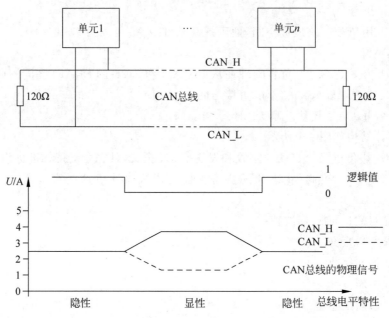

图 9-2　ISO 11898 标准的物理层特性

可以看出,显性电平对应逻辑 0,CAN_H 和 CAN_L 之差为 2.5V 左右;而隐性电平对应逻辑 1,CAN_H 和 CAN_L 之差为 0V。在总线上显性电平具有优先权,只要有一个单元输出显性电平,总线上即为显性电平;而隐性电平则具有包容的意味,只有所有单元都输出隐性电平,总线上才为隐性电平。另外,在 CAN 总线的起止端都有一个 120Ω 的终端电阻作为阻抗匹配,以减少回波反射。

CAN 协议具体以下 5 种类型的帧:数据帧、遥控帧、错误帧、过载帧、间隔帧。

另外,数据帧和遥控帧有标准格式和扩展格式两种格式。标准格式有 11 个位标识符,扩展格式有 29 个位标识符。各种帧的用途如表 9-1 所示。

表 9-1　CAN 协议各种帧的用途

帧　类　型	用　　途
数据帧	用于发送单元向接收单元传输数据
遥控帧	用于接收单元向具有相同 ID 的发送单元请求数据
错误帧	用于当检测出错误时向其他单元通知错误
过载帧	用于接收单元通知其尚未做好接收准备
间隔帧	用于将数据帧及遥控帧与前面的帧分离出来

用户使用频率最高的是数据帧,下面重点介绍数据帧。数据帧的构成如图 9-3 所示。

(1) 帧起始:表示数据帧开始的段。标准格式和扩展格式都是由 1 位的显性电平表示帧的开始。

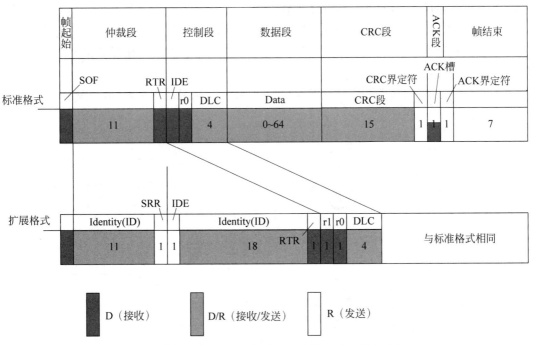

图 9-3 数据帧的构成（D 表示显性电平，R 表示隐性电平）

（2）仲裁段：表示数据帧优先级的段。标准格式和扩展格式在本段不同，如图 9-4 所示。

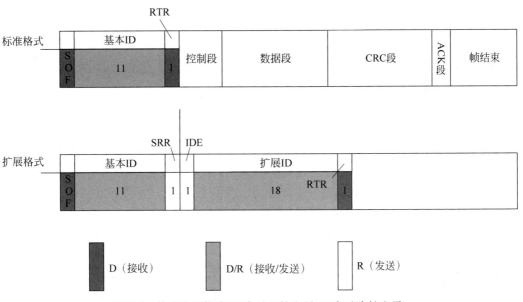

图 9-4 仲裁段的构成（D 表示显性电平，R 表示隐性电平）

标准格式的 ID 有 11 位。从 ID28 到 ID18 被依次发送。禁止高 7 位都为隐性。

扩展格式的 ID 有 29 位。基本 ID 从 ID28 到 ID18，扩展 ID 从 ID17 到 ID0。基本 ID 和

标准格式的 ID 相同。禁止高 7 位都为隐性。

其中,RTR 位用于标识是否是远程帧(0 为数据帧;1 为远程帧);IDE 位为标识符选择位(0 为使用标准标识符;1 为使用扩展标识符);SRR 位为代替远程请求位,为隐性位,它代替标准帧中的 RTR 位。

(3)控制段:表示数据的字节数及保留的段,由 6 位构成。标准帧和扩展帧的控制段稍有不同,如图 9-5 所示。

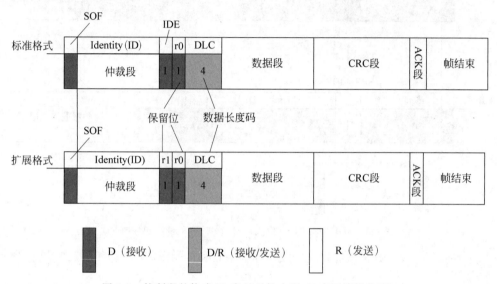

图 9-5　控制段的构成(D 表示显性电平,R 表示隐性电平)

在图 9-5 中,r0 和 r1 为保留位,必须全部以显性电平发送,但是接收端可以接收显性、隐性及任意组合的电平。DLC 段为数据长度表示段,高位在前。DLC 段有效值为 0~8,但是接收方接收到 9~15 的有效值时并不认为是错误的。

(4)数据段:数据的内容,一帧可发送 0~8 字节的数据。从最高位开始输出,标准格式和扩展格式相同。

(5)CRC 段:用于检查帧的传输错误,由 15 位的 CRC 顺序和 1 位的 CRC 界定符组成。标准格式和扩展格式在这个段也是相同的。

CRC 值的计算范围包括帧起始、仲裁段、控制段、数据段。接收方以同样的算法计算CRC 值并进行比较,不一致时会报错。

(6)ACK 段:用来确认是否正常接收,由 ACK 槽和 ACK 界定符两位组成,标准格式和扩展格式在这个段也是相同的。

发送单元的 ACK,发送两位的隐性位,而接收到正确消息的单元在 ACK 槽发送显性位,通知发送单元正常接收结束,这个过程叫发送 ACK/返回 ACK。发送 ACK 的是在既不处于总线关闭态也不处于休眠态的所有接收单元中接收到正常消息的单元。

(7)帧结束:表示数据帧结束的段,标准格式和扩展格式在这个段也是相同的,由 7 个隐性位组成。

9.2.3 STM32 的 CAN 控制器

在 STM32 的互联型产品中，带有两个 CAN 控制器，大部分使用的普通产品均只有一个 CAN 控制器。两个 CAN 控制器结构如图 9-6 所示。

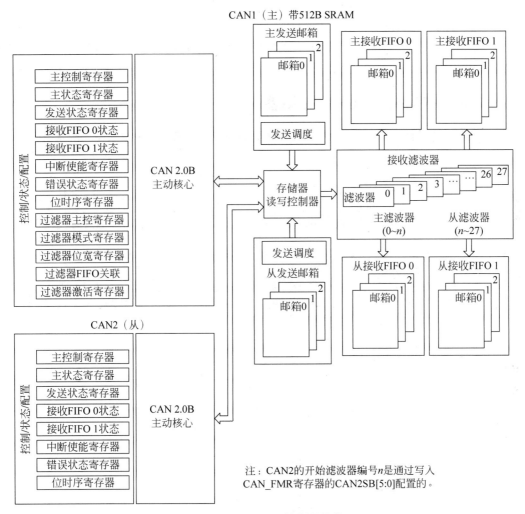

图 9-6 两个 CAN 控制器结构

从图 9-6 可以看出，两个 CAN 都分别拥有自己的发送邮箱和接收 FIFO，但是它们共用 28 个过滤器。通过 CAN_FMR 寄存器的设置，可以设置滤波器的分配方式。

STM32 的标识符过滤是一个比较复杂的过程，它的存在减少了 CPU 处理 CAN 通信的开销。STM32 的过滤器组最多有 28 个，每个过滤器组由两个 32 位寄存器（即 CANFxR1 和 CAN_FxR2）组成。

STM32 的每个过滤器组的位宽都可以独立配置，以满足应用程序的不同需求。根据位宽的不同,每个过滤器组可提供:一个 32 位过滤器,包括 STDID[10:0]、EXTID[17:0]、IED 和 RTR 位;两个 16 位过滤器,包括 STDID[10:0]、IED、RTR 和 EXTID[17:15]位。

此外,过滤器可配置为屏蔽位模式和标识符列表模式。

在屏蔽位模式下,标识符寄存器和屏蔽寄存器一起,指定报文标识符的任何一位,应该按照"必须匹配"或"不用关注"处理。

在标识符列表模式下,屏蔽寄存器也被当作标识符寄存器用。因此,不是采用一个标识符加一个屏蔽位的方式,而是使用两个标识符寄存器。接收报文标识符的每位都必须与过滤器标识符相同。

9.2.4 STM32 的 CAN 过滤器

通过 CAN_FMR 寄存器可以配置过滤器组的位宽和工作模式,如图 9-7 所示。

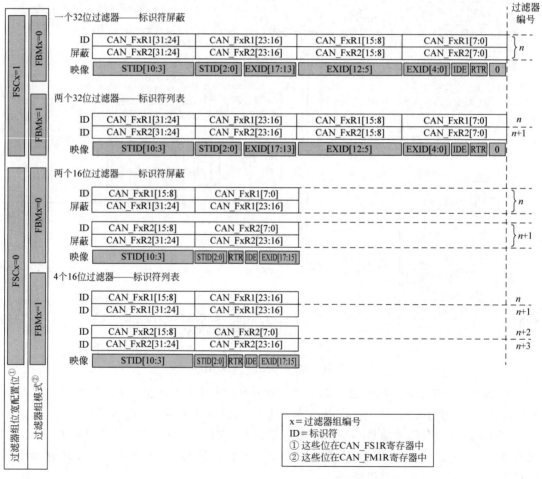

图 9-7 过滤器组位宽模式设置

为了过滤出一组标识符,应该设置过滤组工作在屏蔽位模式;为了过滤出一个标识符,应该设置过滤器组工作在标识符列表模式。应用程序不用的过滤器组,应该保持在禁用状态。过滤器组中每个过滤器都被编号,从 9 开始,到某个最大数值(取决于过滤器组的模式和位宽的设置)。

举个简单的例子,设置过滤器组 0 工作在一个 32 位过滤器-标识符屏蔽模式,然后设置 CAN_FOR1=0XFFFF0000,CAN_FOR2=0XFF00FF00。其中,存放到 CAN_FOR1 的值就是期望收到的 ID,即希望收到的映像(STID+EXTID+IDE+RTR)最好是 0XFFFF0000。而 0XFF00FF00 就是设置必须匹配的 ID,表示收到的映像,其[31:24]位和[15:8]位这 16 位必须和 CAN_FOR1 中的对应位一模一样,而另外的 16 位则无关紧要,可以一样,也可以不一样,都认为是正确的 ID,即收到的映像必须是 0xFF＊＊00＊＊,才算正确的(＊表示无关紧要)。

9.3　STM32 的 bxCAN 工作模式

bxCAN 有 3 个主要的工作模式:初始化、正常和睡眠模式。

在硬件复位后,bxCAN 工作在睡眠模式以节省电能,同时 CANTX 引脚的内部上拉电阻被激活。软件通过对 CAN_MCR 寄存器的 INRQ 或 SLEEP 位置 1,可以请求 bxCAN 进入初始化或睡眠模式。一旦进入了初始化或睡眠模式,bxCAN 就对 CAN_MSR 寄存器的 INAK 或 SLAK 位置 1 进行确认,同时内部上拉电阻被禁用。当 INAK 和 SLAK 位都为 0 时,bxCAN 就处于正常模式。在进入正常模式前,bxCAN 必须与 CAN 总线取得同步。为取得同步,bxCAN 要等待 CAN 总线达到空闲状态,即在 CANRX 引脚上监测到 11 个连续的隐性位。

9.3.1　初始化模式

软件初始化应该在硬件处于初始化模式时进行。设置 CAN_MCR 寄存器的 INRQ 位为 1,请求 bxCAN 进入初始化模式,然后等待硬件对 CAN_MSR 寄存器的 INAK 位置 1 进行确认。

清除 CAN_MCR 寄存器的 INRQ 位,请求 bxCAN 退出初始化模式,当硬件对 CAN_MSR 寄存器的 INAK 位清零时就确认退出了初始化模式。

当 bxCAN 处于初始化模式时,禁止报文的接收和发送,并且 CANTX 引脚输出隐性位(高电平)。进入初始化模式,不会改变配置寄存器。

软件对 bxCAN 的初始化,至少包括位时间特性(CAN_BTR)和控制(CAN_MCR)这两个寄存器。

在对 bxCAN 的过滤器组(模式、位宽、FIFO 关联、激活和过滤器值)进行初始化前,软件要将 CAN_FMR 寄存器的 FINIT 位置 1。对过滤器的初始化可以在非初始化模式下进行。

当 FINIT＝1 时,报文的接收被禁止。

可以先将过滤器激活位清零(在 CAN_FA1R 中),然后修改相应过滤器的值。

如果过滤器组没有使用,那么就应该让它处于非激活状态(保持其 FACT 位为清零状态)。

9.3.2 正常模式

初始化完成后,软件应该让硬件进入正常模式,以便正常接收和发送报文。软件可以通过对 CAN_MCR 寄存器的 INRQ 位清零请求从初始化模式进入正常模式,然后要等待硬件对 CAN_MSR 寄存器的 INAK 位置 1 的确认。在与 CAN 总线取得同步,即在 CANRX 引脚上监测到 11 个连续的隐性位(等效于总线空闲)后,bxCAN 才能正常接收和发送报文。

不需要在初始化模式下进行过滤器初值的设置,但必须在它处在非激活状态下完成(相应的 FACT 位为 0)。而过滤器的位宽和模式的设置,则必须在初始化模式中进入正常模式前完成。

9.4 STM32 的 bxCAN 功能描述

9.4.1 CAN 发送流程

发送报文的流程:应用程序选择一个空置的发送邮箱;设置标识符、数据长度和待发送数据;然后将 CAN_TIxR 寄存器的 TXRQ 位置 1,请求发送。TXRQ 位置 1 后,邮箱就不再是空邮箱;而一旦邮箱不再为空,软件对邮箱寄存器就不再有写的权限。TXRQ 位置 1 后,邮箱马上进入挂号状态,并等待成为最高优先级的邮箱。一旦邮箱成为最高优先级的邮箱,其状态就变为预定发送状态。一旦 CAN 总线进入空闲状态,预定发送邮箱中的报文就马上被发送(进入发送状态)。一旦邮箱中的报文被成功发送,立即变为空置邮箱。硬件相应地将 CAN_TSR 寄存器的 RQCP 和 TXOK 位置 1,表示一次成功发送。

如果发送失败,由于仲裁引起的,就将 CAN_TSR 寄存器的 ALST 位置 1;由于发送错误引起的,就将 TERR 位置 1。

1. 发送优先级

(1) 发送优先级由标识符决定。当有超过一个发送邮箱在挂号时,发送顺序由邮箱中报文的标识符决定。根据 CAN 协议,标识符数值最低的报文具有最高的优先级。如果标识符的值相等,那么邮箱号小的报文先被发送。

(2) 发送优先级由发送请求次序决定。通过将 CAN_MCR 寄存器的 TXFP 位置 1,可以把发送邮箱配置为发送 FIFO。在该模式下,发送的优先级由发送请求次序决定。

该模式对分段发送很有用。

2．中止

通过将 CAN_TSR 寄存器的 ABRQ 位置 1，可以中止发送请求。邮箱如果处于挂号或预定状态，发送请求马上就被中止。如果邮箱处于发送状态，那么中止请求可能导致两种结果：如果邮箱中的报文被成功发送，那么邮箱变为空置邮箱，并且 CAN_TSR 寄存器的 TXOK 位被硬件置 1；如果邮箱中的报文发送失败了，那么邮箱变为预定状态，然后发送请求被中止，邮箱变为空置邮箱且 TXOK 位被硬件清零。因此，如果邮箱处于发送状态，那么在发送操作结束后，邮箱都会变为空置邮箱。

3．禁止自动重传模式

禁止自动重传模式主要用于满足 CAN 标准中时间触发通信选项的需求。通过将 CAN_MCR 寄存器的 NART 位置 1，让硬件工作在该模式。

在禁止自动重传模式下，发送操作只会执行一次。如果发送失败了，不管是由于仲裁丢失或出错，硬件都不会再自动发送该报文。

在一次发送操作结束后，硬件认为发送请求已经完成，从而将 CAN_TSR 寄存器的 RQCP 位置 1，同时发送的结果反映在 TXOK、ALST 和 TERR 位上。

如图 9-8 所示，CAN 的发送流程如下。

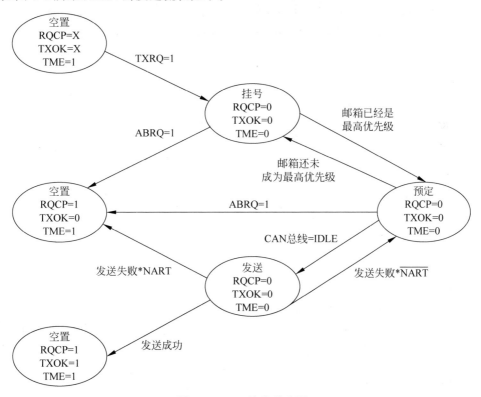

图 9-8 CAN 的发送流程

(1) 选择一个空置邮箱(TME=1)。

(2) 设置标识符(ID)、数据长度和发送数据。

(3) CAN_TIxR 的 TXRQ 位置 1,请求发送。

(4) 邮箱挂号,等待成为最高优先级。

(5) 预定发送,等待总线空闲。

(6) 发送。

(7) 邮箱空置。

图 9-8 中还包含了很多其他处理,如不强制退出发送(ABRQ=1)和发送失败处理等。通过这个流程图,大致能了解 CAN 的发送流程。

9.4.2　CAN 接收流程

CAN 接收到的有效报文被存储在三级邮箱深度的 FIFO 中。FIFO 完全由硬件来管理,从而降低了 CPU 的处理负荷,简化了软件并保证了数据的一致性。应用程序只能通过读取 FIFO 输出邮箱,来读取 FIFO 中最先收到的报文。这里的有效报文是指被正确接收的,直到 EOF 域的最后一位都没有错误,而且通过了标识符过滤的报文。CAN 接收两个 FIFO,每个滤波器组都可以设置其关联的 FIFO,通过 CAN_FFAIR 的设置,可以将滤波器组并联到 FIFO0 或 FIFO1。

CAN 的接收流程如下。

(1) FIFO 为空。

(2) 收到有效报文。

(3) 挂号_1,存入 FIFO 的一个邮箱,这个硬件自动控制。

(4) 收到有效报文。

(5) 挂号_2。

(6) 收到有效报文。

(7) 挂号_3。

(8) 收到有效报文。

(9) 溢出。

这个流程中没有考虑从 FIFO 读出报文的情况,实际情况是必须在 FIFO 溢出之前读出至少一个报文,否则当报文到来时,导致 FIFO 溢出,从而出现报文丢失。每读出一个报文,相应的挂号就减 1,直到 FIFO 空。FIFO 接收数据流程如图 9-9 所示。

FIFO 接收到的报文数可以通过查询 CAN_RFxR 的 FMP 寄存器得到,只要 FMP 不为 0,就可以从 FIFO 中读出收到的报文。

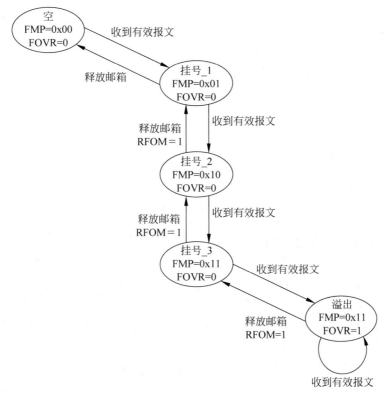

图 9-9　FIFO 接收数据流程

9.5　CAN 总线收发器

CAN 作为一种技术先进、可靠性高、功能完善、成本低的远程网络通信控制方式,已广泛应用于汽车电子、自动控制、电力系统、楼宇自控、安防监控、机电一体化、医疗仪器等自动化领域。目前,世界众多著名半导体生产商推出了独立的 CAN 通信控制器,而有些半导体生产商(如 Intel、NXP、Microchip、Samsung、NEC、ST、TI 等公司)还推出了内嵌 CAN 通信控制器的 MCU、DSP 和 Arm 微控制器。为了组成 CAN 总线通信网络,NXP 和安森美(ON 半导体)等公司推出了 CAN 总线收发器。

9.5.1　PCA82C250/251 CAN 总线收发器

PCA82C250/251 CAN 总线收发器是协议控制器和物理传输线路之间的接口。此器件为总线提供差分发送能力,为 CAN 控制器提供差分接收能力,可以在汽车和一般的工业应用中使用。

PCA82C250/251 CAN 总线收发器的主要特点如下。

(1) 完全符合 ISO 11898 标准。

(2) 高速率(最高达 1Mb/s)。

(3) 具有抗汽车环境中的瞬间干扰、保护总线的能力。

(4) 斜率控制,降低射频干扰(Radio-Frequency Interference,RFI)。

(5) 差分收发器,抗宽范围的共模干扰,抗电磁干扰(Electromagnetic Interference,EMI)。

(6) 热保护。

(7) 防止电源和地之间发生短路。

(8) 低电流待机模式。

(9) 未上电的节点对总线无影响。

(10) 可连接 110 个节点。

(11) 工作温度范围:—40~+125℃。

1. PCA82C250/251 功能说明

PCA82C250/251 驱动电路内部具有限流电路,可防止发送输出级对电源、地或负载短路。虽然短路出现时功耗增加,但不至于使输出级损坏。若结温超过约 160℃,则两个发送器输出端极限电流将减小,由于发送器是功耗的主要部分,因而限制了芯片的温升,器件的所有其他部分将继续工作。PCA82C250 采用双线差分驱动,有助于抑制汽车等恶劣电气环境下的瞬变干扰。

Rs 引脚用于选定 PCA82C250/251 的工作模式。有 3 种不同的工作模式可供选择:高速、斜率控制和待机。

2. PCA82C250/251 引脚介绍

PCA82C250/251 有 8 引脚 DIP 和 SO 两种封装,引脚如图 9-10 所示。

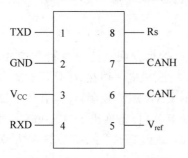

图 9-10 PCA82C250/251 引脚

PCA82C250/251 引脚介绍如下。

(1) TXD:发送数据输入。

(2) GND:地。

(3) V_{CC}:电源电压为 5.0V。

(4) RXD:接收数据输出。

(5) V_{ref}:参考电压输出。

(6) CANL:低电平 CAN 电压输入/输出。

(7) CANH:高电平 CAN 电压输入/输出。

(8) Rs:斜率电阻输入。

PCA82C250/251 收发器是协议控制器和物理传输线路之间的接口。如在 ISO 11898 标准中描述的,它们可以用高达 1Mb/s 的位速率在两根有差分电压的总线电缆上传输数据。

这两个器件都可以在额定电源电压分别为 12V(PCA82C250)和 24V(PCA82C251)的 CAN 总线系统中使用。它们的功能相同,根据相关的标准,可以在汽车和普通的工业应用中使用。PCA82C250 和 PCA82C251 还可以在同一网络中互相通信,而且它们的引脚和功能兼容。

9.5.2　TJA1051 CAN 总线收发器

1. TJA1051 功能说明

TJA1051 是一款高速 CAN 总线收发器,是 CAN 控制器和物理总线之间的接口,为 CAN 控制器提供差分发送和接收功能。该收发器专为汽车行业的高速 CAN 应用设计,传输速率高达 1Mb/s。

TJA1051 是高速 CAN 总线收发器 TJA1050 的升级版本,改进了电磁兼容性(Electromagnetic Compatibility,EMC)和静电放电(Electrostatic Discharge,ESD)性能,具有以下特性。

(1) 完全符合 ISO 11898-2 标准。

(2) 收发器在断电或处于低功耗模式时,在总线上不可见。

(3) TJA1051T/3 和 TJA1051TK/3 的 I/O 口可直接与 3～5V 的微控制器接口连接。

TJA1051 是高速 CAN 节点的最佳选择,TJA1051 不支持可总线唤醒的待机模式。

2. TJA1051 引脚介绍

TJA1051 有 SO8 和 HVSON8 两种封装,引脚如图 9-11 所示。

TJA1051 引脚介绍如下。

(1) TXD: 发送数据输入。

(2) GND: 接地。

(3) V_{CC}: 电源电压。

(4) RXD: 接收数据输出,从总线读出数据。

(5) n.c.: 空引脚(仅 TJA1051T)。

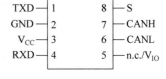

图 9-11　TJA1051 引脚

(6) V_{IO}: I/O 电平适配(仅 TJA1051T/3 和 TJA1051TK/3)。

(7) CANL: 低电平 CAN 总线。

(8) CANH: 高电平 CAN 总线。

(9) S: 待机模式控制输入。

9.6　CAN 通信转换器概述

CAN 通信转换器可以将 RS-232、RS-485 或 USB 串行口转换为 CAN 现场总线。当采用 PC 或 IPC(工业 PC)作为上位机时,可以组成基于 CAN 总线的分布式控制系统。

1. CAN 通信转换器性能指标

CAN 通信转换器的性能指标如下。

(1) 支持 CAN 2.0A 和 CAN 2.0B 协议,与 ISO 11898 兼容。

(2) 可方便地实现 RS-232 接口与 CAN 总线的转换。

(3) CAN 总线接口为 DB9 针式插座,符合 CIA 标准。

（4）CAN 总线波特率可选，最高可达 1Mb/s。

（5）串口波特率可选，最高可达 115200b/s。

（6）由 PCI 总线或微机内部电源供电，无须外接电源。

（7）隔离电压为 2000V。

（8）外形尺寸：130mm×110mm。

2. CAN 节点地址设定

CAN 通信转换器上的 JP1 口用于设定通信转换器的 CAN 节点地址，跳线短接为 0，断开为 1。

3. 串口速率和 CAN 总线速率设定

CAN 通信转换器上的 JP2 口用于设定串口及 CAN 通信波特率。其中，JP2.3、JP2.2、JP2.1 用于设定串口速率，如表 9-2 所示；JP2.6、JP2.5、JP2.4 用于设定 CAN 波特率，如表 9-3 所示。

表 9-2　串口波特率设定

串口波特率/(b·s⁻¹)	JP2.3	JP2.2	JP2.1
2400	0	0	0
9600	0	0	1
19200	0	1	0
38400	0	1	1
57600	1	0	0
115200	1	0	1

表 9-3　CAN 波特率设定

CAN 波特率/(kb·s⁻¹)	JP2.6	JP2.5	JP2.4
5	0	0	0
10	0	0	1
20	0	1	0
40	0	1	1
80	1	0	0
200	1	0	1
400	1	1	0
800	1	1	1

4. 通信协议

CAN 通信转换器的多帧通信协议格式如下。

开始字节（40H）+CAN 数据包（1～256B）+校验字节（1B）+结束符（23H）

校验字节为从开始字节（包括开始字节 40H）到 CAN 帧中最后一个数据字节（包括最后一个数据字节）之间的所有字节的异或和。结束符为 23H，表示数据结束。

STM32F103 的 CAN 每次最多只能发送或接收 8 字节数据，当 CAN 通信转换器要发送或接收的数据超过 8 字节时，要对数据进行拆包和打包操作。

9.7　CAN 通信转换器微控制器主电路的设计

CAN 通信转换器微控制器主电路的设计如图 9-12 所示。

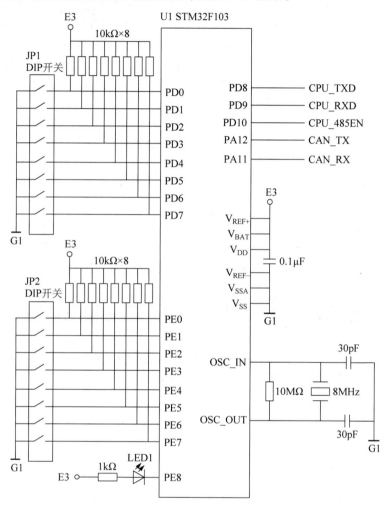

图 9-12　CAN 通信转换器微控制器主电路的设计

主电路采用 ST 公司的 STM32F103 嵌入式微控制器,利用其内嵌的 UART 串口和
CAN 控制器设计转换器,体积小,可靠性高,实现了低成本设计。LED1 为通信状态指示
灯,JP1 和 JP2 设定 CAN 节点地址和通信波特率。

9.8　CAN 通信转换器 UART 驱动电路的设计

CAN 通信转换器 UART 驱动电路的设计如图 9-13 所示。MAX3232 为 MAXIM 公司
的 RS-232 电平转换器,适合 3.3V 供电系统;ADM487 为 ADI 公司的 RS-485 收发器。

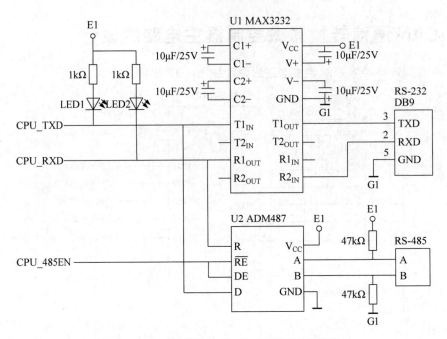

图 9-13　CAN 通信转换器 UART 驱动电路的设计

9.9　CAN 通信转换器 CAN 总线隔离驱动电路的设计

CAN 通信转换器 CAN 总线隔离驱动电路的设计如图 9-14 所示。采用 6N137 高速光耦合器实现 CAN 总线的光电隔离，TJA1051 为 NXP 公司的 CAN 收发器。

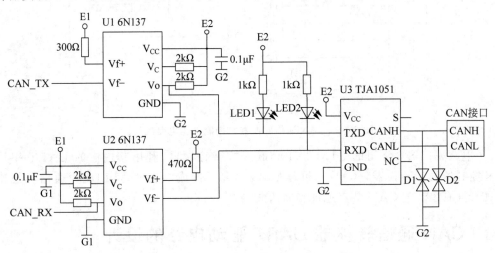

图 9-14　CAN 通信转换器 CAN 总线隔离驱动电路的设计

9.10 CAN 通信转换器 USB 接口电路的设计

CAN 通信转换器 USB 接口电路的设计如图 9-15 所示。CH340G 为 USB 转 UART 串口的接口电路，实现 USB 到 CAN 总线的转换。

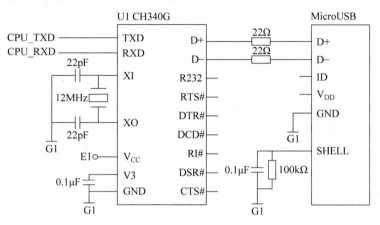

图 9-15　CAN 通信转换器 USB 接口电路的设计

9.11 CAN 通信转换器的程序设计

CAN 通信转换器的程序清单可参考本书数字资源中的程序代码。采用 ST 公司的 STM32F103 微控制器，编译器为 KEIL5。

第 10 章

电力网络仪表设计实例

本章将讲述电力网络仪表设计实例,包括 PMM2000 电力网络仪表概述、PMM2000 电力网络仪表的硬件设计、周期和频率测量、STM32F103VBT6 初始化程序、电力网络仪表的算法、LED 数码管动态显示程序设计和 PMM2000 电力网络仪表在数字化变电站中的应用。

10.1 PMM2000 电力网络仪表概述

PMM2000 系列数字式多功能电力网络仪表由济南莱恩达公司生产,该系列仪表共分为四大类别:标准型、经济型、单功能型、户表专用型。

PMM2000 系列电力网络仪表采用先进的交流采样技术及模糊控制功率补偿技术与量程自校正技术,以 32 位嵌入式微控制器 STM32F103VBT6 为核心,采用双 CPU 结构,是一种集传感器、变送器、数据采集、显示、通信、遥控、远距离传输数据于一体的全电子式多功能电力参数监测网络仪表。

该系列仪表能测量三相三线、三相四线(低压、中压、高压)系统的电流(Ia、Ib、Ic、In)、电压(Ua、Ub、Uc、Uab、Ubc、Uca)、有功电能(kWh)、无功电能(kvarh)、有功功率(kW)、无功功率(kvar)、频率(Hz)、功率因数(%)、视在功率(kVA)、电流电压谐波总含量(THD)、电流电压基波和 2~31 次谐波含量、开口三角形电压、最大开口三角形电压、电流和电压三相不平衡度、电压波峰系数(CF)、电话波形因数(THFF)、电流 K 系数等电力参数,同时具有遥信,遥控功能及电流越限报警、电压越限报警、DI 状态变位等 SOE 事件记录信息功能。

该系列仪表既可以在本地使用,又可以通过直流 4~20mA 模拟信号(取代传统变送器)、RS-485(Modbus-RTU)、PROFIBUS-DP 现场总线、CANBUS 现场总线、M-BUS 仪表总线或 TCP/IP 工业以太网组成高性能的遥测遥控网络。

PMM2000 数字式电力网络仪表的外形如图 10-1 所示。

PMM2000 数字式电力网络仪表具有以下特点。

(1) 技术领先。采用交流采样技术、模糊控制功率补偿技术、量程自校正技术、精密测量技术、现代电力电子技术、先进的存储记忆技术等,因此精度高,抗干扰能力强,抗冲击,抗浪涌,记录信息不易丢失。对于含有高次谐波的电力系统,仍能达到高精度测量。

(a) LED显示　　　　　　　　　　　(b) LCD显示

图10-1　PMM2000数字式电力网络仪表的外形

（2）安全性高。在仪表内部,电流和电压的测量采用互感器（同类仪表一般不采用电压互感器）,保证了仪表的安全性。

（3）产品种类齐全。从单相电流/电压表到全电量综合测量,集遥测、遥信、遥控功能于一体的多功能电力网络仪表。

（4）强大的网络通信接口。用户可以选择TCP/IP工业以太网、M-BUS、RS-485（Modbus-RTU）、CANBUS PROFIBUS-DP通信接口。

（5）双CPU结构。仪表采用双CPU结构,保证了仪表的高测量精度和网络通信数据传输的快速性、可靠性,防止网络通信出现"死机"现象。

（6）兼容性强。采用通信接口组成通信网络系统时,可以和第三方的产品互联。

（7）可与主流工控软件轻松相连,如iMeaCon、WinCC、Intouch、iFix等组态软件。

10.2　PMM2000电力网络仪表的硬件设计

PMM2000电力网络仪表由主板、显示板、电压输入板、电流输入板、通信及DI输入板和电源模块组成。

10.2.1　主板的硬件电路设计

PMM2000电力网络仪表主板电路如图10-2和图10-3所示,显示电路如图10-4所示。

主板以STM32F103VBT6微控制器为核心,扩展了MB85RS16铁电存储器,用于存储电力网络仪表的设定参数和电能;扩展了4个独立式按键,用于参数设定、仪表校验、电力参数查看等;通过ULN2803达林顿三极管驱动器和MPS8050三极管Q1扩展了15位LED数码管和24位LED指示灯,每两位数码管或LED指示灯为一组,共9个位控制;CN1接电压输入板的输出;CN5接电流输入板的输出;CN3接通信及DI输入板;CN4为参数设定跳线选择接口。

10.2.2　电压输入电路的硬件设计

电压输入电路如图10-5所示。

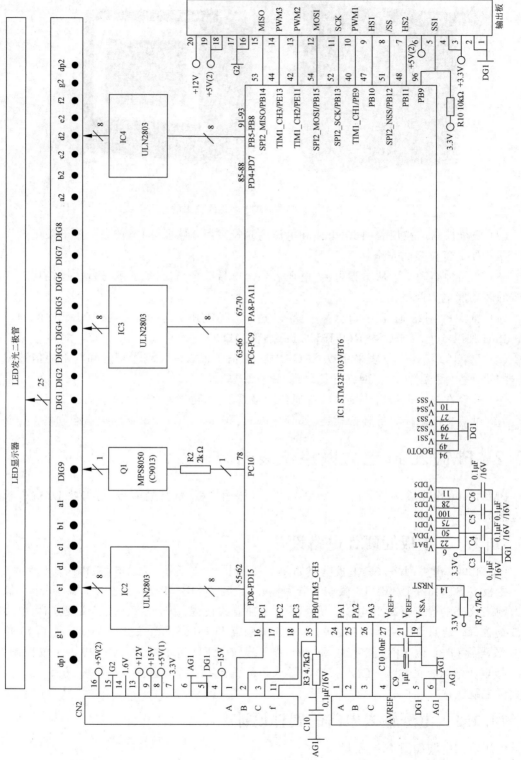

图 10-2 主板电路（1）

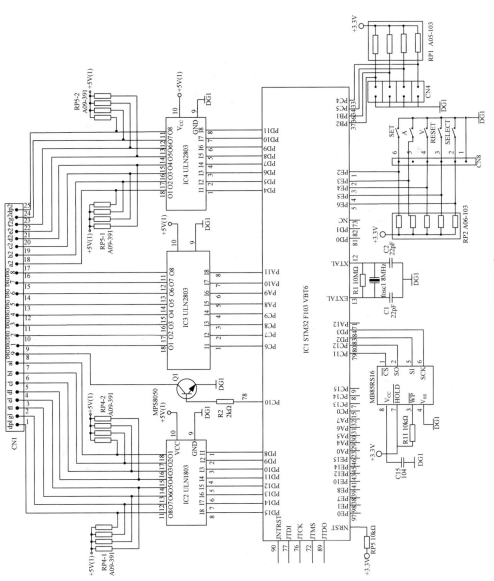

图 10-3 主板电路（2）

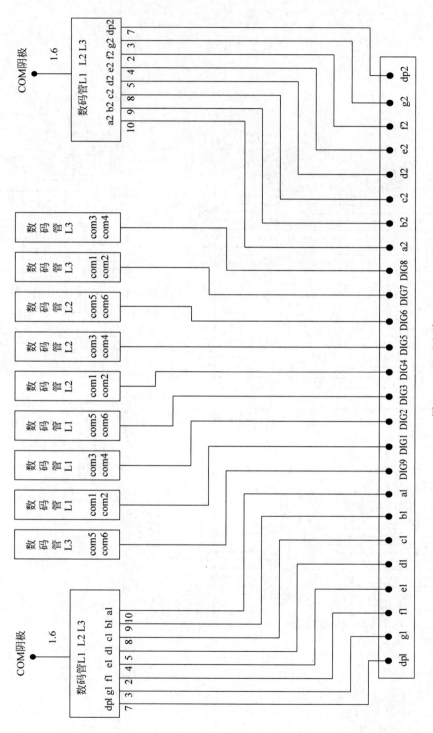

图 10-4 显示电路

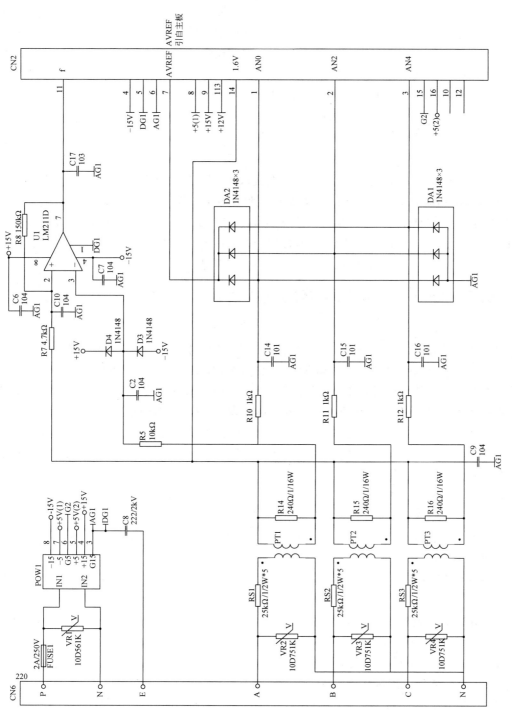

图 10-5 电压输入电路

A、B、C、N 为 Ua、Ub、Uc、Un 三相电压输入；PT1、PT2 和 PT3 为电压互感器；电压互感器输出的电流信号经 R14、R15、R16 取样电阻变成电压信号；DA1、DA2 二极管为 A/D 采样保护电路；POW1 为电源模块，产生所需直流电源；Ua、Un 为 220V 交流输入信号，经过电压互感器 PT1 变成毫安信号，由电阻 R14 取样变成电压信号送入过零电压比较器 LM211D，其输出为方波，用于周期和频率测量。

VR1～VR4 为压敏电阻，用于抗雷击过压保护。

10.2.3 电流输入电路的硬件设计

电流输入电路如图 10-6 所示。

1S/1L、2S/2L、3S/3L 为 Ia、Ib、Ic 三相电流输入；CT1、CT2 和 CT3 为电流互感器；电流互感器输出的电流信号经 R1、R2、R3 取样电阻变成电压信号；D4～D9 二极管为 A/D 采样保护电路；TL431AILP 为电压基准源，经电阻网络变成 1.6V 和 3.2V，再通过运算放大器 TL082 驱动产生 A/D 采样电压基准，1.6V 接电流互感器和电压互感器二次侧的一端，把－1.6～＋1.6V 的交流信号变成 0～3.2V 的交流信号。

10.2.4 RS-485 通信电路的硬件设计

1. 硬件设计

RS-485 通信接口电路如图 10-7 所示，以 ST 公司的 8 位微控制器 STM8S105K4T6 为核心，通过 6N137、PS2501 光电耦合器和 RS-485 驱动器 SN65LBC184 组成 RS-485 通信接口。

通信板与主板之间通过 SPI 串行总线实现双机通信。当电力网络仪表设定仪表地址和通信波特率等参数时，主板 STM32F103VBT6 的 SPI 设为主机模式，通信板 STM8S105K4T6 的 SPI 设为从机模式，主板主动向通信板发送地址和通信波特率等参数，发送完后，主板的 SPI 变为从机模式，通信板的 SPI 变为主机模式，继续进行电力测量参数的传输。在双机通信时，通过 HS1 和 HS2 实现握手。

CN1 为 STM8S105K4T6 微控制器下载接口，CN2 为通信板外接线端子。

TX LED 和 RX LED 为 RS-485 通信发送和接收 LED 指示灯。

4 路数字量输入电路如图 10-8 所示。数字量输入电路用于测量开关运行状态，DI1～DI4 分别与 DICOM 连接时，PC0～PC3 为低电平，否则为高电平。PS2501 光电耦合器实现了开关量与 STM32F103VBT6 微控制器的隔离。

2. SPI 通信机制

PMM2000 电力网络仪表采用双 CPU 设计，主板和通信板之间通过 SPI 串行总线传输数据。这是在双 CPU 之间进行通信的常用方式。

数据传输方式分为两种情况：当电力网络仪表设定通信地址和波特率时，主板的 SPI 设为主机模式，通信板的 SPI 设为从机模式；当通信板向主板要测量数据时，主板的 SPI 设为从机模式，通信板的 SPI 设为主机模式。主板和通信板之间的 SPI 模式切换通过 HS1、HS2 实现，以避免主板和通信板的程序执行出现冲突。

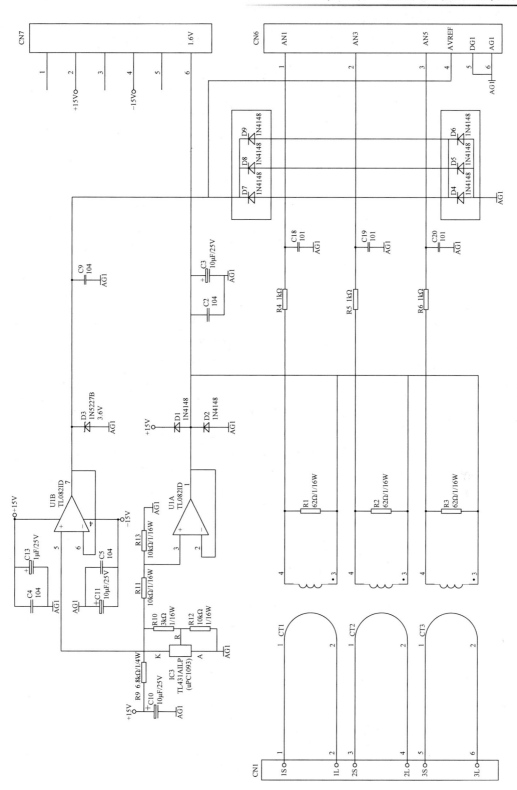

图 10-6 电流输入电路

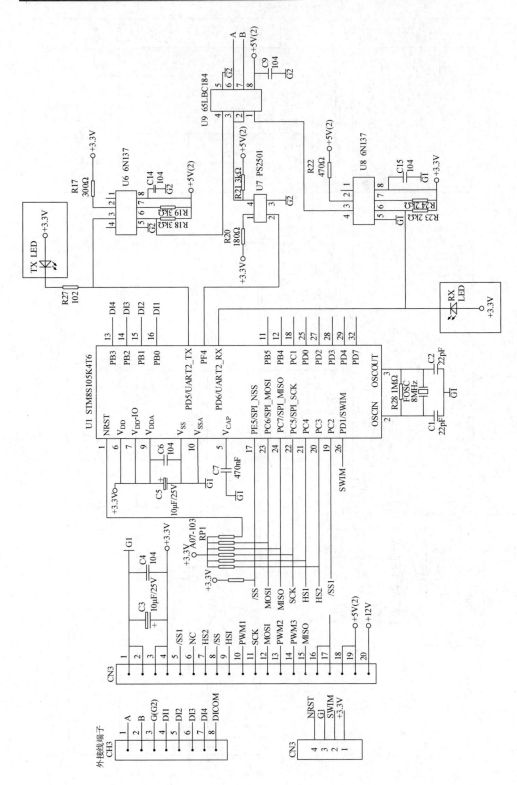

图 10-7 RS-485 通信接口电路

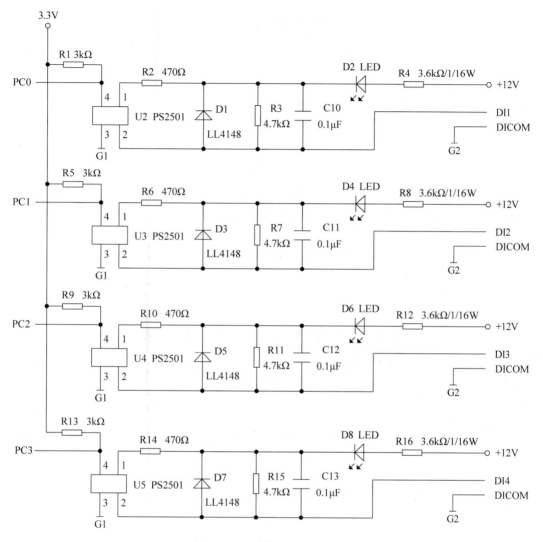

图 10-8　4 路数字量输入电路

硬件连接说明如表 10-1 所示。

表 10-1　硬件连接说明

引脚功能	STM32 对应引脚	STM8S 对应引脚
HS1	PB10	PC4
HS2	PB11	PC4
SS	PB12	PE5
MOSI	PB15	PC6
MISO	PB14	PC7
SS1	PB9	PC2
SCK	PB13	PC5

各引脚功能说明如表 10-2 所示。

表 10-2　各引脚功能说明

功能	方　向	功 能 描 述
HS1	STM8S→STM32	STM8S 通知 STM32 已准备好接收。0：未准备或接收完毕；1：准备好
HS2	STM32→STM8S	STM32 改变地址或波特率。0：改变；1：不变
SS	STM32→STM8S	STM8S 的 SPI 使能信号。0：有效；1：无效
SS1	STM8S→STM32	STM32 的 SPI 使能信号。0：有效；1：无效

对于 STM8S,SS 始终为输入；对于 STM32,SS 始终为输出。MISO、MOSI、SCK 在主机模式和从机模式下的方向不同,如表 10-3 所示。

表 10-3　MISO、MOSI、SCK 引脚在主机模式和从机模式下的方向

引　脚	主机模式方向	从机模式方向
MOSI	输出	输入
MISO	输入	输出(没有使用)
SCK	输出	输入

10.2.5　4～20mA 模拟信号输出的硬件电路设计

PMM2000 数字式电力网络仪表,除了可以输出数字信号外,还可以输出 3 通道 4～20mA 模拟信号,通过 STM32F103VBT6 微控制器的 PWM 输出可以实现这一功能。

电压基准源电路如图 10-9 所示。

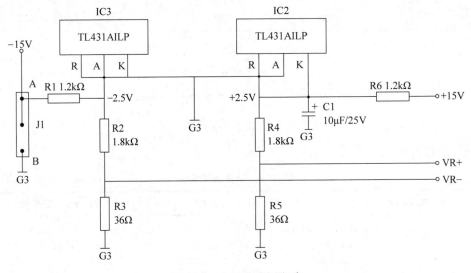

图 10-9　电压基准源电路

图 10-9 中,IC2、IC3 为 TL431AILP 电压基准源芯片,外接电阻产生＋2.5V 电源和 VR＋、VR－运算放大器的调零端。

下面以通道 2(CH2)为例介绍 4～20mA 输出电路,如图 10-10 所示。

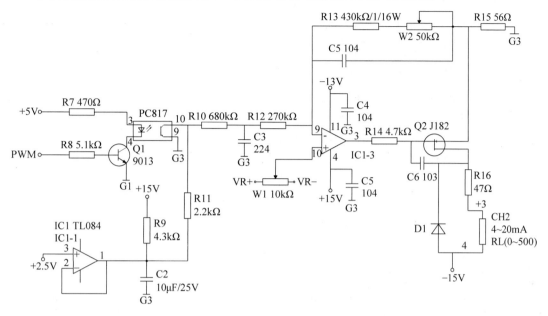

图 10-10　4～20mA 输出电路

图 10-10 中,输入为 STM32F103VBT6 微控制器的 PWM 输出信号,输出为 4～20mA 直流电流信号。PWM 信号经三极管 Q1 驱动光电耦合器 PC817,PC817 的输出经 R10 和 C3 积分后产生电压信号,送入运算放大器 IC1,后经场效应管 Q2 驱动,产生 4～20mA 电流 输出信号。

PWM 采用 TIM1 定时器,应用程序如下。

1. TIM_OCInitTypeDef 结构体定义

```
typedef struct
{
    u16 TIM_OCMode;
    u16 TIM_OutputState;
    u16 TIM_OutputNState;
    u16 TIM_Pulse;
    u16 TIM_OCPolarity;
    u16 TIM_OCNPolarity;
    u16 TIM_OCIdleState;
    u16 TIM_OCNIdleState;
} TIM_OCInitTypeDef;
```

2. 定义 TIM_OCInitStructure

```
TIM_OCInitTypeDef TIM_OCInitStructure;
```

3. GPIO 初始化

```
GPIO_PinRemapConfig(GPIO_FullRemap_TIM1, ENABLE);        //TIM1 完全重映像
 // TIM1_ETR   TIM1_CH1N   TIM1_CH1   TIM1_CH2N   TIM1_CH2
 //    PE7       PE8        PE9        PE10        PE11
 // TIM1_CH3N   TIM1_CH3   TIM1_CH4   TIM1_BKIN
 //    PE12      PE13       PE14       PE15
 //PE9、PE11、PE13 CH1 CH2 CH3 作为第 2 功能推挽输出
GPIO_InitStructure.GPIO_Pin = GPIO_Pin_9|GPIO_Pin_11|GPIO_Pin_13 ;
GPIO_InitStructure.GPIO_Speed = GPIO_Speed_50MHz;
GPIO_InitStructure.GPIO_Mode = GPIO_Mode_AF_PP;
GPIO_Init(GPIOE, &GPIO_InitStructure);
```

4. TIM1 初始化

```
/ * TIM1 配置
使用 4 个不同的占空比产生 7 路 PWM 信号:
TIM1CLK = 72 MHz, 预分频系数 = 9, TIM1 计数时钟 = 8 MHz
TIM1 频率 = TIM1CLK/(TIM1_Period + 1) = 122Hz
PWM 使用中央对齐模式,频率为 61Hz,周期为 16.384ms * /

TIM_OCStructInit(&TIM_OCInitStructure);
/ * 时间基准配置 * /
TIM_TimeBaseStructure.TIM_Prescaler = 8;
TIM_TimeBaseStructure.TIM_CounterMode = TIM_CounterMode_CenterAligned3;
TIM_TimeBaseStructure.TIM_Period = Timer1_period_Val;
TIM_TimeBaseStructure.TIM_ClockDivision = 0;
TIM_TimeBaseStructure.TIM_RepetitionCounter = 0;

TIM_TimeBaseInit(TIM1, &TIM_TimeBaseStructure);
TIM_ARRPreloadConfig(TIM1, ENABLE);

/ * 通道 1~4 配置为 PWM 模式 * /
TIM_OCInitStructure.TIM_OCMode = TIM_OCMode_PWM1;
/ * PWM 模式 1:
  向上计数时,一旦 TIMx_CNT < TIMx_CCRx,通道 x 为有效电平,否则为无效电平
  向下计数时,一旦 TIMx_CNT > TIMx_CCRx,通道 x 为无效电平,否则为有效电平
  * /
TIM_OCInitStructure.TIM_OutputState = TIM_OutputState_Enable;
//OCx 信号输出到对应的输出引脚
TIM_OCInitStructure.TIM_OutputNState = TIM_OutputNState_Disable;
//输入/捕获 x 互补输出不使能
TIM_OCInitStructure.TIM_OCPolarity = TIM_OCPolarity_Low;
//输入/捕获 x 输出极性输出,有效电平为低

//以下与输入/捕获 x 互补输出有关
TIM_OCInitStructure.TIM_OCNPolarity = TIM_OCNPolarity_High;
TIM_OCInitStructure.TIM_OCIdleState = TIM_OCIdleState_Set;
TIM_OCInitStructure.TIM_OCNIdleState = TIM_OCIdleState_Reset;
```

```
//禁止 TIMx_CCRx 寄存器的预装载功能,可随时写入 TIMx_CCR1 寄存器
//并且新写入的数值立即起作用,默认禁止,不必设置

//注意以下 3 路 PWM 初始化共用结构体 TIM_OCInitStructure 的设置,也可分别设置
/* 0x3000 对应 4mA,0xF000 对应 20mA,调节图 10-10 中的 W1 和 W2 电位器,可以调节 4mA 和 20mA
的大小 */
TIM_OCInitStructure.TIM_Pulse = 0X3000;        //装入当前捕获/比较 1 寄存器的值(预装载值)
TIM_OC1Init(TIM1, &TIM_OCInitStructure);

TIM_OCInitStructure.TIM_Pulse = 0X3000;        //装入当前捕获/比较 2 寄存器的值(预装载值)
TIM_OC2Init(TIM1, &TIM_OCInitStructure);

TIM_OCInitStructure.TIM_Pulse = 0X3000;        //装入当前捕获/比较 3 寄存器的值(预装载值)
TIM_OC3Init(TIM1, &TIM_OCInitStructure);

//TIM_OCInitStructure.TIM_Pulse = CCR4_Val;
//TIM_OC4Init(TIM1, &TIM_OCInitStructure);

/* TIM1 主输出使能 */
TIM_CtrlPWMOutputs(TIM1, ENABLE);
//如果设置了相应的使能位(TIMx_CCER 寄存器的 CCxE、CCxNE 位),则开启 OC 和 OCN 输出

/* TIM1 使能 */
TIM_Cmd(TIM1, ENABLE);
```

5. 输出 PWM1～PWM3 的占空比

```
calc_pwm(CH1_num);                //获取当前参数 PWM1 输出时的占空比
TIM1 -> CCR1 = CCRx_buf ;         //装入当前捕获/比较 1 寄存器的值
calc_pwm(CH2_num);                //获取当前参数 PWM2 输出时的占空比
TIM1 -> CCR2 = CCRx_buf;          //装入当前捕获/比较 2 寄存器的值
calc_pwm(CH3_num);                //获取当前参数 PWM3 输出时的占空比
TIM1 -> CCR3 = CCRx_buf;          //装入当前捕获/比较 3 寄存器的值
```

10.3 周期和频率测量

在 PMM2000 数字式电力网络仪表的设计中,由于采用交流采样技术,因此需要测量电网中的频率,STM32F103VBT6 微控制器的捕获定时器可以完成这一任务。

LM211 输入/输出波形如图 10-11 所示。T 为被测正弦交流信号的周期,其倒数为频率 f,即 $f = 1/T$。

1. 定时器 TIM3 的中断初始化程序

```
/* 使能 TIM3 全局中断 */
NVIC_InitStructure.NVIC_IRQChannel = TIM3_IRQChannel;
NVIC_InitStructure.NVIC_IRQChannelPreemptionPriority = 4;
NVIC_InitStructure.NVIC_IRQChannelSubPriority = 1;
NVIC_InitStructure.NVIC_IRQChannelCmd = ENABLE;
NVIC_Init(&NVIC_InitStructure);
```

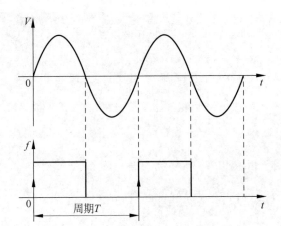

图 10-11　LM211 输入/输出波形

2. 定时器 TIM3 的初始化程序

```
/* TIM3 配置：输入捕获模式
TIM3CLK = 36 MHz, 预分频系数 = 18, TIM3 计数时钟 = 2 MHz */
TIM_DeInit(TIM3);
TIM_TimeBaseStructure.TIM_Period = 65535;
TIM_TimeBaseStructure.TIM_Prescaler = 17;
TIM_TimeBaseStructure.TIM_ClockDivision = 0;
TIM_TimeBaseStructure.TIM_CounterMode = TIM_CounterMode_Up;
TIM_TimeBaseInit(TIM3, &TIM_TimeBaseStructure);

TIM_ICInitStructure.TIM_Channel = TIM_Channel_3;            //选择通道 3
TIM_ICInitStructure.TIM_ICPolarity = TIM_ICPolarity_Rising;  //输入上升沿捕获
TIM_ICInitStructure.TIM_ICSelection = TIM_ICSelection_DirectTI;
//通道方向选择 CC3 通道被配置为输入, IC3 映射在 TI3 上
TIM_ICInitStructure.TIM_ICPrescaler = TIM_ICPSC_DIV1;
//无预分频器,捕获输入口上检测到的每个边沿都触发一次捕获
TIM_ICInitStructure.TIM_ICFilter = 0x00;
//无滤波器,以 fDTS 采样
TIM_ICInit(TIM3, &TIM_ICInitStructure);

//使能 CC3 中断请求
TIM_ITConfig(TIM3, TIM_IT_CC3, ENABLE);
TIM_Cmd(TIM3, ENABLE);
```

3. 频率捕捉中断服务程序

```
/*************************************************************
函数名：TIM3_IRQHandler
功能：频率捕捉,并且实现频率的跟踪(具体实现在 5ms 计算中)
      跟踪的范围为 40Hz～60Hz,当频率小于 40Hz 或大于 60Hz 时,默认为 50Hz
      频率捕捉是通过捕捉电压的波形来实现的,所以对电压有所要求
```

```
          只有当电压的有效值大于约 46V 的一个值时,频率才能被捕捉计算出来
          实际上,程序在电压幅值低于 46V 时,给频率捕捉单元赋予 50Hz 的默认值
入口:无
出口:无
***************************************************************/
void TIM3_IRQHandler(void)
{
  //获取输入捕获值
  IC3Value = TIM_GetCapture3(TIM3);          //注意此处获取的数值是捕捉定时器的值
  //清除 TIM3 捕获的较中断挂号位
  TIM_ClearITPendingBit(TIM3, TIM_IT_CC3);

  if(SAMPFG == 0)
  {
    SAMPFG = 1;                              //非第 1 次频率捕捉
    CAPBF2 = IC3Value;
  }
  else
  {
    // CAPBF1 和 CAPBF2 用于计算频率
    // CAPBUF 存放频率值
    // CAPBUFTXB 频率显示单元
    CAPFLG = 1;
    CAPBF1 = CAPBF2;
    CAPBF2 = IC3Value;
    CAPBUF = 0;
    // 在输入捕获中断中,1/Fren = PITPRM/(36M/18),因此 PITPRM = 2MHz/Fren
    // PITPRM 用于频率捕捉,存放当前频率的计数器的计数值
    PITPRM = CAPBF2 - CAPBF1;
    CAPBUF = (2000000/(float)(PITPRM));
  }
}
```

10.4　STM32F103VBT6 初始化程序

10.4.1　NVIC 中断初始化程序

```
/****************************************************************
函数名:NVIC 配置
描述:配置向量中断,设置中断优先级管理模块
输入:无
输出:无
返回:无
调用处:main 函数初始化
***************************************************************/
void NVIC_Configuration(void)
{
```

```
NVIC_InitTypeDef NVIC_InitStructure;

# ifdef VECT_TAB_RAM
/* 设置向量表基地址为 0x20000000 */
NVIC_SetVectorTable(NVIC_VectTab_RAM, 0x0);
# else /* VECT_TAB_FLASH */                    //默认中断向量表在 Flash 中
/* 设置向量表基地址为 0x08000000 */
NVIC_SetVectorTable(NVIC_VectTab_FLASH, 0x0);
# endif

/* 设置 1 位抢占式优先级 */
//NVIC_PriorityGroup_3: 8 级抢占式优先级, 2 级响应优先级
NVIC_PriorityGroupConfig(NVIC_PriorityGroup_3);

/*
本系统中断及其优先级设定:
  WWDG        Timer2        SysTick  Timer3     SPI      Timer4      Timer1
窗口看门狗 > 20ms/128 采样 > 1ms 显示 > 频率捕捉 > SPI 通信 > 5ms 计算    PWM 脉冲输出
 (0.1)       (1. 1)       (2. 1)    (4. 1)     (10. 0)    (6. 1)     未开启中断
*/

# ifdef USE_STM32_WDG
/* 使能 WWDG 全面中断 */
NVIC_InitStructure.NVIC_IRQChannel = WWDG_IRQChannel;
NVIC_InitStructure.NVIC_IRQChannelPreemptionPriority = 0;
NVIC_InitStructure.NVIC_IRQChannelSubPriority = 1;
NVIC_InitStructure.NVIC_IRQChannelCmd = ENABLE;
NVIC_Init(&NVIC_InitStructure);
# endif

/* 使能 TIM2 全面中断 */
NVIC_InitStructure.NVIC_IRQChannel = TIM2_IRQChannel;
NVIC_InitStructure.NVIC_IRQChannelPreemptionPriority = 1;
NVIC_InitStructure.NVIC_IRQChannelSubPriority = 1;
NVIC_InitStructure.NVIC_IRQChannelCmd = ENABLE;

NVIC_Init(&NVIC_InitStructure);

/* 使能 TIM3 全面中断 */
NVIC_InitStructure.NVIC_IRQChannel = TIM3_IRQChannel;
NVIC_InitStructure.NVIC_IRQChannelPreemptionPriority = 4;
NVIC_InitStructure.NVIC_IRQChannelSubPriority = 1;
NVIC_InitStructure.NVIC_IRQChannelCmd = ENABLE;

NVIC_Init(&NVIC_InitStructure);

# ifndef USE_PWM
/* 配置并使能 SPI2 中断 */
NVIC_InitStructure.NVIC_IRQChannel = SPI2_IRQChannel;
```

```
    NVIC_InitStructure.NVIC_IRQChannelPreemptionPriority = 5;
    NVIC_InitStructure.NVIC_IRQChannelSubPriority = 0;
    NVIC_InitStructure.NVIC_IRQChannelCmd = ENABLE;
    NVIC_Init(&NVIC_InitStructure);
    #endif

    /* 使能 TIM4 全面中断 */
    NVIC_InitStructure.NVIC_IRQChannel = TIM4_IRQChannel;
    NVIC_InitStructure.NVIC_IRQChannelPreemptionPriority = 6;
    NVIC_InitStructure.NVIC_IRQChannelSubPriority = 1;
    NVIC_InitStructure.NVIC_IRQChannelCmd = ENABLE;

    NVIC_Init(&NVIC_InitStructure);
}
```

10.4.2　GPIO 初始化程序

```
/ ************************************************************
函数名: GPIO 配置
描述: 配置不同的 GPIO 口
输入: 无
输出: 无
返回: 无
调用处:main 函数初始化
通用 I/O 口设置,根据原理图进行设置
输出引脚一般使用推挽模式,开漏模式需上拉
不使用的引脚设成输入上拉
    ************************************************************ /
void GPIO_Configuration(void)
{
    /* 配置 PA */
    // PA8～PA11 作为推挽输出
    GPIO_InitStructure.GPIO_Pin = GPIO_Pin_8|GPIO_Pin_9|GPIO_Pin_10|GPIO_Pin_11 ;
    GPIO_InitStructure.GPIO_Speed = GPIO_Speed_2MHz;
    GPIO_InitStructure.GPIO_Mode = GPIO_Mode_Out_PP;
    GPIO_Init(GPIOA, &GPIO_InitStructure);
    // PA12 作为推挽输出 MB3773 - CK (NO USE,未用)
    GPIO_InitStructure.GPIO_Pin = GPIO_Pin_12 ;
    GPIO_InitStructure.GPIO_Speed = GPIO_Speed_2MHz;
    GPIO_InitStructure.GPIO_Mode = GPIO_Mode_Out_PP;
    GPIO_Init(GPIOA, &GPIO_InitStructure);
    // PAD、PA4～PA7 作为上拉输入,未用的引脚
    GPIO_InitStructure.GPIO_Pin = GPIO_Pin_0|GPIO_Pin_4|GPIO_Pin_5 | GPIO_Pin_6 | GPIO_Pin_7 ;
    GPIO_InitStructure.GPIO_Speed = GPIO_Speed_2MHz;
    GPIO_InitStructure.GPIO_Mode = GPIO_Mode_IPU;
    GPIO_Init(GPIOA, &GPIO_InitStructure);
    // PA1～PA3 作为 ADC 输入
    GPIO_InitStructure.GPIO_Pin = GPIO_Pin_1|GPIO_Pin_2|GPIO_Pin_3 ;
```

```
GPIO_InitStructure.GPIO_Speed = GPIO_Speed_50MHz;
GPIO_InitStructure.GPIO_Mode = GPIO_Mode_AIN;
GPIO_Init(GPIOA, &GPIO_InitStructure);
// PA13～PA15 作为 JTAG 引脚

/ * 配置 PB * /
// PBD 作为 TIM3_CH3
GPIO_InitStructure.GPIO_Pin = GPIO_Pin_0;
GPIO_InitStructure.GPIO_Speed = GPIO_Speed_50MHz;
GPIO_InitStructure.GPIO_Mode = GPIO_Mode_IPU;
GPIO_Init(GPIOB, &GPIO_InitStructure);
//PB1、PB2 作为上拉输入
GPIO_InitStructure.GPIO_Pin = GPIO_Pin_1|GPIO_Pin_2 ;
GPIO_InitStructure.GPIO_Speed = GPIO_Speed_2MHz;
GPIO_InitStructure.GPIO_Mode = GPIO_Mode_IPU;
GPIO_Init(GPIOB, &GPIO_InitStructure);
//PB5～PB8 作为推挽输出
GPIO_InitStructure.GPIO_Pin = GPIO_Pin_5|GPIO_Pin_6|GPIO_Pin_7|GPIO_Pin_8;
GPIO_InitStructure.GPIO_Speed = GPIO_Speed_2MHz;
GPIO_InitStructure.GPIO_Mode = GPIO_Mode_Out_PP;
GPIO_Init(GPIOB, &GPIO_InitStructure);

#ifdef USE_PWM
//PB9、PB11～PB15 作为上拉输入
GPIO_InitStructure.GPIO_Pin = GPIO_Pin_9| GPIO_Pin_11| GPIO_Pin_12|
                              GPIO_Pin_13 | GPIO_Pin_14 | GPIO_Pin_15;
GPIO_InitStructure.GPIO_Speed = GPIO_Speed_2MHz;
GPIO_InitStructure.GPIO_Mode = GPIO_Mode_IPU;
GPIO_Init(GPIOB, &GPIO_InitStructure);

//PB10 作为推挽输出
GPIO_InitStructure.GPIO_Pin = GPIO_Pin_10 ;
GPIO_InitStructure.GPIO_Speed = GPIO_Speed_50MHz;
GPIO_InitStructure.GPIO_Mode = GPIO_Mode_Out_PP;
GPIO_Init(GPIOB, &GPIO_InitStructure);
//PB3、PB4 作为 JTAG 引脚
#else
//PB9、PB10 作为上拉输入
GPIO_InitStructure.GPIO_Pin = GPIO_Pin_9|GPIO_Pin_10;
GPIO_InitStructure.GPIO_Speed = GPIO_Speed_50MHz;
GPIO_InitStructure.GPIO_Mode = GPIO_Mode_IPU;
GPIO_Init(GPIOB, &GPIO_InitStructure);
//PB13～PB15 配置为 SPI2 引脚: SCK、MISO 和 MOSI
GPIO_InitStructure.GPIO_Pin = GPIO_Pin_13 | GPIO_Pin_14 | GPIO_Pin_15;
GPIO_InitStructure.GPIO_Speed = GPIO_Speed_50MHz;
GPIO_InitStructure.GPIO_Mode = GPIO_Mode_AF_PP;
GPIO_Init(GPIOB, &GPIO_InitStructure);
//PB11、PB12 作为推挽输出
GPIO_InitStructure.GPIO_Pin = GPIO_Pin_11 | GPIO_Pin_12;
```

```
GPIO_InitStructure.GPIO_Speed = GPIO_Speed_50MHz;
GPIO_InitStructure.GPIO_Mode = GPIO_Mode_Out_PP;
GPIO_Init(GPIOB, &GPIO_InitStructure);
//PB3、PB4 作为 JTAG 引脚
#endif
/* 配置 PC */
//PC6~PC9 作为推挽输出
GPIO_InitStructure.GPIO_Pin = GPIO_Pin_6|GPIO_Pin_7|GPIO_Pin_8|GPIO_Pin_9 ;
GPIO_InitStructure.GPIO_Speed = GPIO_Speed_2MHz;
GPIO_InitStructure.GPIO_Mode = GPIO_Mode_Out_PP;
GPIO_Init(GPIOC, &GPIO_InitStructure);
//PC1~PC3 作为 ADC 输入
GPIO_InitStructure.GPIO_Pin = GPIO_Pin_1|GPIO_Pin_2|GPIO_Pin_3 ;
GPIO_InitStructure.GPIO_Speed = GPIO_Speed_50MHz;
GPIO_InitStructure.GPIO_Mode = GPIO_Mode_AIN;
GPIO_Init(GPIOC, &GPIO_InitStructure);
//PC4、PC5 作为上拉输入
GPIO_InitStructure.GPIO_Pin = GPIO_Pin_4 | GPIO_Pin_5;
GPIO_InitStructure.GPIO_Speed = GPIO_Speed_2MHz;
GPIO_InitStructure.GPIO_Mode = GPIO_Mode_IPU;
GPIO_Init(GPIOC, &GPIO_InitStructure);
//PC10、PC11 作为推挽输出
GPIO_InitStructure.GPIO_Pin = GPIO_Pin_10|GPIO_Pin_11 ;
GPIO_InitStructure.GPIO_Speed = GPIO_Speed_50MHz;
GPIO_InitStructure.GPIO_Mode = GPIO_Mode_Out_PP;
GPIO_Init(GPIOC, &GPIO_InitStructure);
//PC12 作为上拉输入
GPIO_InitStructure.GPIO_Pin = GPIO_Pin_12;
GPIO_InitStructure.GPIO_Speed = GPIO_Speed_50MHz;
GPIO_InitStructure.GPIO_Mode = GPIO_Mode_IPU;
GPIO_Init(GPIOC, &GPIO_InitStructure);
//PC0、PC13~PC15 作为上拉输入,未用
GPIO_InitStructure.GPIO_Pin = GPIO_Pin_0|GPIO_Pin_13|GPIO_Pin_14|GPIO_Pin_15;
GPIO_InitStructure.GPIO_Speed = GPIO_Speed_2MHz;
GPIO_InitStructure.GPIO_Mode = GPIO_Mode_IPU;
GPIO_Init(GPIOC, &GPIO_InitStructure);

/* 配置 PD */
//PD4~7、PD8~15 作为推挽输出
GPIO_InitStructure.GPIO_Pin = GPIO_Pin_4|GPIO_Pin_5|GPIO_Pin_6|GPIO_Pin_7|
                              GPIO_Pin_8|GPIO_Pin_9|GPIO_Pin_10|GPIO_Pin_11|
                              GPIO_Pin_12|GPIO_Pin_13|GPIO_Pin_14|GPIO_Pin_15;
GPIO_InitStructure.GPIO_Speed = GPIO_Speed_2MHz;
GPIO_InitStructure.GPIO_Mode = GPIO_Mode_Out_PP;
GPIO_Init(GPIOD, &GPIO_InitStructure);
//PD2、PD3 作为推挽输出
GPIO_InitStructure.GPIO_Pin = GPIO_Pin_2|GPIO_Pin_3;
GPIO_InitStructure.GPIO_Speed = GPIO_Speed_50MHz;
GPIO_InitStructure.GPIO_Mode = GPIO_Mode_Out_PP;
```

```
      GPIO_Init(GPIOD, &GPIO_InitStructure);
      //PD0、PD1 作为晶振

      /* 配置 PE */
      //PE0～PE6 作为上拉输入
      GPIO_InitStructure.GPIO_Pin = GPIO_Pin_0|GPIO_Pin_1|GPIO_Pin_2|GPIO_Pin_3|
                                    GPIO_Pin_4|GPIO_Pin_5|GPIO_Pin_6;
      GPIO_InitStructure.GPIO_Speed = GPIO_Speed_2MHz;
      GPIO_InitStructure.GPIO_Mode = GPIO_Mode_IPU;
      GPIO_Init(GPIOE, &GPIO_InitStructure);

      #ifdef USE_PWM
      //PE8～PE13 重映射为 PWM 输出
      GPIO_PinRemapConfig(GPIO_FullRemap_TIM1, ENABLE);        //TIM1 完全重映像
      // TIM1_ETR  TIM1_CH1N  TIM1_CH1   TIM1_CH2N   TIM1_CH2
      //   PE7        PE8        PE9        PE10        PE11
      // TIM1_CH3N  TIM1_CH3    TIM1_CH4   TIM1_BKIN
      //   PE12       PE13        PE14        PE15
      //PE9、PE11、PE13 作为第 2 功能推挽输出
      GPIO_InitStructure.GPIO_Pin = GPIO_Pin_9|GPIO_Pin_11|GPIO_Pin_13 ;
      GPIO_InitStructure.GPIO_Speed = GPIO_Speed_50MHz;
      GPIO_InitStructure.GPIO_Mode = GPIO_Mode_AF_PP;
      GPIO_Init(GPIOE, &GPIO_InitStructure);
      //其余暂未设置 ETR 外部触发 BKIN 断线输入
      #else
      GPIO_InitStructure.GPIO_Pin = GPIO_Pin_9|GPIO_Pin_11|GPIO_Pin_13 ;
      GPIO_InitStructure.GPIO_Speed = GPIO_Speed_50MHz;
      GPIO_InitStructure.GPIO_Mode = GPIO_Mode_IPU;
      GPIO_Init(GPIOE, &GPIO_InitStructure);
      #endif
}
```

10.4.3 ADC 初始化程序

```
/**********************************************************************
函数名：ADC 配置
描述：配置 ADC, ADC1、ADC 2 同步规则采样
输入：无
输出：无
返回：无
调用处：main 函数初始化
********************************************************************** /
#define ADC1_DR_Address ((u32)0x4001244C)        //定义 ADC1 规则数据寄存器地址
#define ADC2_DR_Address ((u32)0x4001284C)        //定义 ADC2 规则数据寄存器地址
void ADC_Configuration(void)
{
  /* ADC1 配置 */
  ADC_InitStructure.ADC_Mode = ADC_Mode_RegSimult;        //工作模式
  ADC_InitStructure.ADC_ScanConvMode = ENABLE;            //使能扫描方式
```

```
ADC_InitStructure.ADC_ContinuousConvMode = DISABLE;                    //不连续转换
ADC_InitStructure.ADC_ExternalTrigConv = ADC_ExternalTrigConv_None;    //外部触发禁止
ADC_InitStructure.ADC_DataAlign = ADC_DataAlign_Right;                 //数据右对齐
ADC_InitStructure.ADC_NbrOfChannel = 3;                               //转换通道数 3
ADC_Init(ADC1, &ADC_InitStructure);
/*
每个通道可以以不同的时间采样
总转换时间如下计算: TCONV = 采样时间 + 12.5 个周期
例如, ADCCLK = 14MHz 和 1.5 周期的采样时间
TCONV = 1.5 + 12.5 = 14 周期 = 1μs
本程序中 ADCCLK = 12MHz 和 28.5 周期的采样时间
TCONV = 28.5 + 12.5 = 41 周期 = 3.42μs
*/
/* ADC1 规则通道配置 */
ADC_RegularChannelConfig(ADC1, ADC_Channel_11, 1, ADC_SampleTime_28Cycles5);
ADC_RegularChannelConfig(ADC1, ADC_Channel_12, 2, ADC_SampleTime_28Cycles5);
ADC_RegularChannelConfig(ADC1, ADC_Channel_13, 3, ADC_SampleTime_28Cycles5);

/* ADC2 配置 */
ADC_InitStructure.ADC_Mode = ADC_Mode_RegSimult;                      //工作模式 与 ADC1 同步触发
ADC_InitStructure.ADC_ScanConvMode = ENABLE;                         //扫描方式
ADC_InitStructure.ADC_ContinuousConvMode = DISABLE;                  //不连续转换
ADC_InitStructure.ADC_ExternalTrigConv = ADC_ExternalTrigConv_None;  //外部触发禁止
ADC_InitStructure.ADC_DataAlign = ADC_DataAlign_Right;               //数据右对齐
ADC_InitStructure.ADC_NbrOfChannel = 3;                             //转换通道数 3
ADC_Init(ADC2, &ADC_InitStructure);

/* ADC2 规则通道配置 */
ADC_RegularChannelConfig(ADC2, ADC_Channel_1, 1, ADC_SampleTime_28Cycles5);
ADC_RegularChannelConfig(ADC2, ADC_Channel_2, 2, ADC_SampleTime_28Cycles5);
ADC_RegularChannelConfig(ADC2, ADC_Channel_3, 3, ADC_SampleTime_28Cycles5);

/* 使能 ADC2 外部触发转换 */
ADC_ExternalTrigConvCmd(ADC2, ENABLE);                               //重要
//外部触发来自 ADC1 的规则组多路开关(由 ADC1_CR2 寄存器的 EXTSEL[2:0]选择)
//它同时给 ADC2 提供同步触发

/* 使能 ADC1 DMA */
ADC_DMACmd(ADC1, ENABLE);

/* 使能 ADC1 */
ADC_Cmd(ADC1, ENABLE);

/* 使能 ADC1 复位校验寄存器 */
ADC_ResetCalibration(ADC1);
/* 检查 ADC1 复位校验寄存器是否校验结束 */
while(ADC_GetResetCalibrationStatus(ADC1));

/* 启动 ADC1 校验 */
```

```
ADC_StartCalibration(ADC1);
/* 检查 ADC1 校验是否结束 */
while(ADC_GetCalibrationStatus(ADC1));


/* 使能 ADC2 */
ADC_Cmd(ADC2, ENABLE);

/* 使能 ADC2 复位校验寄存器 */
ADC_ResetCalibration(ADC2);
/* 检查 of ADC2 是否校验结束 */
while(ADC_GetResetCalibrationStatus(ADC2));

/* 启动 ADC2 校验 */
ADC_StartCalibration(ADC2);
/* 检查 ADC2 检验是否结束 */
while(ADC_GetCalibrationStatus(ADC2));

/* 使能 DMA1 通道 */
DMA_Cmd(DMA1_Channel1, ENABLE);

/* 启动 ADC1 软件转换 */
//ADC_SoftwareStartConvCmd(ADC1, ENABLE);


}
```

10.4.4 DMA 初始化程序

```
/ ***********************************************************************
函数名: DMA 配置
描述: 配置 DMA
输入: 无
输出: 无
返回: 无
调用处:main 函数初始化
 ********************************************************************** /
void DMA_Configuration(void)
{
  /* DMA1 通道 1 配置 */
  DMA_DeInit(DMA1_Channel1);
  DMA_InitStructure.DMA_PeripheralBaseAddr = ADC1_DR_Address;            //外设地址
  DMA_InitStructure.DMA_MemoryBaseAddr = (u32)ADCConvertedValue;         //内存地址
  DMA_InitStructure.DMA_DIR = DMA_DIR_PeripheralSRC;      //传输方向为单向,从外设读
  DMA_InitStructure.DMA_BufferSize = 3;                   //数据传输数量为 3
  DMA_InitStructure.DMA_PeripheralInc = DMA_PeripheralInc_Disable;       //外设不递增
  DMA_InitStructure.DMA_MemoryInc = DMA_MemoryInc_Enable; //内存递增
  DMA_InitStructure.DMA_PeripheralDataSize = DMA_PeripheralDataSize_Word;
                                                          //外设数据字长 32 位
```

```
DMA_InitStructure.DMA_MemoryDataSize = DMA_MemoryDataSize_Word;
                                                    //内存数据字长 32 位
DMA_InitStructure.DMA_Mode = DMA_Mode_Circular;     //传输模式:循环模式
DMA_InitStructure.DMA_Priority = DMA_Priority_High; //优先级别为高
DMA_InitStructure.DMA_M2M = DMA_M2M_Disable;        //两个存储器中的变量不互相访问
DMA_Init(DMA1_Channel1, &DMA_InitStructure);


/* 使能 DMA1 通道 1 */
//DMA_Cmd(DMA1_Channel1, ENABLE);
}
```

10.4.5 定时器初始化程序

```
/*****************************************************************
函数名:定时器配置
描述:配置定时器
输入:无
输出:无
返回:无
调用处:main 函数初始化
***************************************************************** /
# define Timer1_period_Val   0xFFFE
# define Timer2_period_Val   5624//56210 - 1
# define Timer4_period_Val   6499//6500 - 1
void Timer_Configuration()
{
# ifdef USE_PWM
/* TIM1 配置:
    使用 4 个不同的占空比产生 7 路 PWM 信号
    TIM1CLK = 72 MHz, 预分频系数 = 9, TIM1 计数时钟 = 8 MHz
    TIM1 频率 = TIM1CLK/(TIM1_Period + 1) = 122Hz
    PWM 使用中央对齐模式,频率为 61Hz,周期为 16.384ms */

TIM_OCStructInit(&TIM_OCInitStructure);
/* 时间基准配置 */
TIM_TimeBaseStructure.TIM_Prescaler = 8;
TIM_TimeBaseStructure.TIM_CounterMode = TIM_CounterMode_CenterAligned3;
TIM_TimeBaseStructure.TIM_Period = Timer1_period_Val;
TIM_TimeBaseStructure.TIM_ClockDivision = 0;
TIM_TimeBaseStructure.TIM_RepetitionCounter = 0;

TIM_TimeBaseInit(TIM1, &TIM_TimeBaseStructure);
TIM_ARRPreloadConfig(TIM1, ENABLE);

/* 通道 1~4 配置为 PWM 模式 */
TIM_OCInitStructure.TIM_OCMode = TIM_OCMode_PWM1;
/* PWM 模式 1:
    向上计数时,一旦 TIMx_CNT < TIMx_CCRx,通道 x 为有效电平,否则为无效电平
```

```
          向下计数时,一旦 TIMx_CNT > TIMx_CCRx,通道 x 为无效电平,否则为有效电平
     */
    TIM_OCInitStructure.TIM_OutputState = TIM_OutputState_Enable;
    //OCx 信号输出到对应的输出引脚
    TIM_OCInitStructure.TIM_OutputNState = TIM_OutputNState_Disable;
    //输入/捕获 x 互补输出不使能
    TIM_OCInitStructure.TIM_OCPolarity = TIM_OCPolarity_Low;
    //输入/捕获 x 输出极性输出,有效电平为低

    //以下与输入/捕获 x 互补输出有关
    TIM_OCInitStructure.TIM_OCNPolarity = TIM_OCNPolarity_High;
    TIM_OCInitStructure.TIM_OCIdleState = TIM_OCIdleState_Set;
    TIM_OCInitStructure.TIM_OCNIdleState = TIM_OCIdleState_Reset;

    //禁止 TIMx_CCRx 寄存器的预装载功能,可随时写入 TIMx_CCR1 寄存器
    //并且新写入的数值立即起作用,默认禁止,不必设置

    //注意以下 3 路 PWM 初始化共用结构体 TIM_OCInitStructure 的设置,也可分别设置
    TIM_OCInitStructure.TIM_Pulse = 0X3000;        //装入当前捕获/比较 1 寄存器的值(预装载值)
    TIM_OC1Init(TIM1, &TIM_OCInitStructure);

    TIM_OCInitStructure.TIM_Pulse = 0X3000;        //装入当前捕获/比较 2 寄存器的值(预装载值)
    TIM_OC2Init(TIM1, &TIM_OCInitStructure);

    TIM_OCInitStructure.TIM_Pulse = 0X3000;        //装入当前捕获/比较 3 寄存器的值(预装载值)
    TIM_OC3Init(TIM1, &TIM_OCInitStructure);

    //TIM_OCInitStructure.TIM_Pulse = CCR4_Val;
    //TIM_OC4Init(TIM1, &TIM_OCInitStructure);

    /* TIM1 主输出使能 */
    TIM_CtrlPWMOutputs(TIM1, ENABLE);
    //如果设置了相应的使能位(TIMx_CCER 寄存器的 CCxE、CCxNE 位),则开启 OC 和 OCN 输出

    /* TIM1 使能 */
    TIM_Cmd(TIM1, ENABLE);
#endif
/* TIM2 配置:
    向上计数溢出中断 20ms/128 = 156.25μs
    TIM2CLK = 36 MHz, 预分频系数 = 1, TIM2 计数时钟 = 36 MHz */
/* 时间基准配置 */
    TIM_DeInit(TIM2);
    TIM_TimeBaseStructure.TIM_Period = Timer2_period_Val;
    TIM_TimeBaseStructure.TIM_Prescaler = 0;
    TIM_TimeBaseStructure.TIM_ClockDivision = 0;
    TIM_TimeBaseStructure.TIM_CounterMode = TIM_CounterMode_Up;
    TIM_TimeBaseInit(TIM2, &TIM_TimeBaseStructure);
```

```
/* 预分频器配置 */
TIM_PrescalerConfig(TIM2, 0, TIM_PSCReloadMode_Immediate);      //0 = Prescaler - 1
/* TIM 中断使能 */
TIM_ITConfig(TIM2, TIM_IT_Update, ENABLE);
/* TIM2 计数使能 */
//TIM_Cmd(TIM2, ENABLE);
/* TIM4 配置:
    向上计数溢出中断 6500 - 1 6.5ms
    TIM4CLK = 36 MHz, 预分频系数 = 36, TIM4 计数时钟 = 1 MHz */
/* 时间基准配置 */
TIM_DeInit(TIM4);
TIM_TimeBaseStructure.TIM_Period = Timer4_period_Val;
TIM_TimeBaseStructure.TIM_Prescaler = 0;
TIM_TimeBaseStructure.TIM_ClockDivision = 0;
TIM_TimeBaseStructure.TIM_CounterMode = TIM_CounterMode_Up;
TIM_TimeBaseInit(TIM4, &TIM_TimeBaseStructure);

/* 预分频器配置 */
TIM_PrescalerConfig(TIM4, 35, TIM_PSCReloadMode_Immediate);      //35 = Prescaler - 1
/* TIM IT 使能 */
TIM_ITConfig(TIM4, TIM_IT_Update, ENABLE);
/* TIM4 计数使能 */
//TIM_Cmd(TIM4, ENABLE);

/* TIM3 配置:
    输入捕获模式
    TIM3CLK = 36 MHz, 预分频系数 = 18, TIM3 计数时钟 = 2 MHz */
TIM_DeInit(TIM3);
TIM_TimeBaseStructure.TIM_Period = 65535;
TIM_TimeBaseStructure.TIM_Prescaler = 17;
TIM_TimeBaseStructure.TIM_ClockDivision = 0;
TIM_TimeBaseStructure.TIM_CounterMode = TIM_CounterMode_Up;
TIM_TimeBaseInit(TIM3, &TIM_TimeBaseStructure);

TIM_ICInitStructure.TIM_Channel = TIM_Channel_3;                //选择通道 3
TIM_ICInitStructure.TIM_ICPolarity = TIM_ICPolarity_Rising;     //输入上升沿捕获
TIM_ICInitStructure.TIM_ICSelection = TIM_ICSelection_DirectTI;
//通道方向选择 CC3 通道被配置为输入,IC3 映射在 TI3 上
TIM_ICInitStructure.TIM_ICPrescaler = TIM_ICPSC_DIV1;
//无预分频器,捕获输入口上检测到的每个边沿都触发一次捕获
TIM_ICInitStructure.TIM_ICFilter = 0x00;
//无滤波器,以 fDTS 采样
TIM_ICInit(TIM3, &TIM_ICInitStructure);

/* 使能 CC3 中断请求 */
TIM_ITConfig(TIM3, TIM_IT_CC3, ENABLE);
```

```
    /* TIM3 计数使能 */
    //TIM_Cmd(TIM3, ENABLE);
    TIM_Cmd(TIM2, ENABLE);
    TIM_Cmd(TIM4, ENABLE);
    TIM_Cmd(TIM3, ENABLE);
}
```

10.5 电力网络仪表的算法

PMM2000 电力网络仪表的算法是一种基于均方值的多点算法,其基本思想是根据周期函数的有效值定义,将连续函数离散化,可得出以下计算公式。

$$I = \sqrt{\frac{1}{N}\sum_{M=1}^{N} i_M^2}$$

$$U = \sqrt{\frac{1}{N}\sum_{M=1}^{N} u_M^2}$$

其中,N 为每个周期等分割采样的次数;i_M 为第 M 点电流采样值;u_M 为第 M 点电压采样值。

三相三线系统采用二元件法,其 P(有功功率)、Q(无功功率)、S(视在功率)计算公式如下。

$$P = \frac{1}{N}\sum_{M=1}^{N}(u_{ABM} \cdot i_{AM} + u_{CBM} \cdot i_{CM})$$

$$Q = \frac{1}{N}\sum_{M=1}^{N}(u_{ABM} \cdot i_{A(M+N/4)} + u_{CBM} \cdot i_{C(M+N/4)})$$

$$J = \sqrt{P^2 + Q^2}$$

其中,u_{ABM}、u_{CBM} 为第 M 点 AB 及 CB 线电压采样值;i_{AM}、i_{CM} 为第 M 点 A 相及 C 相电流采样值。

三相四线系统采用三元件法,其 P、Q、S 计算公式如下。

$$P = \frac{1}{N}\sum_{M=1}^{N}(u_A i_{AM} + u_B i_{BM} + u_C i_{CM})$$

$$Q = \frac{1}{N}\sum_{M=1}^{N}(u_{A(M+N/4)} + u_{B(M+N/4)} + u_{C(M+N/4)})$$

$$S = \sqrt{P^2 + Q^2}$$

其中,u_{AM}、u_{BM}、u_{CM} 为第 M 点 A、B、C 相电压采样值;i_{AM}、i_{BM}、i_{CM} 为第 M 点 A、B、C 相电流采样值。

当 $M+N/4 > N$ 时,取 $M+N/4-N$,N 为一个周期内的采样点数。

上述两种系统的功率因数 PF 的计算公式如下。

$$PF = \frac{P}{S} = \frac{P}{\sqrt{P^2 + Q^2}}$$

10.6　LED 数码管动态显示程序设计

如图 10-1(a)所示,18 位 LED 数码管和 LED 指示灯共分为 3 行,每行中间为 5 位数码管,数码管左右两边各 4 个 LED 指示灯,相当于一个数码管的 8 个段(dp、g、f、e、d、c、b、a)各占一位数码管的一位。

在 1ms 系统滴答定时器中断服务程序中,18 位 LED 数码管和 LED 指示灯采用动态显示,每次点亮两位 LED 数码管或 LED 指示灯,9ms 动态扫描一遍。LED 显示缓冲区为 BISBUF[18],共 18 个地址单元。

BISBUF[0]~ BISBUF[4]对应第 1 行从左到右 5 个数码管,BISBUF[5]对应第 1 行左右 8 个 LED 指示灯。第 1 行占用 LED 数码管的第 1~3 位控制。

BISBUF[6]~ BISBUF[10]对应第 2 行从左到右 5 个数码管,BISBUF[11]对应第 2 行左右 8 个 LED 指示灯。第 2 行占用 LED 数码管的第 4~6 位控制。

BISBUF[12]~ BISBUF[16]对应第 3 行从左到右 5 个数码管,BISBUF[17]对应第 3 行左右 8 个 LED 指示灯。第 3 行占用 LED 数码管的第 7~9 位控制。

LED 数码管显示电力网络仪表的参数和设置信息,LED 指示灯指示数码管显示的是什么参数或状态。

LED 数码管的显示内容,需要根据显示缓冲区 BISBUF[0]~ BISBUF[4]、BISBUF[6]~ BISBUF[10]、BISBUF[12]~ BISBUF[16]的数据查询 LED 数码管段码表;LED 指示灯显示缓冲区 BISBUF[5]、BISBUF[11]、BISBUF[17]的数据直接送段驱动器显示,不需要查表。

程序中关闭数码管位控制的原因是段和位的写操作不同步,导致显示内容极短时间错位,不该亮的段会出现微亮,影响视觉。

10.6.1　LED 数码管段码表

LED 数码管段码表包括数字和特殊字符。

```
const unsigned char led_tab[ ] =
    { 0xc0,0xf9,0xa4,0xb0,0x99,0x92,0x82,0xf8,0x80,0x90,
    0x88,0x83,0xc6,0xa1,0x86,0x8e,0xc2,0x89,0xcf,0xf1,
    0x85,0xc7,0xaa,0xab,0xa3,0x8c,0x98,0x8f,0x93,0xce,
    0xc1,0x81,0xe2,0x95,0x91,0xb6,0xd2,0x9b,0xad,0xff,
    0x40,0x79,0x24,0x30,0x19,0x12,0x02,0x78,0x00,0x10,
    0xbf,0x03,0xb9,0x8b,0x13,0x0c,0x42,0x3f,0x21,0x0f,
    0xfd
    };
```

10.6.2　LED 指示灯状态编码表

数码管 LED 状态编码表是每行数码管左右两边指示灯的编码。

```
/ *********** 第 1 行数码管 LED 状态编码表 *************** /
# define LED1_IA        0xDE      //显示 A 相电流
# define LED1_IB        0xDD      //显示 B 相电流
# define LED1_IC        0xDB      //显示 C 相电流
# define LED1_IN        0xD8      //显示 N 相电流
# define LED1_Hz        0xEF      //显示频率
# define LED1_PF        0xF7      //显示功率因数
# define LED1_PFA       0xF6      //显示 A 相功率因数
# define LED1_PFB       0xF5      //显示 B 相功率因数
# define LED1_PFC       0xF3      //显示 C 相功率因数
# define LED1_IHRA      0xFE      //显示 A 相电流谐波含量
# define LED1_IHRB      0xFD      //显示 B 相电流谐波含量
# define LED1_IHRC      0xFB      //显示 C 相电流谐波含量
# define LED1_IA1       0xCE      //显示 A 相电流基波
# define LED1_IB1       0xCD      //显示 B 相电流基波
# define LED1_IC1       0xCB      //显示 C 相电流基波


/ *********** 第 2 行数码管 LED 状态编码表 *************** /
# define LED2_UA        0xD6      //显示 A 相电压
# define LED2_UAX10     0xD6      //显示 A 相电压 X10 挡
# define LED2_UB        0xD5      //显示 B 相电压
# define LED2_UBX10     0xD5      //显示 B 相电压 X10 挡
# define LED2_UC        0xD3      //显示 C 相电压
# define LED2_UCX10     0xD3      //显示 A 相电压 X10 挡
# define LED2_UAB       0xCE      //显示 AB 线电压
# define LED2_UABX10    0xCE      //显示 AB 线电压 X10 挡
# define LED2_UBC       0xCD      //显示 BC 线电压
# define LED2_UBCX10    0xCD      //显示 BC 线电压 X10 挡
# define LED2_UCA       0xCB      //显示 CA 线电压
# define LED2_UCAX10    0xCB      //显示 CA 线电压 X10 挡
# define LED2_UHRA      0xFE      //显示 A 相电压谐波含量
# define LED2_UHRB      0xFD      //显示 B 相电压谐波含量
# define LED2_UHRC      0xFB      //显示 C 相电压谐波含量
# define LED2_UA1       0xDE      //显示 A 相电压基波
# define LED2_UA1X10    0xDE      //显示 A 相电压基波 X10 挡
# define LED2_UB1       0xDD      //显示 B 相电压基波
# define LED2_UB1X10    0xDD      //显示 B 相电压基波 X10 挡
# define LED2_UC1       0xDB      //显示 C 相电压基波
# define LED2_UC1X10    0xDB      //显示 C 相电压基波 X10 挡


/ *********** 第 3 行数码管 LED 状态编码表 *************** /
# define LED3_EPQS_A    0xFE      //第 2 行显示 E1,P1,Q1,S1,Wq1 时,第 2 行的指示灯状态
# define LED3_EPQS_B    0xFD      //第 2 行显示 E2,P2,Q2,S2,Wq2 时,第 2 行的指示灯状态
# define LED3_EPQS_C    0xFB      //第 2 行显示 E3,P3,Q3,S3,Wq3 时,第 2 行的指示灯状态
# define LED3_E         0xF4      //显示总有功电能
# define LED3_EX10      0xEC      //显示总有功电能 X10 挡
# define LED3_EX100     0xDC      //显示总有功电能 X100 挡
# define LED3_EX1000    0xCC      //显示总有功电能 X1000 挡
# define LED3_P         0xF5      //显示有功功率
```

```
#define LED3_PX10        0xED      //显示有功功率 X10 挡
#define LED3_PX100       0xDD      //显示有功功率 X100 挡
#define LED3_PX1000      0xCD      //显示有功功率 X1000 挡
#define LED3_Q           0xF3      //显示无功功率
#define LED3_QX10        0xEB      //显示无功功率 X10 挡
#define LED3_QX100       0xDB      //显示无功功率 X100 挡
#define LED3_QX1000      0xCB      //显示无功功率 X1000 挡
                         0xF1      //显示视在功率
                                   //显示视在功率 X10 挡
                                   //显示视在功率 X100 挡
                                   //显示视在功率 X1000 挡
                                   //显示无功电能
                                   //显示无功电能 X10 挡
                                   //显示无功电能 X100 挡
                                   //显示无功电能 X1000 挡
```

定时器中断服务程序

序

```
**********************************************

                每 1ms 产生溢出中断


********************************************** /

                id)

            时钟源为 AHB 时钟,即 72MHz,还可以为 72MHz/8 * /
            SysTick_CLKSource_HCLK);

            优先级为(2,1) * /
            ityConfig(SystemHandler_SysTick, 2, 1);


            9);

            器中断,只支持溢出中断,自动重装 * /
            E);
```

中断服务程序

1ms 系统滴答定时器中断服务程序如下。

```
void SysTickHandler(void)
{
    u8 i = 0;
```

```
GPIO_ResetBits(GPIOA, 0X0F00); //8~11              //关数码管位控制
GPIO_ResetBits(GPIOC, 0X07C0); //6~9

LedCnt++;
if(LedCnt == 1 | LedCnt == 2 | LedCnt == 4)          //0、1、2、3、6、7 位数码管
{
    GPIO_PinWrite(GPIOD,0xff00,((led_tab[DISBUF[2 * LedCnt - 2]])<< 8)) ;
    GPIO_PinWrite(GPIOD,0x00f0,((led_tab[DISBUF[2 * LedCnt - 1]]&0x0f)<< 4)) ;
    GPIO_PinWrite(GPIOB,0x01E0,((led_tab[DISBUF[2 * LedCnt - 1]]&0xf0)<< 1)) ;

    GPIO_PinWrite(GPIOC,0x03C0,(1 <<(LedCnt + 5))) ;
    GPIO_PinWrite(GPIOA,0x0F00,0) ;
    GPIO_ResetBits(GPIOC, 0X0400);
}
else if(LedCnt == 3)                                  //4、5 位数码管
{
    GPIO_PinWrite(GPIOD,0xff00,((led_tab[DISBUF[2 * LedCnt - 2]])<< 8)) ;
    GPIO_PinWrite(GPIOD,0x00f0,((DISBUF[2 * LedCnt - 1]&0x0f)<< 4)) ;
    GPIO_PinWrite(GPIOB,0x01E0,((DISBUF[2 * LedCnt - 1]&0xf0)<< 1)) ;

    GPIO_SetBits(GPIOC, 0X0100);
    GPIO_PinWrite(GPIOA,0x0F00,0) ;
    GPIO_ResetBits(GPIOC, 0X0400);
}
else if(LedCnt == 5 | LedCnt == 7 | LedCnt == 8)     //8、9、12、13、14、15 位数码管
{
    GPIO_PinWrite(GPIOD,0xff00,((led_tab[DISBUF[2 * LedCnt - 2]])<< 8)) ;
    GPIO_PinWrite(GPIOD,0x00f0,((led_tab[DISBUF[2 * LedCnt - 1]]&0x0f)<< 4)) ;
    GPIO_PinWrite(GPIOB,0x01E0,((led_tab[DISBUF[2 * LedCnt - 1]]&0xf0)<< 1)) ;

    GPIO_SetBits(GPIOA,(1 <<(LedCnt + 3)));
    GPIO_ResetBits(GPIOC, 0X03C0); //6~9
    GPIO_ResetBits(GPIOC, 0X0400);
}
else if(LedCnt == 6)                                  //11 位数码管
{
    GPIO_PinWrite(GPIOD,0xff00,((led_tab[DISBUF[2 * LedCnt - 2]])<< 8)) ;
    GPIO_PinWrite(GPIOD,0x00f0,((DISBUF[2 * LedCnt - 1]&0x0f)<< 4)) ;
    GPIO_PinWrite(GPIOB,0x01E0,((DISBUF[2 * LedCnt - 1]&0xf0)<< 1)) ;

    GPIO_SetBits(GPIOA, 0X0200);
    GPIO_ResetBits(GPIOC, 0X03C0);                    //6~9
    GPIO_ResetBits(GPIOC, 0X0400);
}
else if(LedCnt == 9)                                  //16、17 位数码管
{
    GPIO_PinWrite(GPIOD,0xff00,((led_tab[DISBUF[2 * LedCnt - 2]])<< 8)) ;
    GPIO_PinWrite(GPIOD,0x00f0,((DISBUF[2 * LedCnt - 1]&0x0f)<< 4)) ;
    GPIO_PinWrite(GPIOB,0x01E0,((DISBUF[2 * LedCnt - 1]&0xf0)<< 1)) ;
```

```
        GPIO_ResetBits(GPIOA, 0X0F00);                    //8~11
        GPIO_ResetBits(GPIOC, 0X03C0);                    //6~9
        GPIO_SetBits(GPIOC, 0X0400);
    }
    else if(LedCnt > = 9)
    {
        LedCnt = 0;
    }
}
```

10.7　PMM2000 电力网络仪表在数字化变电站中的应用

10.7.1　应用领域

PMM2000 系列数字式多功能电力网络仪表主要应用领域如下。
(1) 变电站综合自动化系统。
(2) 低压智能配电系统。
(3) 智能小区配电监控系统。
(4) 智能型箱式变电站监控系统。
(5) 电信动力电源监控系统。
(6) 无人值班变电站系统。
(7) 市政工程泵站监控系统。
(8) 智能楼宇配电监控系统。
(9) 远程抄表系统。
(10) 工矿企业综合电力监控系统。
(11) 铁路信号电源监控系统。
(12) 发电机组/电动机远程监控系统。

10.7.2　iMeaCon 数字化变电站后台计算机监控网络系统

现场的变电站根据分布情况分成不同的组,组内的现场 I/O 设备通过数据采集器连接到变电站后台计算机监控系统。

若有多个变电站后台计算机监控网络系统,总控室需要采集现场 I/O 设备的数据,现场的变电站后台计算机监控网络系统被定义为"服务器",总控室后台计算机监控网络系统需要采集现场 I/O 设备的数据,通过访问服务器即可。

iMeaCon 计算机监控网络系统软件基本组成如下。
(1) 系统图。能显示配电回路的位置及电气联接。
(2) 实时信息。根据系统图可查看具体回路的测量参数。
(3) 报表。配出回路有功电能报表(日报表、月报表和配出回路万能报表)。

（4）趋势图形。显示配出回路的电流和电压。

（5）通信设备诊断。现场设备故障在系统图上提示。

（6）报警信息查询。报警信息可查询，包括报警发生时间、报警恢复时间、报警确认时间、报警信息打印、报警信息删除等。

（7）打印。能够打印所有报表。

（8）数据库。有实时数据库、历史数据库。

（9）自动运行。计算机开机后自动运行软件。

（10）系统管理和远程接口。有密码登录、注销、退出系统等管理权限，防止非法操作。通过局域网 TCP/IP，以 OPC Server 的方式访问。

iMeaCon 计算机监控网络系统的网络拓扑结构如图 10-12 所示。

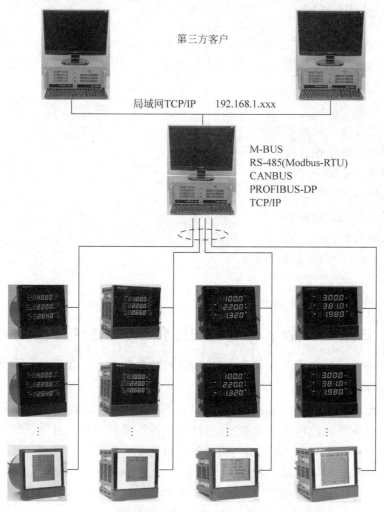

图 10-12　iMeaCon 计算机监控网络系统的网络拓扑结构

第 11 章　μC/OS-Ⅱ 在 STM32 上的移植与应用实例

本章将讲述 μC/OS-Ⅱ 在 STM32 上的移植与应用实例,包括 μC/OS-Ⅱ 介绍、嵌入式控制系统的软件平台和 μC/OS-Ⅱ 的移植与应用。

11.1　μC/OS-Ⅱ 介绍

μC/OS-Ⅱ(Micro-Controller Operating System Two)是一种基于优先级的可抢占式的硬实时内核。它属于一个完整、可移植、可固化、可裁减的抢占式多任务内核,包含了任务调度、任务管理、时间管理、内存管理和任务间的通信和同步等基本功能。μC/OS-Ⅱ 嵌入式系统可用于各类 8 位单片机、16 位和 32 位微控制器和数字信号处理器。

嵌入式系统 μC/OS-Ⅱ 源于 Jean J. Labrosse 在 1992 年编写的一个嵌入式多任务实时操作系统(Real Time Operating System,RTOS),1999 年改写后命名为 μC/OS-Ⅱ,并在 2000 年被美国航空管理局认证。μC/OS-Ⅱ 系统具有足够的安全性和稳定性,可以运行在诸如航天器等对安全要求极为苛刻的系统之上。

μC/OS-Ⅱ 系统是专门为计算机的嵌入式应用而设计的。μC/OS-Ⅱ 系统中 90% 的代码是用 C 语言编写的,CPU 硬件相关部分是用汇编语言编写的。总量约 200 行的汇编语言部分被压缩到最低限度,便于移植到任何一种其他 CPU 上。用户只要有标准的 ANSI 的 C 交叉编译器,有汇编器、连接器等软件工具,就可以将 μC/OS-Ⅱ 系统嵌入所要开发的产品中。μC/OS-Ⅱ 系统具有执行效率高、占用空间小、实时性能优良和可扩展性强等特点,目前几乎已经移植到了所有知名的 CPU 上。

μC/OS-Ⅱ 系统的主要特点如下。

(1) 开源性。μC/OS-Ⅱ 系统的源代码全部公开,用户可直接登录 μC/OS-Ⅱ 的官方网站下载,网站上公布了针对不同微处理器的移植代码。用户也可以从有关出版物上找到详尽的源代码讲解和注释。这样使系统变得透明,极大地方便了 μC/OS-Ⅱ 系统的开发,提高了开发效率。

(2) 可移植性。绝大部分 μC/OS-Ⅱ 系统的源码是用移植性很强的 ANSI C 语句写的,和微处理器硬件相关的部分是用汇编语言写的。汇编语言编写的部分已经压缩到最小限度,使 μC/OS-Ⅱ 系统便于移植到其他微处理器上。

μC/OS-Ⅱ 系统能够移植到多种微处理器上的条件是只要该微处理器有堆栈指针,有CPU 内部寄存器入栈、出栈指令。另外,使用的 C 编译器必须支持内嵌汇编(In-line Assembly)或该 C 语言可扩展、可连接汇编模块,使关中断、开中断能在 C 语言程序中实现。

(3) 可固化。μC/OS-Ⅱ 系统是为嵌入式应用而设计的,只要具备合适的软、硬件工具,μC/OS-Ⅱ 系统就可以嵌入用户的产品中,成为产品的一部分。

(4) 可裁剪。用户可以根据自身需求只使用 μC/OS-Ⅱ 系统中应用程序中需要的系统服务。这种可裁剪性是靠条件编译实现的。只要在用户的应用程序中(使用 ♯ define constants 语句)定义那些 μC/OS-Ⅱ 系统中的功能是应用程序需要的就可以了。

(5) 抢占式。μC/OS-Ⅱ 系统是完全抢占式的实时内核。μC/OS-Ⅱ 系统总是运行就绪条件下优先级最高的任务。

(6) 多任务。μC/OS-Ⅱ 系统 2.8.6 版本可以管理 256 个任务,目前为系统预留 8 个,因此应用程序最多可以有 248 个任务。系统赋予每个任务的优先级是不相同的,μC/OS-Ⅱ 系统不支持时间片轮转调度法。

(7) 可确定性。μC/OS-Ⅱ 系统全部的函数调用与服务的执行时间都具有可确定性。也就是说,μC/OS-Ⅱ 系统的所有函数调用与服务的执行时间是可知的。简而言之,μC/OS-Ⅱ 系统服务的执行时间不依赖于应用程序任务的多少。

(8) 任务栈。μC/OS-Ⅱ 系统的每个任务有自己单独的栈,μC/OS-Ⅱ 系统允许每个任务有不同的栈空间,以便压低应用程序对 RAM 的需求。使用 μC/OS-Ⅱ 系统的栈空间校验函数,可以确定每个任务到底需要多少栈空间。

(9) 系统服务。μC/OS-Ⅱ 系统提供很多系统服务,如邮箱、消息队列、信号量、块大小固定内存的申请与释放、时间相关函数等。

(10) 中断管理,支持嵌套。中断可以使正在执行的任务暂时挂起。如果优先级更高的任务被该中断唤醒,则高优先级的任务在中断嵌套全部退出后立即执行,中断嵌套层数可达 255 层。

一些典型的应用领域如下。

(1) 汽车电子方面:发动机控制、防抱死系统(Antilock Brake System,ABS)、全球定位系统(GPS)等。

(2) 办公用品:传真机、打印机、复印机、扫描仪等。

(3) 通信电子:交换机、路由器、调制解调器、智能手机等。

(4) 过程控制:食品加工、机械制造等。

(5) 航空航天:飞机控制系统、喷气式发动机控制等。

(6) 消费电子:MP3/MP4/MP5 播放器、机顶盒、洗衣机、电冰箱、电视机等。

(7) 机器人和武器制导系统等。

11.2 嵌入式控制系统的软件平台

11.2.1 软件平台的选择

随着微控制器性能的不断提高,嵌入式应用越来越广泛。目前市场上的大型商用嵌入式实时系统,如 VxWorks、pSOS、Pharlap、Qnx 等,已经十分成熟,并为用户提供了强有力的开发和调试工具。但这些商用嵌入式实时系统价格昂贵而且都针对特定的硬件平台。此时,采用免费软件和开放代码不失为一种选择。µC/OS-Ⅱ是一种免费的、源码公开的、稳定可靠的嵌入式实时操作系统,已被广泛应用于嵌入式系统中,并获得了成功,因此嵌入式控制系统的现场控制层采用 µC/OS-Ⅱ是完全可行的。

µC/OS-Ⅱ是专门为嵌入式应用而设计的实时操作系统,是基于静态优先级的占先式(Preemptive)多任务实时内核。采用 µC/OS-Ⅱ作为软件平台,一方面是因为它已经通过了很多严格的测试,被确认是一个安全的、高效的实时操作系统;另一方面是因为它免费提供了内核的源代码,通过修改相关的源代码,就可以比较容易地构造用户所需要的软件环境,实现用户需要的功能。

基于嵌入式控制系统现场控制层实时多任务的需求以及 µC/OS-Ⅱ优点的分析,可以选用 µC/OS-Ⅱ v2.52 作为现场控制层的软件系统平台。

11.2.2 µC/OS-Ⅱ内核调度基本原理

µC/OS-Ⅱ是 Jean J. Labrosse 在 1990 年前后编写的一个实时操作系统内核。可以说 µC/OS-Ⅱ也像 Linus Torvalds 实现 Linux 一样,完全是出于个人对实时内核的研究兴趣而产生的,并且开放源代码。如果作为非商业用途,µC/OS-Ⅱ是完全免费的,其名称来源于术语 Micro-Controller Operating System(微控制器操作系统)。它通常也被称为 MUCOS 或 UCOS。

严格地说,µC/OS-Ⅱ只是一个实时操作系统内核,它仅仅包含了任务调度、任务管理、时间管理、内存管理和任务间通信和同步等基本功能,没有提供输入输出管理、文件管理、网络等额外的服务。但由于 µC/OS-Ⅱ良好的可扩展性和源码开放,这些功能完全可以由用户根据需要自己实现。目前,已经出现了基于 µC/OS-Ⅱ的相关应用,包括文件系统、图形系统以及第三方提供的 TCP/IP 网络协议等。

µC/OS-Ⅱ的目标是实现一个基于优先级调度的抢占式实时内核,并在这个内核之上提供最基本的系统服务,如信号量、邮箱、消息队列、内存管理、中断管理等。虽然 µC/OS-Ⅱ并不是一个商业实时操作系统,但 µC/OS-Ⅱ的稳定性和实用性却被数百个商业级的应用所验证,其应用领域包括便携式电话、运动控制卡、自动支付终端、交换机等。

µC/OS-Ⅱ获得广泛使用不仅仅是因为它的源码开放,还有一个重要原因,就是它的可移植性。µC/OS-Ⅱ的大部分代码都是用 C 语言写成的,只有与处理器的硬件相关的一部分代码用汇编语言编写。可以说,µC/OS-Ⅱ在最初设计时就考虑到了系统的可移植性,这一点和同样源码开放的 Linux 很不一样，后者在开始时只适用于 x86 体系结构，后来才将和硬件相关的代码单独提取出来。目前 μC/OS-Ⅱ 支持 Arm、PowerPC、MIPS、68k 和 x86 等多种体系结构，已经被移植到上百种嵌入式处理器上，包括 Intel 公司的 StrongARM 和 80x86 系列、Motorola 公司的 M68H 系列、NXP 和三星公司基于 Arm 核的各种微处理器等。

1. 时钟触发机制

嵌入式多任务系统中，内核提供的基本服务是任务切换，而任务切换是基于硬件定时器中断进行的。在 80x86 PC 及其兼容机（包括很多流行的基于 x86 平台的微型嵌入式主板）中，使用 8253/54 PIT 产生时钟中断。定时器的中断周期可以由开发人员通过向 8253 输出初始化值来设定，默认情况下的周期为 54.93ms，每次中断叫一个时钟节拍。

PC 时钟节拍的中断向量为 08H，让这个中断向量指向中断服务子程序，在定时器中断服务程序中决定已经就绪的优先级最高的任务进入可运行状态，如果该任务不是当前（被中断）的任务，就进行任务上下文切换：把当前任务的状态（包括程序代码段指针和 CPU 寄存器）推入栈区（每个任务都有独立的栈区）；同时让程序代码段指针指向已经就绪并且优先级最高的任务并恢复它的堆栈。

2. 任务管理和调度

运行在 μC/OS-Ⅱ 之上的应用程序被分成若干个任务，每个任务都是一个无限循环。内核必须交替执行多个任务，在合理的响应时间范围内使处理器的使用率最大。任务的交替运行按照一定的规律，在 μC/OS-Ⅱ 中，每个任务在任何时刻都处于以下 5 种状态之一。

（1）睡眠（Dormant）：任务代码已经存在，但还未创建任务或任务被删除。

（2）就绪（Ready）：任务还未运行，但就绪列表中相应位已经置位，只要内核调度到就立即准备运行。

（3）等待（Waiting）：任务在某事件发生前不能被执行，如延时或等待消息等。

（4）运行（Running）：该任务正在被执行，且一次只能有一个任务处于这种状态。

（5）中断服务（Interrupted）：任务进入中断服务态。

μC/OS-Ⅱ 的 5 种任务状态及其转换关系如图 11-1 所示。

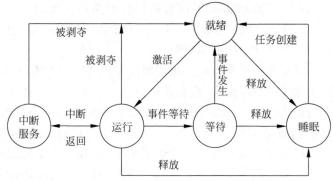

图 11-1　μC/OS-Ⅱ 的 5 种任务状态及其转换关系

首先,内核创建一个任务。在创建过程中,内核给任务分配一个单独的堆栈区,然后从控制块链表中获取并初始化一个任务控制快。任务控制块是操作系统中最重要的数据结构,它包含系统所需要的关于任务的所有信息,如任务 ID、任务优先级、任务状态、任务在存储器中的位置等。每个任务控制块还包含一个将彼此链接起来的指针,形成一个控制块链表。初始化时,内核把任务放入就绪队列,准备调度,从而完成任务的创建过程。接下来便进入了任务调度即状态切换阶段,也是最为复杂和重要的阶段。当所有任务创建完毕并进入就绪状态后,内核总是让优先级最高的任务进入运行态,直到等待事件发生(如等待延时或等待某信号量、邮箱或消息队列中的消息)而进入等待状态,或者时钟节拍中断或 I/O 中断进入中断服务程序,此时任务被放回就绪队列。在第 1 种情况下,内核继续从就绪队列中找出优先级最高的任务使其运行,经过一段时间,若刚才阻塞的任务等待的事件发生了,则进入就绪队列,否则仍然等待;在第 2 种情况下,由于 μC/OS-Ⅱ 是可剥夺性内核,因此在处理完中断后,CPU 控制权不一定被送回到被中断的任务,而是送给就绪队列中优先级最高的那个任务,这时就可能发生任务剥夺。任务管理就是按照这种规则进行的。另外,在运行、就绪或等待状态时,可以调用删除任务函数,释放任务控制块,收回任务堆栈区,删除任务指针,从而使任务退出,回到没有创建时的状态,即睡眠状态。

11.3　μC/OS-Ⅱ的移植与应用

μC/OS-Ⅱ 只是一个实时内核,要实现其在处理器上的运行,必须通过一定的移植操作,实现 μC/OS-Ⅱ 与处理器间的接口代码。而且,要根据实际的功能需求对 μC/OS-Ⅱ 进行一定的配置,裁剪掉不需要的系统功能,以减少系统对 Flash 和 RAM 的需求。

在介绍 μC/OS-Ⅱ的移植与应用前,有必要了解一下 μC/OS-Ⅱ的体系结构,图 11-2 展示了 μC/OS-Ⅱ的体系结构,该体系结构反映了用户应用程序、μC/OS-Ⅱ内核代码、μC/OS-Ⅱ移植代码、板级支持包、目标板之间的关系。

11.3.1　μC/OS-Ⅱ的移植

由图 11-2 可以看出,μC/OS-Ⅱ 的移植主要涉及 3 个文件,分别为 OS_CPU. H、OS_CPU_C. C、OS_CPU_A. ASM。其中,OS_CPU. H 文件主要完成与编译器相关的数据类型定义、进出临界代码段方法选择、堆栈增长方向定义、任务(上下文)切换函数指定等工作;OS_CPU_C. C 文件主要完成 μC/OS-Ⅱ工作过程中需调用钩子函数的声明或定义;OS_CPU_A. ASM 文件为汇编程序,主要用于对处理器寄存器和堆栈的操作,完成实际的任务切换。要实现 μC/OS-Ⅱ 的移植,并不需要完全重新实现这 3 个文件,因为这 3 个文件中的代码都具有一定的模板特点,部分代码只需做适当修改即可。

要使 μC/OS-Ⅱ嵌入式系统能够正常运行,STM32 处理器必须满足以下要求。

(1) 处理器的 C 编译器能产生可重入型代码。可重入型代码可以被一个以上的任务调用,而不必担心数据的破坏。或者说可重入型代码任何时刻都可以被中断,一段时间以后又

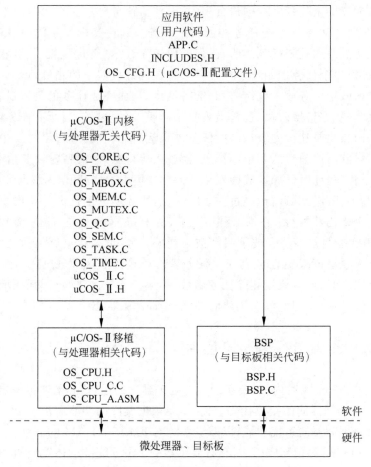

图 11-2　μC/OS-Ⅱ的体系结构

可以运行,而相应数据不会丢失。

（2）在程序中可以打开或关闭中断。在 μC/OS-Ⅱ 中,打开或关闭中断主要通过 OS_ENTER_CRITICAL 或 OS_EXIT_CRITICAL 两个宏进行。这需要处理器的支持,在 Cortex-M3 处理器上,需要设计相应的中断寄存器关闭或打开系统的所有中断。

（3）处理器支持中断,并且能产生定时中断(通常为 10～1000Hz)。μC/OS-Ⅱ 中通过处理器的定时器中断实现多任务之间的调度。Cortex-M3 处理器上有一个 SysTick 定时器,可用来产生定时器中断。

（4）处理器支持能够容纳一定量数据的硬件堆栈。对于一些只有 10 根地址线的 8 位控制器,芯片最多可访问 1KB 存储单元,在这样的条件下移植是有困难的。

（5）处理器有将堆栈指针和其他 CPU 寄存器存储和读出到堆栈(或内存)的指令。在 μC/OS-Ⅱ 中进行任务调度时,会把当前任务的 CPU 寄存器存放到此任务的堆栈中,然后再从另外一个任务的堆栈中恢复原来的工作寄存器,继续运行另外的任务。所以,寄存器的入栈和出栈是 μC/OS-Ⅱ 中多任务调度的基础。

1. OS_CPU.H 文件

OS_CPU.H 作为一个头文件,主要由宏定义(♯define)、重定义(typedef)和预编译(♯if)等语句构成,用于完成与编译器相关的数据类型定义、进出临界代码段的方法选择、堆栈增长方向定义、任务切换函数的指定等。

因为微处理器间字长的不同,相同的语句在不同的微处理器环境下具有不同的含义,如C语言中用 int 定义一个变量,该变量在16位微处理器环境中就是一个有符号16位整数,占用2字节的空间,而在32位微处理器环境中就是一个有符号32位整数,占用4字节的空间。这会增加代码在不同微处理器平台间的移植难度。μC/OS-Ⅱ正是为了增强其代码的可移植性,所以在代码编写时统一使用了自己定义的数据类型,并在 OS_CPU.H 文件中集中实现与编译器数据类型的关联。例如,μC/OS-Ⅱ中的无符号32位整数类型为 INT32U,在本设计所使用的 Keil4v53 编译器中无符号32位整数的类型为 unsigned int,通过使用类型重定义就可以使两者具有相同的含义: typedef unsigned int INT32U。在以后的所有代码中用 INT32U 定义的变量都表示无符号32位整数。当然,OS_CPU.H 文件中包含的数据类型定义不仅仅是32位无符号整数,还包含布尔类型、无符号8位整数、有符号8位整数、无符号16位整数、有符号16位整数、单双精度浮点数等。

一般在多任务系统中都会有一定的临界代码处理方法,以保证任务对共享资源的独占式访问。所谓的临界代码是指不可分割的代码,从开始到结束必须一气呵成,不允许任何中断打断其执行。

为了确保临界代码在执行过程中不被打断,需要对临界代码做一定的保护处理,通常的做法是在进入临界代码之前关闭中断,在退出临界代码之后再立即打开中断。μC/OS-Ⅱ中通过两个简单的宏定义(OS_ENTER_CRITICAL 和 OS_EXIT_CRITICAL)完成中断的关闭操作与打开操作,以实现对临界代码的保护。在实际应用中,将这两个宏紧挨临界代码放置,一前一后。

通过宏定义可以封装隐藏具体的实现代码,提高代码的可移植性。μC/OS-Ⅱ 对于 OS_ENTER_CRITICAL 和 OS_EXIT_CRITICAL 的具体实现提供了3种可选的方法,在 OS_CPU.H 文件中通过宏定义对 OS_CRITICAL_METHOD 赋予1、2或3的选项值选择具体的保护临界代码的方法。

方法1最为简单,OS_ENTER_CRITICAL 通过调用处理器指令关闭中断来实现,OS_EXIT_CRITICAL 通过调用处理器指令打开中断来实现。但这种方法存在一个问题,那就是在退出临界代码段之后中断肯定是打开的。如果在进入临界代码段之前中断是关闭的,在退出临界代码段之后用户也希望中断是关闭的,显然方法1无法满足这一要求。

方法2通过入栈、出栈实现了对中断开关状态的保存。通过将控制中断开关的 CPU 寄存器入栈,然后关闭中断实现 OS_ENTER_CRITICAL;通过将保存的内容出栈,恢复控制中断开关的 CPU 寄存器的内容实现 OS_EXIT_CRITICAL。方法2解决了方法1无法保持之前中断开关状态的问题。但方法2涉及入栈、出栈操作,改变了堆栈指针,如果使用的微处理器有堆栈指针相对寻址模式,这种方法有可能因为使栈偏移量出现偏差而导致严重错误。所以,目前 μC/OS-Ⅱ中常用或默认的临界代码保护方法是第 3 种。

方法 3 与方法 2 类似,只是不再借助堆栈而已。方法 3 通过将控制中断开关状态的 CPU 寄存器暂存到变量中,然后将中断关闭实现 OS_ENTER_CRITICAL,通过将变量赋值给相应的 CPU 寄存器恢复之前的中断开关状态实现 OS_EXIT_CRITICAL。使用方法 3 不但要调用 OS_ENTER_CRITICAL 和 OS_EXIT_CIRITCAL,还要定义一个与 CPU 寄存器等宽的变量,该变量的类型为 OS_CPU_SR,该类型也是 μC/OS-Ⅱ自己定义的一种数据类型,与前面的 INT32U 定义方法一样。

在 OS_CPU.H 文件中还要设置堆栈的增长方向,以方便任务获取栈顶与栈底的位置,方便堆栈使用情况的检查。在 Arm 中堆栈从高地址向低地址方向增长,需要据此为宏 OS_STK_GROWTH 赋予相应的值。

同样,为了提高代码的可移植性,在 OS_CPU.H 文件中通过宏定义方式定义了任务的切换方法,但具体的实现代码则在 OS_CPU_A.ASM 文件中实现,因为此实现代码涉及对微处理器的寄存器操作。

2. OS_CPU_C.C 文件

OS_CPU_C.C 文件中共包含 10 个函数:一个任务堆栈初始化函数和 9 个用户钩子函数。其中,任务堆栈初始化函数 OSTaskStkInit 是必须要实现的,而其他 9 个用户钩子函数可以只声明,不一定要有具体的实现代码。

所谓的钩子函数,是指插入函数中作为该函数扩展功能的函数,并非必需。钩子函数主要面向第三方软件开发人员,为他们提供扩展软件功能的接口。通过 μC/OS-Ⅱ提供的大量钩子函数,用户不需要修改 μC/OS-Ⅱ的内核代码,就可以实现对 μC/OS-Ⅱ的功能扩展。

任务堆栈初始化函数 OSTaskStkInit 用来完成任务堆栈的初始化操作,主要用于将任务的一些基本信息存入任务堆栈,并模拟中断的压栈操作,以造成任务被中断的假象。这样在任务调度时,就可执行所谓的出栈操作,恢复任务初始的工作环境。

3. OS_CPU_A.ASM 文件

OS_CPU_A.ASM 文件中是一些与微处理器密切相关的汇编代码,主要用于完成任务的启动和任务的切换操作。

OS_CPU_A.ASM 文件主要实现 3 个函数,分别为启动系统第 1 个任务的 OSStartHighRdy 函数、实现任务(上下文)切换的 OSCtxSw 函数以及中断情况下实现任务切换的 OSIntCtxSw 函数。这 3 个函数都是由汇编语言实现,涉及与微处理器的寄存器操作。

无论是启动最高优先级的任务,还是任务切换,又或是中断情况下的任务切换,实质上都是任务切换。在 μC/OS-Ⅱ中所有需要做任务切换的地方都由 OSCtxSw 函数完成,而从 Arm Cortex-M3 开始,任务切换的实质代码都由可悬起系统调用(PendSV)的中断函数完成,所以任务切换 OSCtxSw 函数需要做的就是触发可悬起系统调用 PendSV。

PendSV 的典型应用场合就是任务(上下文)切换,要通过 PendSV 实现任务切换需要两步操作。首先,将 PendSV 的中断优先级设为最低;其次,在需要任务切换时向 NVIC(中断向量控制器)的 PendSV 悬起寄存器中写 1。当 PendSV 悬起(被触发)时,如果有优先级更高的中断等待执行,PendSV 就会延期执行。因为 PendSV 的中断优先级是最低的,所以在 PendSV 执行之前,所有其他的中断肯定已经执行完成。这样就不会因为任务切换而导致中断执行被延期,耽误紧急事件的处理。

任务切换的发生不外乎两种情况,一种情况是任务通过调用系统函数主动放弃 CPU 使用权,另一种情况是资源从无效变为有效,或系统滴答定时器中断发生并判断任务的休眠事件结束,使处于挂起状态的任务被重新激活。对于第 1 种情况,由于没有更重要的事情(优先级比 PendSV 更高的中断)需要处理,所以 PendSV 被触发后会得到立即执行。而对于第 2 种情况,系统滴答定时器中断 SysTick 发生时可能已经把某个低优先级的中断 A 打断,此时执行任务切换时,PendSV 虽然被触发,但存在优先级比 PendSV 更高的中断 A 等待执行,PendSV 被延缓执行,直到中断 A 执行完毕,PendSV 才有可能被执行。PendSV 在任务切换中的作用机制如图 11-3 所示。

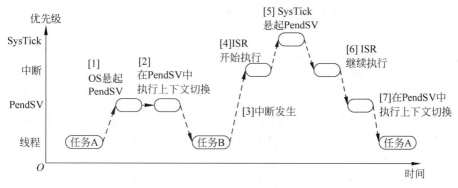

图 11-3　PendSV 在任务切换中的作用机制

11.3.2　μC/OS-Ⅱ的应用

在完成了嵌入式操作系统 μC/OS-Ⅱ的移植工作后,就可以应用 μC/OS-Ⅱ进行应用程序的开发。所谓的 μC/OS-Ⅱ应用就是调用 μC/OS-Ⅱ提供的各种系统服务,以协助应用程序功能的实现。

目前使用的 μC/OS-Ⅱ版本为 v2.92,该版本的 μC/OS-Ⅱ提供的系统服务包括任务创建、任务调度、时间管理、定时器、内存管理、信号量、互斥信号量、消息队列、邮箱、事件标志组等。在实际使用中并不需要将所有系统提供的服务都使用一遍,只要能完成应用程序的功能即可。而且,在实际应用中,一般都会对 μC/OS-Ⅱ做一定的定制处理,也就是通过 μC/OS-Ⅱ的配置功能完成对内核的裁剪,以使系统对 Flash 和 RAM 等资源的需求降到最低。

1. μC/OS-Ⅱ系统配置

μC/OS-Ⅱ是可裁剪的系统,系统功能可配置。通过配置文件 OS_CFG.H,用户可以实现对 μC/OS-Ⅱ的统一配置工作。在系统功能配置文件 OS_CFG.H 中,用户只需将相应的宏定义开关置 1 或置 0 即可启用或禁用相应的系统功能。

新版本的 μC/OS-II 在系统功能配置方面增加了总开关的功能,如不使用某项系统功能,只需将该项的总开关关闭(相应的宏置 0)即可。总开关关闭后,其下属子开关不论是开还是关都不再有效。这可以有效地简化配置工作,加快用户的配置速度。以信号量配置为例,μC/OS-II 中信号量的配置选项如表 11-1 所示。

表 11-1 μC/OS-II 中信号量的配置选项

分　类	配置宏定义	功能介绍
信号量	OS_SEM_EN	信号量总开关
	OS_SEM_ACCEPT_EN	无等待地获取一个信号量
	OS_SEM_DEL_EN	允许删除信号量
	OS_SEM_PEND_ABORT_EN	终止信号量等待
	OS_SEM_QUERY_EN	查询信号量状态
	OS_SEM_SET_EN	信号量手动赋值

OS_CFG.H 文件中列出了 μC/OS-II 所有可配置的选项,这些可配置的选项就是 μC/OS-II 提供的系统服务的一个列表。

在进行 μC/OS-II 的配置时,要根据系统的实际应用情况进行,可以保留一定的裕量,但裕量过多会造成一定的系统资源浪费。而且,并不是所有参数值越大越好,如表示操作系统每秒的时钟节拍数的 OS_TICKS_PER_SEC,该值越大,系统时间越精确,同时进出中断的次数也就越多,对 CPU 资源的消耗也就越大;相反,该值越小,在系统时间精确度降低的同时,对 CPU 资源的消耗也在降低。所以,要根据对时间精度的要求和 CPU 的处理速度权衡并设置该参数的数值。

2. μC/OS-II 系统服务调用

在完成了 μC/OS-II 的配置工作后,就可以真正开始应用程序的开发工作。在应用了 μC/OS-II 的环境下,应用程序将以任务的形式体现。在本系统的设计中,除了使用 μC/OS-II 提供的任务创建、任务调度外,还主要使用了信号量和内存管理,后面会逐一介绍。

1) 任务

在 μC/OS-II 中任务的创建具有确定的模式,一般在 main 函数中完成 μC/OS-II 的初始化操作和启动任务的创建,在启动任务中完成硬件模块的初始化操作和其他任务的创建工作。

μC/OS-II 支持两种格式的任务创建方法,一种是标准格式,另一种是扩展格式。由于在扩展格式下可以进行任务的堆栈检查,所以在本系统的设计中统一使用了扩展格式创建任务。在创建任务之前需要定义好任务的堆栈和优先级。扩展格式的任务创建函数 OSTaskCreatExt 的原型如下。

```
INT8U OSTaskCreatExt( void      ( * task)(void * pd),   // 任务地址
                      void      * pdata;                // 传递给任务的参数
                      OS_ STK   * ptos,                 // 栈顶指针
                      INT8U     prio,                   // 任务优先级
```

```
        INT16U      id,
        OS_STK      * pbos,              // 扩展参数,末用
        INT32U      stk_size,
        void        * pext,              // 栈底指针
        INT16U      opt);                // 堆栈容量
```

其中,参数 opt 用于选择是否执行任务堆栈检查、创建任务时是否进行堆栈清零、是否进行浮点寄存器保存等。

在创建任务之后,就可以开始任务实现代码的编写,μC/OS-Ⅱ中任务的示例代码如下。

```
void YourTask(void * pdata)
{   for( ; ; )
  {   / * 用户代码 1
        调用 μC/OS - II 的系统服务之一: * /
        OSFlagPend( );
        OSMboxPend( );
        OSMutexPend( );
        OSQPend( );
        OSSemPend( );
        OSTaskSuspend(OS_PRIO_SELF);
        OSTaskDel(OS_PRIO_SELF);
        OSTimDly( );
        OSTimDlyHMSM( );
    / * 用户代码 2 * /
  }
}
```

任务通常是一个不会终止的循环,但也存在任务执行一定次数后将自己删除的情况。如果在上述代码中调用的系统服务为 OSTaskDel(OS_PRIO_SELF),则属于后一种情况,此情况下用户代码 2 则是不需要的。任务将自己删除后,任务代码依然存在,只是任务不再被 μC/OS-Ⅱ 调度,任务再也不被执行。

绝大多数情况下,μC/OS-Ⅱ 中的任务是一个无限循环,并且在 5 种状态间切换,这 5 种状态分别为睡眠态、就绪态、运行态、挂起态和被中断态。任务的状态间切换如图 11-4 所示。

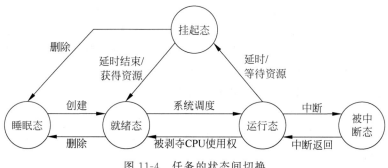

图 11-4　任务的状态间切换

休眠态是任务的最原始形态,没有被系统调度。当任务已经具备了所有需要的资源,等待被系统调度时就进入就绪态,此时可能存在优先级更高的任务正在执行,所以就绪态的任务暂时无法执行。当任务被系统调度并开始运行时,就进入运行态。处于运行态的任务如果被中断打断,则进入被中断态。或者处于运行态的任务因为自身延时需要或需要的资源无效时,则主动或被动地放弃CPU使用权并进入挂起态。处于挂起态的任务,当延时时间结束或获取到所需的资源后,就会进入就绪态。

2) 信号量

在本系统设计中信号量的主要用途是实现对共享资源的管理和标志事件的发生。在共享资源管理方面,信号量可以确保在任何情况下只有一个任务对共享资源有使用权。在标志事件发生方面,信号量可以触发任务的执行。

在μC/OS-Ⅱ中,信号量可以理解为一个计数值,该值可以只取0和1两个值,这种信号量称为二值信号量;也可以是0～65536的一个计数值,这种信号量称为计数信号量。二值信号量可用于标志事件是否发生及共享资源是否被占用,计数信号量可用于表示剩余资源数的多少。

一般而言,可以对信号量执行的操作有3种:创建、等待与释放。在创建信号量时需要为其赋予表示信号状态或数量的数值。以表示共享资源是否有效的二值信号量为例,初始时共享资源有效,所以应该给二值信号量赋初值1。在任务或中断释放信号量以后,如果信号量不被任务等待,那么该信号量的值会执行简单的加1操作,如果该信号量正被任务等待,那么等待该信号量的任务因为获得信号量而进入就绪态,信号量的值也就不会执行加1操作(或者理解为该信号量的值进行了加1和减1两个操作)。任务在等待信号量时通常会有一个等待超时设置,如果超出设定的等待超时时间后信号量仍然无效,系统会向等待该信号量的任务返回一个超时错误代码,此时任务进入就绪状态并准备运行,再次运行时一般会对超时错误作出处理。

3) 内存管理

在控制算法模块中进行控制算法的新建、修改及删除操作时,会有大量的内存块分配与回收操作,该操作全部由μC/OS-Ⅱ中的内存管理模块完成。

μC/OS-Ⅱ的内存管理模块会将用户交由μC/OS-Ⅱ管理的内存分区划分为一定数量的内存池,内存池中含有固定大小的内存块。内存池的个数、内存池的大小及内存池中内存块的数量和大小都可以由用户指定。内存块的大小有一个最小为4字节的限制,因为内存池中的内存块要通过单向链表串接起来,而用于保持内存块间联系的指针信息就存放在内存块中,所以要求内存块至少要能够容纳一个指针。而且,应用程序在释放内存块时,必须将其放回到它原先所属的内存池中,不同内存池中的内存块不能混放。

μC/OS-Ⅱ中这种固定大小的内存块有一个弊端,就是应用程序可能不能申请到与需求完全一致的内存块,申请到的内存块可能与所需要的内存空间一致,也可能比所需要的内存空间大。例如,目前的3个内存池中内存块的大小分别为32B、80B和100B,当应用程序要申请50B的内存空间时,只能申请到80B或100B的内存块,即使是申请到80B的内存块,也存在 30B 的空间浪费。但是,这种固定大小的内存块也有优点,即可以保证所有空闲的内存块都是可用的,不存在因为内存碎片过多而导致大量空间不可用的情况。

　　μC/OS-Ⅱ中的每个内存池都有一个对应的内存控制对其块进行管理,内存控制块的数据结构定义如下。

```
typedef struct
{       void      * OSMemAddr;          //内存池起始地址
        void      * OSMemFreeList;      //空闲内存块地址
        INT32U    OSMemBlkSize;         //内存块大小
        INT32U    OSMemNBlks;           //内存块总个数
        INT32U    OSMemNFree;           //空闲内存块个数
}OS_ MEM;
```

　　μC/OS-Ⅱ应用实例是一个 LED 灯闪烁的例子,在奋斗 STM32 开发板 V5 上调试通过,程序清单可参考本书数字资源中的程序代码,工程中的 μC/OS-Ⅱ 操作系统为 v2.86 版本。

第 12 章

RTC 与万年历应用实例

本章将讲述 RTC 与万年历应用实例,包括 RTC、备份寄存器(BKP)、RTC 的操作和万年历应用实例。

12.1 RTC

RTC(Real-Time Clock)即实时时钟。在学习 51 单片机时,绝大部分同学学习过实时时钟芯片 DS1302,时间数据直接由 DS1302 芯片计算存储,且其电源和晶振独立设置,主电源断电计时不停止,51 单片机直接读取芯片存储单元数据,即可获得实时时钟信息。STM32F103 微控制器内部集成了一个 RTC 模块,大大简化了系统软硬件设计难度。

12.1.1 RTC 简介

STM32 的实时时钟(RTC)是一个独立的定时器,拥有一组连续计数的计数器,在相应软件配置下可提供时钟日历的功能。修改计数器的值可以重新设置系统当前的时间和日期。RTC 模块和时钟配置系统(RCC_BDCR 寄存器)是在后备区域,即在系统复位或从待机模式唤醒后 RTC 的设置和时间维持不变。但是,在系统复位后,将自动禁止访问后备寄存器和 RTC,以防止对备份寄存器(BKP)的意外写操作。所以,在设置时间之前,先要取消备份寄存器(BKP)写保护。学习 STM32 的内部 RTC,首先要了解 STM32 的备份寄存器,备份寄存器是 42 个 16 位的寄存器,可用来存储 84 字节的用户应用程序数据,它们处在备份域中,当 V_{DD} 电源被切断,它们仍然由 V_{BAT} 维持供电。当系统在待机模式下被唤醒,或系统复位或电源复位时,它们也不会被复位,而 STM32 的内部 RTC 就在备份寄存器中。所以得出一个结论:要操作 RTC,就要操作备份寄存器。

RTC 模块拥有一组连续计数的计数器,在相应软件配置下,可提供时钟日历的功能。修改计数器的值可以重新设置系统当前的时间和日期。RTC 模块和时钟配置系统(RCC_BDCR 寄存器)处于后备区域,即在系统复位或从待机模式唤醒后,RTC 的设置和时间维持不变。

系统复位后,对备份寄存器和 RTC 的访问被禁止,这是为了防止对备份寄存器的意外写操作。执行以下操作将使能对备份寄存器和 RTC 的访问。

（1）设置 RCC_APB1ENR 寄存器的 PWREN 和 BKPEN 位，使能电源和后备接口时钟。

（2）设置 PWR_CR 寄存器的 DBP 位，使能对备份寄存器和 RTC 的访问。

12.1.2 RTC 主要特性

RTC 主要特性如下。

（1）可编程的预分频系数：分频系数最高为 220。

（2）32 位的可编程计数器，可用于较长时间段的测量。

（3）两个分离的时钟：用于 APB1 接口的 PCLK1 和 RTC 时钟（RTC 时钟的频率必须小于 PCLK1 时钟频率的 1/4 以上）。

（4）可以选择 3 种 RTC 的时钟源：HSE 128 分频时钟、LSE 振荡器时钟、LSI 振荡器时钟。

（5）两个独立的复位类型：APB1 接口由系统复位；RTC 核心（预分频器、闹钟、计数器和分频器）只能由后备域复位。

（6）3 个专门的可屏蔽中断：闹钟中断，用来产生一个软件可编程的闹钟中断；秒中断，用来产生一个可编程的周期性中断信号（最长可达 1s）；溢出中断，指示内部可编程计数器溢出并回转为 0 的状态。

12.1.3 RTC 内部结构

STM32F103 微控制器 RTC 内部结构如图 12-1 所示，其由两个主要部分组成。

第 1 部分（APB1 接口，图 12-1 中无背景区域）用来和 APB1 总线相连。此单元还包含一组 16 位寄存器，可通过 APB1 总线对其进行读写操作。APB1 接口由 APB1 总线时钟驱动，用来与 APB1 总线连接，其电路由系统电源供电。

第 2 部分（RTC 核心）由一组可编程计数器组成，分成两个主要模块。第 1 个模块是 RTC 的预分频模块，它可编程产生最长为 1s 的 RTC 时间基准 TR_CLK。RTC 的预分频模块包含了一个 20 位的可编程分频器（RTC 预分频器）。如果在 RTC_CR 寄存器中设置了相应的允许位，则在每个 TR_CLK 周期中 RTC 产生一个中断（秒中断）。第 2 个模块是一个 32 位的可编程计数器，可被初始化为当前的系统时间。系统时间按 TR_CLK 周期累加并与存储在 RTC_ALR 寄存器中的可编程时间相比较，如果 RTC_CR 控制寄存器中设置了相应允许位，比较匹配时将产生一个闹钟中断。

可以看出，其实 RTC 中存储时钟信号的只是一个 32 位的寄存器，如果按秒来计算，可以记录 $2^{32} = 4\,294\,967\,296s$，约 136 年，作为一般应用，这已经是足够了。但是，从这里可以看出要具体知道现在的时间是哪年、哪月、哪日，还有时、分、秒，那么就要自己进行处理了，将读取出来的计数值转换为我们熟悉的年、月、日、时、分、秒，即万年历。

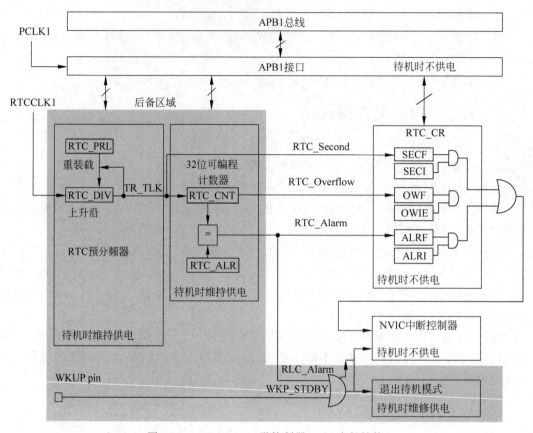

图 12-1　STM32F103 微控制器 RTC 内部结构

12.1.4　RTC 复位过程

　　RTC 核心又称为后备区域,即图 12-1 中的阴影部分,系统电源正常时由 V_{DD}(即 3.3V)供电,当 V_{DD} 电源被切断,它们仍然由 V_{BAT}(纽扣电池)维持供电。系统复位或从待机模式唤醒后,RTC 的设置和时间维持不变,即后备区域独立工作。

　　因此,除了 RTC_PRL、RTC_ALR、RTC_CNT 和 RTC_DIV 寄存器外,所有系统寄存器都由系统复位或电源复位进行异步复位。RTC_PRL、RTC_ALR、RTC_CNT 和 RTC_DIV 寄存器仅能通过备份域复位信号复位。

12.2　备份寄存器(BKP)

12.2.1　BKP 简介

　　备份寄存器(BKP)是 42 个 16 位的寄存器,可用来存储 84 字节的用户应用程序数据。它们处在后备区域里,当 V_{DD} 电源被切断,它们仍然由 V_{BAT} 维持供电。当系统在待机模式下被唤醒,或系统复位或电源复位时,它们也不会被复位。

此外,BKP 控制寄存器用来管理入侵检测和 RTC 校准功能。

复位后,对备份寄存器和 RTC 的访问被禁止,并且后备区域被保护以防止可能存在的意外的写操作。

12.2.2 BKP 特性

BKP 特性如下。

(1) 20 字节数据后备寄存器(中容量和小容量产品)或 84 字节数据后备寄存器(大容量和互联型产品)。

(2) 用来管理入侵检测并具有中断功能的状态/控制寄存器。

(3) 用来存储 RTC 校验值的校验寄存器。

(4) 在 PC13 引脚(当该引脚不用于入侵检测时)上输出 RTC 校准时钟、RTC 闹钟脉冲或秒脉冲。

12.2.3 BKP 入侵检测

当 TAMPER 引脚上的信号从 0 变为 1 或从 1 变为 0(取决于备份控制寄存器 BKP_CR 的 TPAL 位)时,会产生一个入侵检测事件。入侵检测事件会将所有数据备份寄存器内容清除。

然而,为了避免丢失入侵事件,入侵检测信号是边沿检测的信号与入侵检测允许位的逻辑与,从而在入侵检测引脚被允许前发生的入侵事件也可以被检测到。

设置 BKP_CSR 寄存器的 TPIE 位为 1,当检测到入侵事件时,就会产生一个中断。

12.3 RTC 的操作

本节讲述 RTC 正常工作的配置步骤,对每个步骤通过库函数实现。

固件库中 RTC 相关定义在 stm32f4xx_rtc.c 源文件以及 stm32f4xx_rtc.h 头文件中,BKP 相关的库函数在 stm32f10x.c 和 stm32f10x_bkp.h 文件中。

对 RTC 的操作主要是初始化 RTC,然后读取时钟数值即可。

12.3.1 RTC 的初始化

RTC 正常工作的一般配置步骤如下。

(1) 使能电源时钟和备份区域时钟。要访问 RTC 和备份区域,就必须先使能电源时钟和备份区域时钟。

```
RCC_APB1PeriphClockCmd(RCC_APB1Periph_PWR|RCC_APB1Periph BKP,ENABLE);
```

(2) 取消备份区写保护。要向备份区域写入数据,就要先取消备份区域写保护(写保护在每次硬复位之后被使能),否则无法向备份区域写入数据。我们需要向备份区域写入一字节标记时钟已经配置过了,从而避免每次复位之后重新配置时钟。取消备份区域写保护的库函数实现方法为

```
PWR_BackupAccessCmd(ENABLE);          //使能 RTC 和后备寄存器访问
```

(3)复位备份区域,开启外部低速振荡器。在取消备份区域写保护之后,我们可以先对这个区域复位,以清除前面的设置,当然这个操作不要每次都执行,因为备份区域的复位将导致之前存在的数据丢失,所以要不要复位,要看情况而定。然后使能外部低速振荡器,这里一般要先判断 RCC_BDCI 的 LSERDY 位确定低速振荡器已经就绪,才开始下面的操作。

备份区域复位的函数为

```
BKP_DeInit();                         //复位备份区域
```

开启外部低速振荡器的函数为

```
RCC_LSEConfig(RCC_LSE_ON);            //开启外部低速振荡器
```

(4)选择 RTC,并使能。通过 RCC_BDCR 的 RTCSEL 选择外部 LSI 作为 RTC,然后通过 RTCEN 位使能 RTC。

选择 RTC 的库函数为

```
RCC_RTCCLXConfig(ROC_RTCCLKSource_LSE);    //选择 LSE 作为 RTC 时钟
```

对于 RTC 的选择,还有 RCC_RTCCLKSource_LSI 和 RCC_RTCCLKSource_HSE_Div128 两个选项,前者为 LSI,后者为 HSE 的 128 分频时钟。

使能 RTC 的函数为

```
RCC_RCCLKCmd(ENABLE);                 //使能 RTC 时钟
```

(5)设置 RTC 的分频,并配置 RTC。开启了 RTC 之后要设置 RTC 时钟的分频数,通过 RTC_PRLH 和 RTC_PRLL 设置,等待 RTC 寄存器操作完成并同步之后设置秒钟中断。然后设置 RTC 的允许配置位(RTC_CRH 的 CNF 位)并设置时间(其实就是设置 RTC_CNTH 和 RTC_CNTL 两个寄存器)。

在进行 RTC 配置之前,首先要打开允许配置位(CNF),库函数为

```
RTC_EnterConfigMode();                //允许配置
```

在配置完成之后,千万别忘记更新配置,同时退出配置模式,库函数为

```
RTC_ExitConfigMode();                 //退出配置模式,更新配置
```

设置 RTC 时钟分频数,库函数为

```
void RTC_SetPreacaler(uint32_t PrescalerValue);
```

这个函数只有一个入口参数,就是 RTC 的分频数,很好理解。

然后设置秒中断允许,RTC 使能中断的函数为

```
void RTC_ITConfig(uint16_t RTC_IT,FunctionalState Newstate);
```

这个函数的第 1 个参数是设置秒中断类型,它是通过宏定义的。使能 RTC 秒中断的函数为

```
RTC_ITConfig(RTC_IT_SEC,ENABLE);                   //使能 RTC 秒中断
```

下一步便是设置时间了,实际上就是设置 RTC 的计数值,时间与计数值之间是需要换算的。设置 RTC 计数值的库函数为

```
void RTC_SetCounter(uint32_t CounterValue);
```

(6) 更新配置,设置 RTC 中断分组。在设置完时钟之后,我们将配置更新同时退出配置模式。这里还是通过 RTC_CRH 的 CNF 来实现,库函数为

```
RTC_ExitConfigMode();                   //退出配置模式,更新配置
```

退出配置模式后,在备份区域 BKP_DR1 写入 0x5050,代表已经初始化过时钟了,下次开机(或复位)时先读取 BKP_DR1 的值,然后判断是否是 0x5050,决定要不要配置。接着配置 RTC 的秒钟中断并进行分组。

向备份区域写用户数据的库函数为

```
void BKP_WriteBackupRegister(uint16_t BKP_DR,uint16_t Data);
```

这个函数的第 1 个参数为寄存器标号,它是通过宏定义的。例如,要向 BKP_DR1 写入 0x5050,方法为

```
BKP_WriteBackupRegister(BKP_DR1,0x5050);
```

有写便有读,读取备份区域指定寄存器的用户数据的库函数为

```
uint16_t BKP_ReadBackupRegister(uint16_t BKP_DR);
```

(7) 设置初始化时间。

设置初始化时间也就是将要初始化的时钟存入 32 位寄存器。原理是直接将对应的时间数据转换为十六进制数并写入 32 位寄存器中。

(8) 编写中断服务函数。最后要编写中断服务函数。在秒中断产生时,读取当前的时间值并显示到 TFT LCD 模块上。

通过以上几个步骤,就完成了对 RTC 的配置,并通过秒中断更新时间。

12.3.2　RTC 时间写入初始化

RTC 时间写入初始化分为两种情况:一种情况是第 1 次使用 RTC,需要对 RTC 完全初始化,即 12.3.1 节所介绍的所有步骤,还需要将当前时间对应数值写入 RTC_CNT 寄存器,并向 BKP_DR1 寄存器中写入 0xA5A5,表示已经初始化过 RTC 寄存器;另一种情况是断电恢复或上电复位,而不希望复位 RTC 寄存器后备区域,此时只需等待 RTC 寄存器同步和使能 RTC 秒中断即可。

12.4　万年历应用实例

　　本实例要利用 STM32F103 微控制器的 RTC 模块实现数字万年历功能,要求主电源断电计时不间断,实现时间精确设置。本实例的主要任务是时间选择性更新,若是初次使用 RTC 模块,则需要对 RTC 进行初始化,并向备份寄存器写入当前时间数值;若是断电恢复或系统复位,则只需 RTC 同步和开启秒中断即可。由于 STM32F103 微控制器的 RTC 模块只存放秒计数值,所以还需要对该数值进行读取并转换为日期和时间,该部分程序是由 STM32 的 RTC 秒中断函数完成。

　　万年历应用实例程序清单可参考本书数字资源中的程序代码。

第 13 章　新型分布式控制系统设计实例

本章将讲述新型分布式控制系统(Distributed Control System,DCS)设计实例,包括新型 DCS 概述、现场控制站的组成、新型 DCS 通信网络、新型 DCS 控制卡的硬件设计、新型 DCS 控制卡的软件设计、控制算法的设计、8 通道模拟量输入板卡(8AI)的设计、8 通道热电偶输入板卡(8TC)的设计、8 通道热电阻输入板卡(8RTD)的设计、4 通道模拟量输出板卡(4AO)的设计、16 通道数字量输入板卡(16DI)的设计、16 通道数字量输出板卡(16DO)的设计、8 通道脉冲量输入板卡(8PI)的设计和嵌入式控制系统可靠性与安全性技术。

13.1　新型 DCS 概述

新型 DCS 的总体结构如图 13-1 所示。

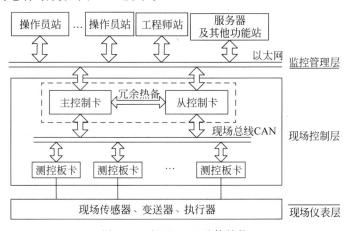

图 13-1　新型 DCS 总体结构

现场控制层是整个新型 DCS 的核心部分,控制卡位于监控管理层与现场控制层内测控板卡之间,是整个 DCS 的通信枢纽和控制核心。控制卡的功能主要集中在通信和控制两方面,通信方面,需要确定系统的通信方式,构建系统的通信网络,满足通信方面的速率、可靠性和实时性等要求;控制方面,需要确定系统的应用场合、控制规模、系统的容量和控制速度等。具体而言,控制卡应满足以下要求。

13.1.1 通信网络的要求

1. 控制卡与监控管理层之间的通信

控制卡与监控管理层之间通信的下行数据包括测控板卡及通道的配置信息、直接控制输出信息、控制算法的新建及修改信息等,上行数据包括测控板卡的采样信息、控制算法的执行信息以及控制卡和测控板卡的故障信息等。由于控制卡与监控管理层之间的通信信息量较大,且对通信速率有一定的要求,所以选择以太网作为与监控层的通信网络。同时,为提高通信的可靠性,对以太网通信网络做冗余处理,采用两条并行的以太网通信线路构建与监控管理层的通信网络。

2. 控制卡与测控板卡之间的通信

控制卡与测控板卡之间的通信信息包括测控板卡及通道的组态信息、通道的采样信息、来自上位机和控制卡控制算法的输出控制信息,以及测控板卡的状态和故障信息等。由于DCS控制站内的测控板卡是已经开发好的模块,且固定采用现场总线 CAN 进行通信,所以与控制站内的测控板卡间的通信采用现场总线 CAN 进行。同样,为提高通信的可靠性,需对通信网络做一定的冗余处理,但测控板卡上只有一个 CAN 收发器,无法设计为并行冗余的通信网络。对此,将单一的 CAN 通信网络设计为双向的环形通信网络,这样可以有效避免通信线断线对整个通信网络的影响。

13.1.2 通信网络的要求控制功能的要求

1. 系统的点容量

为满足系统的通用性要求,系统必须允许接入多种类型的信号,目前的测控板卡类型共有7 种,分别是 8 通道模拟量输入板卡(支持 0～10mA、4～20mA 电流信号,0～5V、1～5V 电压信号)、4 通道模拟量输出板卡(支持 0～10mA、4～20mA 电流信号)、8 通道热电阻输入板卡(支持 Pt100、Cu100、Cu50 共 3 种类型的热电阻信号)、8 通道热电偶输入板卡(支持 B 型、E 型、J 型、K 型、R 型、S 型、T 型共 7 种类型的热电偶信号)、16 通道开关量输入板卡(支持无源类型开关信号)、16 通道开关量输出板卡(支持继电器类型信号)、8 通道脉冲量输入板卡(支持脉冲累积型和频率型两种类型的数字信号)。这 7 种类型测控板卡的信号可以概括为 4 类:模拟量输入信号(AI)、数字量输入信号(DI)、模拟量输出信号(AO)、数字量输出信号(DO)。

在板卡数量方面,本系统要求可以支持 4 个机笼,64 个测控板卡。根据前述各种类型的测控板卡的通道数可以计算出本系统需要支持的点数:512 个模拟输入点、256 个模拟输出点、1024 个数字输入点和 1024 个数字输出点。点容量直接影响本系统的运算速度和存储空间。

2. 系统的控制回路容量

系统的控制功能可以经过通信网络由上位机直接控制输出装置完成,更重要的控制功能则由控制站的控制卡自动执行。自动控制功能由控制站控制卡执行控制回路构成的控制算法来实现。设计要求本系统可以支持 255 个由功能框图编译产生的控制回路,包括 PID、串级控制等复杂控制回路。控制回路的容量同样直接影响本系统的运算速度和存储空间。

3．控制算法的解析及存储

以功能框图形式表示的控制算法（即控制回路）通过以太网下载到控制卡时，并不是一种可以直接执行的状态，需要控制卡对其进行解析。而且，系统要求控制算法支持在线修改操作，且掉电后控制算法信息不丢失，在重新上电后可以加载原有的控制算法继续执行。这要求控制卡必须自备一套解析软件，能够正确解析以功能框图形式表示的控制算法，还要拥有一个具有掉电数据保护功能的存储装置，并且能够以有效的形式对控制算法进行存储。

4．系统的控制周期

系统要在一个控制周期内完成现场采样信号的索要和控制算法的执行。本系统要满足1s的控制周期要求，这要求本系统的处理器要有足够快的运算速度，与底层测控板卡间的通信要有足够高的通信速率和高效的通信算法。

13.1.3　系统可靠性的要求

1．双机冗余配置

为提高系统的可靠性，延长平均无故障时间，要求本系统的控制装置要做到冗余配置，并且冗余双机要工作在热备状态。

考虑到目前本系统所处 DCS 控制站中机笼的固定设计格式及对故障切换时间的要求，本系统将采用主从式双机热备方式。这要求两台控制装置必须具有自主判定主从身份的机制，而且为满足热备的工作要求，两台控制装置间必须要有一条通信通道完成两台装置间的信息交互和同步操作。

2．故障情况下的切换时间要求

处于主从式双机热备状态下的两台控制装置，不但要运行自己的应用，还要监测对方的工作状态，在对方出现故障时能够及时发现并接管对方的工作，保证整个系统的连续工作。本系统要求从对方控制装置出现故障到发现故障和接管对方的工作不得超过 1s。此要求涉及双机间的故障检测方式和故障判断算法。

13.1.4　其他方面的要求

1．双电源冗余供电

系统工作的基础是电源，电源的稳定性对系统正常工作至关重要，而且现在的工业生产装置都是工作在连续不间断状态，因此供电电源必须要满足这一要求。所以，控制卡要求供电电源冗余配置，双线同时供电。

2．故障记录与故障报告

为了提高系统的可靠性，不仅要延长平均无故障时间，而且要缩短平均故障修复时间，这要求系统在第一时间发现故障并向上位机报告故障情况。当底层测控板卡或通道出现故障时，在控制卡向测控板卡索要采样数据时，测控板卡会优先回送故障信息。所以，控制卡必须能及时地发现测控板卡或通道的故障及故障恢复情况。而且，构成控制卡的冗余双机间的状态监测机制也要完成对对方控制装置的故障及故障恢复情况的监测。本系统要求在出现故障及故障恢复时,控制卡必须能够及时主动地向上位机报告此情况。这要求控制卡在与监控管理层上位机间的通信方面,不仅是被动地接收上位机的命令,而且要具有主动联系上位机并报错的功能。而且,在进行故障信息记录时,要求加盖时间戳,这就要求控制卡中必须要有实时时钟。

3. 人机接口要求

工作情况下的控制卡必须要有一定的状态指示,以便工作人员判定系统的工作状态,其中包括与监控管理层上位机的通信状态指示、与测控板卡的通信状态指示、控制装置的主从身份指示、控制装置的故障指示等。这要求控制卡必须要对外提供相应的指示灯指示系统的工作状态。

13.2 现场控制站的组成

13.2.1 两个控制站的 DCS 结构

新型 DCS 分为 3 层:监控管理层、现场控制层、现场仪表层。其中,监控管理层由工程师站和操作员站构成,也可以只有一个工程师站,工程师站兼有操作员站的职能;现场控制层由主从控制卡和测控板卡构成,其中控制卡和测控板卡全部安装在机笼内部;现场仪表层由配电板和提供各种信号的仪表构成。控制站包括现场控制层和现场仪表层。一套 DCS 系统可以包含几个控制站,包含两个控制站的 DCS 结构如图 13-2 所示。

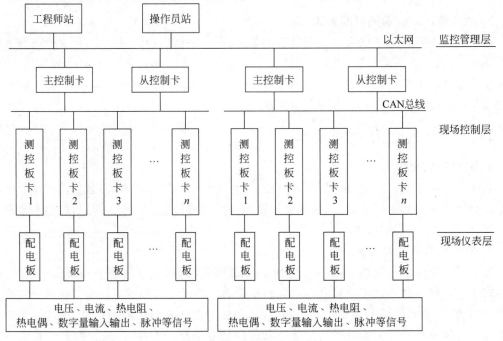

图 13-2　包含两个控制站的 DCS 结构

现场控制层由控制卡和测控板卡组成,根据需要控制卡可以是冗余配置的主控制卡和从控制卡,也可以只有主控制卡。测控板卡也是根据具体的需要进行安装配置。

目前,一个控制站中最多有 4 个机笼,64 个测控板卡(即图 13-2 中的 n 最大为 64)。一个机笼中共有 18 个卡槽,两个控制卡卡槽用于安装主从控制卡,16 个测控板卡卡槽用于安装各种测控板卡。一个控制站中只有其中一个机笼中安装有控制卡,其他机笼中只有测控板卡,控制卡的卡槽空置,不安装任何板卡。每个机笼内的测控板卡根据需要进行安装,数量任意,但最多只能安装 16 个。安装有主从控制卡的满载机笼如图 13-3 所示。

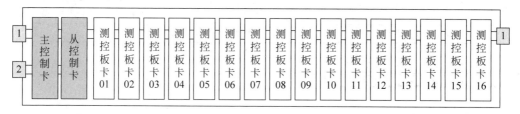

图 13-3　安装有主从控制卡的满载机笼

每个机笼都有自己的地址设定位,地址并不是在出厂时设定好的,而是由机笼内背板上的跳线帽设定,每次安装配置时都必须进行地址设定,机笼中的 16 个测控板卡的卡槽也都有自己的地址。

13.2.2　DCS 测控板卡的类型

每种类型的测控板卡都有相对应的配电板,配电板不可混用。各种测控板卡允许输入和输出的信号类型如表 13-1 所示。

表 13-1　各种测控板卡允许输入和输出的信号类型

板 卡 类 型	信 号 类 型	测 量 范 围	备　　注
8 通道模拟量输入板卡(8AI)	电压	0～5V	需要根据信号的电压、电流类型设置配电板的相应跳线
	电压	1～5V	
	Ⅱ 型电流	0～10mA	
	Ⅲ 型电流	4～20mA	
8 通道热电阻输入板卡(8RTD)	Pt100 热电阻	−200～850℃	无
	Cu100 热电阻	−50～150℃	
	Cu50 热电阻	−50～150℃	
8 通道热电偶输入板卡(8TC)	B 型热电偶	500～1800℃	无
	E 型热电偶	−200～900℃	
	J 型热电偶	−200～750℃	
	K 型热电偶	−200～1300℃	
	R 型热电偶	0～1750℃	
	S 型热电偶	0～1750℃	
	T 型热电偶	−200～350℃	

续表

板 卡 类 型	信 号 类 型	测 量 范 围	备　　注
8 通道脉冲量输入板卡(8PI)	累积/频率型	0～5V	需要根据信号的量程范围设置配电板的跳线
	累积/频率型	0～12V	
	累积/频率型	0～24V	
4 通道模拟量输出板卡(4AO)	Ⅱ型电流	0～10mA	无
	Ⅲ型电流	4～20mA	
16 通道数字量输入板卡(16DI)	干接点开关	闭合、断开	需要根据外接信号的供电类型设置板卡上的跳线
16 通道数字量输出板卡(16DO)	24V 继电器	闭合、断开	无

13.3　新型 DCS 通信网络

通信方面,上位机与控制卡间的通信方式为以太网,实现与工程师站、操作员的通信,这也是上位机与控制卡之间唯一的通信方式;控制卡与底层测控板卡间的通信方式为通过现场总线 CAN 实现与底层测控板卡的通信,这也是控制卡与测控板卡之间唯一的通信方式。

为了提高通信的可靠性,对通信网络做了冗余处理。上位机与控制卡之间的以太网通信网络由两个以太网构成,这两个网络相互独立,都可独立完成控制卡与上位机之间的通信任务,这两个网络也可同时使用。控制卡与测控板卡之间的 CAN 通信网络由控制卡上的两个 CAN 收发器构成非闭合环形通信网络,可有效解决通信线断线造成的断线处后方测控板卡无法通信的问题。新型 DCS 通信网络如图 13-4 所示。

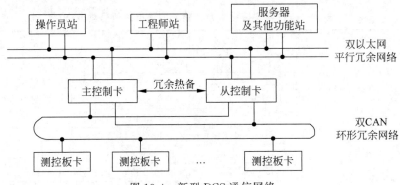

图 13-4　新型 DCS 通信网络

13.3.1　以太网实际连接网络

控制卡与上位机之间的以太网通信网络除了需要网线外,还需要一台集线器。将上位机和控制卡的所有网络接口全部接入集线器。以太网实际连接网络如图 13-5 所示。

在图 13-5 中只画出了工程师站,没有画出操作员站,操作员站的连接与工程师站类似。集线器可选择是否接入外网,接入外网可以实现更多的上位机对控制卡的访问。但接入外

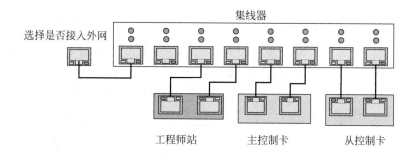

图 13-5　以太网实际连接网络

网会导致网络上的数据量增加,影响对控制卡的访问,降低通信网络的实时性。

13.3.2　双 CAN 通信网络

双 CAN 组建的非闭合环形通信网络主要是为了应对通信线断线对系统通信造成的影响。在只有一个 CAN 收发器组建的单向通信网络中,当通信线出现断线时,便失去了与断线处后方测控板卡的联系。双 CAN 组建的环形通信网络可以实现双向通信,当通信线出现断线时,之前的正向通信已经无法与断线处后方的测控板卡联系,此时改换为反向通信,便可以实现与断线处后方测控板卡的通信。双 CAN 组建的非闭合环形通信网络原理如图 13-6 所示。

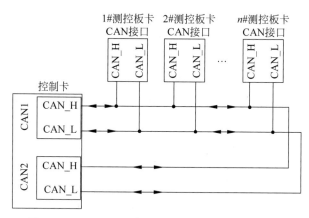

图 13-6　双 CAN 组建的非闭合环形通信网络原理

采用双 CAN 组建的环形通信网络,要求对通信队列中的测控板卡进行排序,按地址从小到大排列。约定与小地址测控板卡临近的 CAN 节点为 CAN1,与大地址测控板卡临近的 CAN 节点为 CAN2。在进行通信时,首先由 CAN1 发起通信,按地址从小到大的顺序进行轮询,当发现通信线断线时,改由 CAN2 执行通信功能,CAN2 按地址从大到小的顺序进行轮询,直到线位置结束。实际的双 CAN 网络连线图如图 13-7 所示。

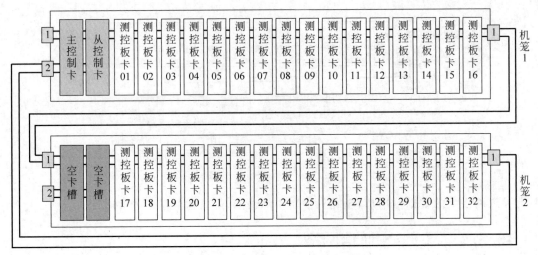

图 13-7　双 CAN 网络连线图

13.4　新型 DCS 控制卡的硬件设计

控制卡的主要功能是通信中转和控制算法运算,是整个 DCS 现场控制站的核心。控制卡可以作为通信中转设备实现上位机对底层信号的检测和控制,也可以脱离上位机独立运行,执行上位机之前下载的控制方法。当然,在上位机存在时控制卡也可以自动执行控制方案。

通信方面,控制卡通过现场总线 CAN 实现与底层测控板卡的通信,通过以太网实现与上层工程师站、操作员的通信。

系统规模方面,控制卡默认采用最大系统规模运行,即 4 个机笼、64 个测控板卡和 255 个控制回路。系统以最大规模运行,除了会占用一定的 RAM 空间外,并不会影响系统的速度和性能。255 个控制回路运行所需 RAM 空间大约为 500KB,外扩的 SRAM 有 4MB 的空间,控制回路仍有一定的扩充裕量。

13.4.1　控制卡的硬件组成

控制卡以 ST 公司生产的 Arm Cortex-M4 微控制器 STM32F407ZG 为核心,搭载相应外围电路构成。控制卡的构成大致可以划分为 6 个模块,分别为供电模块、双机余模块、CAN 通信模块、以太网通信模块、控制算法模块和人机接口模块。控制卡的硬件组成如图 13-8 所示。

STM32F407ZG 内核的最高时钟频率可以达到 168MHz,而且还集成了单周期 DSP 指令和浮点运算单元(FPU),提升了计算能力,可以进行复杂的计算和控制。

STM32F407ZG 除了具有优异的性能外,还具有丰富的内嵌和外设资源,具体如下。

(1) 存储器:拥有 1MB 的 Flash 和 192KB 的 SRAM;并提供了存储器的扩展接口,可

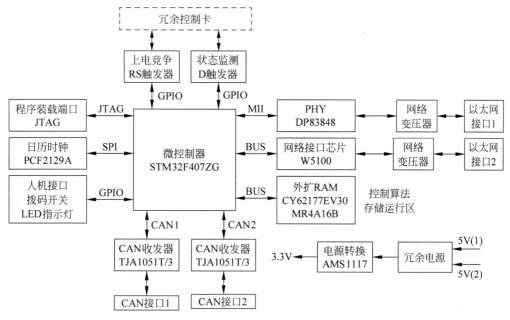

图 13-8　控制卡的硬件组成

外接多种类型的存储设备。

（2）时钟、复位和供电管理：支持 1.8～3.6V 的系统供电；具有上电/断电复位、可编程电压检测器等多个电源管理模块,可有效避免供电电源不稳定而导致的系统误动作情况的发生；内嵌 RC 振荡器可以提供高速的 8MHz 内部时钟。

（3）直接存储器存取（DMA）：16 通道的 DMA 控制器,支持突发传输模式,且各通道可独立配置。

（4）丰富的 I/O 端口：具有 A～G 共 7 个端口,每个端口有 16 个 I/O,所有 I/O 都可以映射到 16 个外部中断；多个端口具有兼容 5V 电平的特性。

（5）多类型通信接口：具有 3 个 I2C 接口、4 个 USART 接口、3 个 SPI 接口、两个 CAN 接口、一个 ETH 接口等。

控制卡的外部供电电源为＋5V,而且为双电源供电。由 AMS1117 电源转换芯片实现＋5V 到＋3.3V 的电压转换。

在 CAN 通信接口的设计中,控制卡使用的 CAN 收发器均为 TJA1051T/3,STM32F407ZG 上有两个 CAN 模块：CAN1 和 CAN2,支持组建双 CAN 环形通信网络。

在以太网通信接口的设计中,STM32F407ZG 上有一个 MAC（媒体访问控制）接口,通过此 MAC 接口可以外接一个 PHY（物理层接口）芯片,这样便可以构建一路以太网通信接口。另一路以太网通信接口通过扩展实现,选择支持总线接口的三合一（MAC、PHY、TCP/IP 协议栈）网络接口芯片 W5100,通过 STM32F407ZG 的存储器控制接口实现与其连接。

控制算法要实现对 255 个基于功能框图的控制回路的支持,根据功能框图中各模块结构体的大小,可以计算出 255 个控制回路运行所需的 RAM 空间,大约为 500KB。而 STM32F407ZG 中供用户程序使用的 RAM 空间为 192KB,所以需要外扩 RAM 空间。在此扩展两片 RAM,一片是 CY62177EV30,是 4MB 的 SRAM,属于常规的静态随机存储器,断电后数据会丢失;另一片是 MR4A16B,是 2MB 的 MRAM,属于磁存储器,具有 SRAM 的读写接口、读写速度,同时还具有掉电数据不丢失的特性,但在使用中需要考虑电磁干扰的问题。系统要求对控制算法进行存储,所以,外扩的 RAM 必须划出一定空间用于控制算法的存储,即要求外扩 RAM 具有掉电数据不丢失的特性,MRAM 已经具有此特性,SRAM 选择使用后备电池进行供电。

时间信息的获取通过日历时钟芯片 PCF2129A 完成,此时钟芯片可以提供年-月-星期-日-时-分-秒形式的日期和时间信息。PCF2129A 支持 SPI 和 I2C 两种通信方式,可以选择使用后备电池供电,内部具有电源切换电路,并可对外提供电源。

上电竞争电路实现上电时控制卡的主从身份竞争与判定,通过一个由与非门组建的基本 RS 触发器实现。状态监测电路用于两个控制卡间的工作状态监测,通过 D 触发器的置位与复位实现此功能。

在人机接口方面,由于控制站一般放置于无人值守的工业现场,所以人机接口模块设计相对简单。通过多个 LED 指示灯实现系统运行状态与通信情况的指示,通过拨码开关实现 IP 地址设定及系统特定功能的选择设置。

控制卡上共有 7 个 LED 指示灯。各 LED 指示灯运行状态如表 13-2 所示。

表 13-2　各 LED 指示灯运行状态

序　号	LED	颜　色	名　　称	功　　能
1	LED_FAIL	红	故障指示灯	当控制卡本身复位或故障时常亮
2	LED_RUN	绿	运行指示灯	在系统运行时以每秒一次的频率闪烁
3	LED_COM	绿	CAN 通信指示灯	CAN 通信时发送时点亮,接收后熄灭
4	LED_PWR	红	电源指示灯	控制卡上电后常亮
5	LED_M/S	绿	主从状态指示灯	主控制卡常亮,从控制卡常灭
6	LED_STAT	红	对方状态指示灯	当对方控制卡死机时该灯常亮,正常时熄灭
7	LED_ETH	绿	以太网通信指示灯	暂未对以太网通信指示灯定义

13.4.2　W5100 网络接口芯片

W5100 是 WIZnet 公司推出的一款多功能的单片网络接口芯片,内部集成有 10/100 以太网控制器,主要应用于高集成、高稳定、高性能和低成本的嵌入式系统中。使用 W5100 可以实现没有操作系统的 Internet 连接。W5100 与 IEEE 802.3 10BASE-T 和 IEEE 802.3u 100BASE-TX 兼容。

W5100 内部集成了全硬件的且经过多年市场验证的 TCP/IP 协议栈、以太网介质传输层(MAC)和物理层(PHY)。硬件 TCP/IP 协议栈支持 TCP、UDP、IPv4、ICMP、ARP、IGMP 和 PPPoE 协议,这些协议已经在很多领域经过了多年的验证。W5100 内部还集成有 16KB 存储器用于数据传输。使用 W5100 不需要考虑以太网的控制,只需要进行简单的端口编程。

W5100 提供 3 种接口:直接并行总线接口、间接并行总线接口和 SPI 总线接口。W5100 与 MCU 接口非常简单,就像访问外部存储器一样。W5100 内部结构如图 13-9 所示。

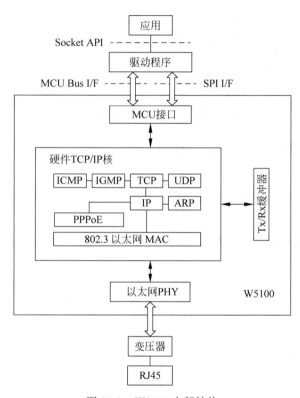

图 13-9 W5100 内部结构

W5100 的应用领域非常广泛,可用于多种嵌入式应用产品,具体如下。

(1) 家用网络设备:机顶盒、PVR、数字媒体适配器。

(2) 串口转以太网:访问控制、LED 显示器、无线 AP 等。

(3) 并行转以太网:POS/Mini 打印机、复印机。

(4) USB 转以太网:存储设备、网络打印机。

(5) GPIO 转以太网:家用网络传感器。

(6) 安防系统:DVR、网络照相机、终端机。

(7) 工业和楼宇自动化。

(8) 医用检测设备。

(9) 嵌入式服务器。

W5100 具有以下特点。

（1）支持全硬件 TCP/IP 协议栈：TCP、UDP、ICMP、IPv4、ARP、IGMP、PPPoE、Ethernet。

（2）内嵌 10BaseT/100BaseTX 以太网物理层。

（3）支持自动应答（全双工/半双工模式）。

（4）支持自动 MDI/MDIX。

（5）支持 ADSL 连接（支持 PPPoE 协议，带 PAP/CHAP 验证）。

（6）支持 4 个独立端口。

（7）内部 16KB 存储器作 TX/RX 缓存。

（8）0.18μm CMOS 工艺。

（9）3.3V 工作电压，I/O 口可承受 5V 电压。

（10）小巧的 LQFP80 无铅封装。

（11）多种 PHY 指示灯信号输出（TX、RX、Full/Half Duplex、Collision、Link、Speed）。

13.4.3　双机冗余电路的设计

为提高系统的可靠性，控制卡采用冗余配置，并工作于主从模式的热备状态。两个控制卡具有完全相同的软硬件配置，上电时同时运行，并且一个作为主控制卡，一个作为从控制卡。主控制卡可以对测控板卡发送通信命令，并接收测控板卡的回送数据；而从控制卡处于只接收状态，不得对测控板卡发送通信命令。

在工作过程中，两个控制卡互为热备。一方控制卡除了执行自身的功能外，还要监测对方控制卡的工作状态。在对方控制卡出现故障时，一方控制卡必须能够及时发现，并接管对方的工作，同时还要向上位机报告故障情况。当主控制卡出现故障时，从控制卡会自动进行工作模式切换，成为主控制卡，接管主控制卡的工作并控制整个系统的运行，从而保证整个控制系统连续不间断地工作。当从控制卡出现故障时，主控制卡会监测到从控制卡的故障并向上位机报告这一情况。故障控制卡修复后，可以重新加入整个控制系统，并作为从控制卡与仍运行的主控制卡再次构成双机热备系统。

双机冗余电路包括上电竞争电路和状态监测电路。上电竞争电路用于完成控制卡的主从身份竞争与确定。状态监测电路用于主从控制卡间的工作状态监测，主要是故障及故障恢复情况的识别。控制卡的双机冗余电路如图 13-10 所示。

上电竞争电路部分由两个与非门（每个控制卡各提供一个与非门）构成的基本 RS 触发器实现，利用此 RS 触发器在正常工作（两个输入端 IN1 和 IN2 不能同时为 0）时具有互补输出 0 和 1 的工作特性实现上电时两个控制卡的主从身份竞争与确定。输出端（OUT1、OUT2）为 1 的控制卡将作为主控制卡运行，输出端为 0 的控制卡将作为从控制卡运行。

上电竞争电路除了要实现两个控制卡的主从竞争外，还要考虑到单个控制卡上电运行的情况，要求单个控制卡上电运行时作为主控制卡。如果要通过软件实现，可以让上电运行的单一控制卡在监测到冗余控制卡不存在时再切换为主控制卡；如果通过硬件实现，要求单个控制卡上电运行时强制该控制卡上的 RS 触发器的输出端为 1，即该控制卡上的与非门的输出端为 1。根据与非门的工作机制，只需使两个输入端中的任意一个输入为 0 即可。

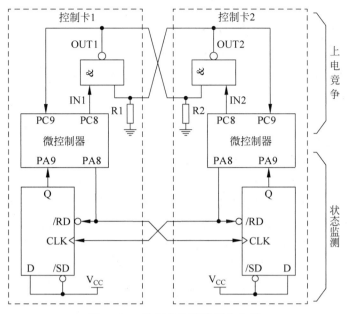

图 13-10　控制卡的双机冗余电路

图 13-10 中下拉电阻 R1 和 R2 正是为满足这一要求而设计的。这种通过硬件保证单一控制卡上电运行时作为主控制卡的方式显然要比先监测后切换的软件方式要快、要好。

处于热备状态的两个控制卡必须要不断地监测对方控制卡的工作状态,以确保能够及时发现对方控制卡的故障,并对故障作出处理。常用的故障检测技术是心跳检测,心跳检测技术的引入可有效提高系统的故障容错能力。通过心跳检测可有效判断对方控制卡是否出现死机,及死机后是否重启等情况。

心跳检测线一般采用串口线或以太网,采用通信线的心跳检测存在心跳检测线本身出现故障的可能,在心跳检测时也需要将其考虑在内。有时为了可靠地判断是否是心跳检测线出现故障会对心跳检测线做冗余处理,这在一定程度上提高了系统的复杂度。在本控制卡的设计中,采用的是可靠的硬连接方式,两个控制卡间通过背板 PCB 上的连线连接,连接更加可靠。在保证状态监测电路可靠工作的同时也不会提高系统的复杂度。

状态监测电路由两个 D 触发器实现,利用 D 触发器的状态转换机制可有效地完成两个控制卡间的状态监测。

具体工作过程如下:控制卡上的微控制器定期在 PA8 引脚上输出一个上升沿,就可以使本控制卡上的 D 触发器因为/RD 引脚上的一个低电平而使输出端 Q 为 0,同时使对方控制卡上的 D 触发器因为 CLK 引脚上的一个上升沿而使输出端 Q 为 1(因为每个 D 触发器的 D 端接高电平,CLK 引脚上的上升沿使输出端 Q=D=1)。这一操作类似于心跳检测中的发送心跳信号的过程。在此操作之前,要检测本控制卡上的 D 触发器的输出端状态,如果输出端 Q 为 1,则说明接收到对方控制卡发送来的心跳信号,判定对方控制卡工作正常;如果输出端 Q 为 0,则说明没有接收到对方控制卡发送的心跳信号,判定对方控制卡故障。

13.4.4 存储器扩展电路的设计

由于控制算法运行所需的 RAM 空间已经远远超出 STM32F407ZG 所能提供的用户 RAM 空间,而且,控制算法也需要额外的空间进行存储。因此,需要在系统设计时做一定的 RAM 空间扩展。

在电路设计中扩展了两片 RAM,一片 SRAM 为 CY62177EV30,另一片 MRAM 为 MR4A16B。设计之初,将 SRAM 用于控制算法运行,将 MRAM 用于控制算法存储。但后期通过将控制算法的存储态与运行态结合后,要求外扩的 RAM 要兼有控制算法的运行与存储功能,所以,必须对外扩的 SRAM 做一定的处理,使其也具有数据存储的功能。

CY62177EV30 属于常规的静态随机存储器,具有高速、宽范围供电和静默模式低功耗的特点。一个读写周期为 55ns,供电电源可以为 $2.2 \sim 3.7V$,而且静默模式下的电流消耗只有 $3\mu A$。CY32177EV30 具有 4MB 的空间,而且数据位宽可配置,既可配置为 16 位数据宽度,也可配置为 8 位数据宽度。CY62177EV30 通过三总线接口与微控制器连接,CY62177EV30 与 STM32F407ZG 的连接如图 13-11 所示。

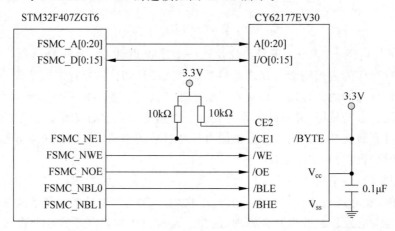

图 13-11　CY62177EV30 与 STM32F407ZG 的连接

功能选择引脚/BYTE 是 CY62177EV30 的数据位宽配置引脚,/BYTE 接 V_{cc} 时,CY62177EV30 工作于 16 位数据宽度;/BYTE 接 V_{ss} 时,工作于 8 位数据宽度。

扩展的第 2 个 RAM 为 MR4A16B,属于磁存储器,具有 SRAM 的读写接口与读写速度,同时具有掉电数据不丢失的特性,既可用于控制算法运行,也可用于控制算法的存储。

MR4A16B 的读写周期可以做到 35ns,而且读写次数无限制,在合适的环境下数据保存时间长达 20 年。在电路设计中,可以替代 SRAM、Flash、EEPROM 等存储器以简化电路设计,提高电路设计的高效性。而且,作为数据存储设备时,MR4A16B 标称比后备电池供电的 SRAM 具有更高的可靠性,甚至可用于脱机存档使用。

MR4A16B 的数据宽度是固定的 16 位,其电路设计与 CY62177EV30 类似,而且比 CY62177EV30 的电路简单,因为 MR4A16B 的供电直接使用控制卡上的 3.3V 电源,不需要使用后备电池。MR4A16B 也是通过三总线接口与微控制器 STM32F407ZG 的 FSMC 模块连接,而且连接到 FSMC 的 Bank1 的 region2。

限于篇幅,其他电路的详细设计就不再赘述了。

13.5　新型 DCS 控制卡的软件设计

13.5.1　控制卡软件的框架设计

控制卡采用 μC/OS-Ⅱ 嵌入式操作系统,该软件的开发具有确定的开发流程。软件的开发流程甚至与任务的多少、任务的功能无关。μC/OS-Ⅱ 环境下软件的开发流程如图 13-12 所示。

在该开发流程中,除了启动任务及其功能是确定的之外,其他任务的任务数目及功能甚至可以不确定。但是,开发流程中的开发顺序是确定的,不能随意更改。

控制卡软件中涉及的内容除操作系统 μC/OS-Ⅱ 外,应用程序大致可分为 4 个主要模块,分别为双机热备、CAN 通信、以太网通信、控制算法。控制卡软件涉及的主要模块如图 13-13 所示。

μC/OS-Ⅱ 嵌入式操作系统中程序的执行顺序与程序代码的位置无关,只与程序代码所在任务的优先级有关。所以,在 μC/OS-Ⅱ 嵌入式操作系统环境下的软件框架设计,实际上就是确定各个任务的优先级安排。优先级的安排会根据任务的重要程度以及任务间的前后衔接关系来确定。以 CAN 通信任务与控制算法运行任务为例,控制算法运行所需要的输入信号是由 CAN 通信任务向测控板卡索要的,

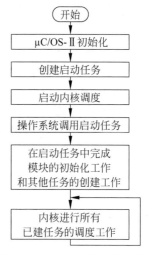

图 13-12　μC/OS-Ⅱ 环境下软件的开发流程

所以 CAN 通信任务要优先于控制算法任务执行,所以 CAN 通信任务拥有更高的优先级。控制卡软件中的任务及优先级如表 13-3 所示。

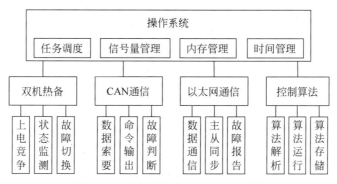

图 13-13　控制卡软件涉及的主要模块

表 13-3　控制卡软件中的任务及优先级

任　务	优先级	任　务　说　明
TaskStart	4	启动任务,创建其他用户任务
TaskStateMonitor	5	主从控制卡间的状态监测
TaskCANReceive	6	接收 CAN 命令并对其处理
TaskPIClear	7	计数通道值清零
TaskAODOOut	8	模拟量/数字量输出控制
TaskCardConfig	9	板卡及通道配置
TaskCardUpload	10	测控板卡采样数据轮询
TaskLoopRun	11	控制算法运行
TaskLoopAnalyze	12	控制算法解析
TaskNetPoll	13	网络事件轮询
TaskDataSyn	14	故障卡重启后进行数据同步
OS_TaskIdle	63	系统空闲任务

确定了各个任务的优先级,就确定了系统软件的整体框架。但是,使用 μC/OS-Ⅱ嵌入式操作系统,并不表示所有事情都要以任务的形式完成。为了增加对事件响应的实时性,部分功能必须通过中断实现,如 CAN 接收中断和以太网接收中断。而且,μC/OS-Ⅱ也提供对中断的支持,允许在中断函数中调用部分系统服务,如用于释放信号量的 OSSemPost 函数等。

13.5.2　双机热备程序的设计

双机热备可有效提高系统的可靠性,保证系统的连续稳定工作。双机热备的可靠实现需要两个控制卡协同工作,共同实现。本系统中的两个控制卡工作于主从模式的双机热备状态中,实现过程涉及控制卡的主从身份识别、工作中两个控制卡间的状态监测与数据同步、故障情况下的故障处理以及故障修复后的数据恢复等方面。

1. 控制卡主从身份识别

主从配置的两个控制卡必须保证在任意时刻、任何情况下都只有一个主控制卡与一个从控制卡,所以必须在所有可能的情况下对控制卡的主从身份作出识别或限定。这些情况包括:单控制卡上电运行时如何判定为主控制卡、两个控制卡同时上电运行时主从身份的竞争与识别、死机控制卡重启后判定为从控制卡。控制卡的主从身份以 RS 触发器输出端的 0/1 状态为判定依据,检测到 RS 触发器输出端为 1 的控制卡为主控制卡,检测到 RS 触发器输出端为 0 的控制卡为从控制卡。

2. 状态监测与故障切换

处于热备状态的两个控制卡必须不断地监测对方控制卡的工作状态,以便在对方控制卡故障时能够及时发现并进行故障处理。

状态监测所采用的检测方法已经在双机冗余电路的设计中介绍过,控制卡通过将自身的 D 触发器输出端清零,然后等待对方控制卡发来信号使该 D 触发器输出端置 1 判断对方控制卡的正常工作。同时,通过发送信号使对方控制卡上的 D 触发器输出端置 1 向对方控制卡表明自己正常工作。

控制卡间的状态监测采用类似心跳检测的一种周期检测的方式实现。同时,为保证检测结果的准确性,只有在两个连续周期的检测结果相同时才会采纳该检测结果。为避免误检测情况的发生,又将一个检测周期分为前半周期和后半周期。如果前半周期检测到对方控制卡工作正常,则不进行后半周期的检测;如果前半周期检测到对方控制卡出现故障,则在后半周期继续执行检测,并以后半周期的检测结果为准。周期内检测结果判定如表 13-4 所示。控制卡工作状态判定如表 13-5 所示。

表 13-4　周期内检测结果判定

前半周期检测结果	后半周期检测结果	本周期检测结果
正常	×	正常
故障	正常	正常
故障	故障	故障

注: × 表示无须进行后半周期的检测。

表 13-5　控制卡工作状态判定

第一周期检测结果	第二周期检测结果	综合检测结果
正常	正常	正常
正常	故障	维持原状态
故障	正常	维持原状态
故障	故障	故障

在检测过程中,对自身 D 触发器执行先检测,再清零的操作顺序,如果对方控制卡发送的置 1 信号出现在检测与清零操作之间,将导致无法检测到此置 1 操作,也就是说本次检测结果为故障,误检测情况由此产生。如果两个控制卡的检测周期相同,这种误检测情况将持续出现,最后必然会错误地认为对方控制卡出现故障。相同周期下连续误检测情况分析如图 13-14 所示。

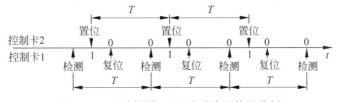

图 13-14　相同周期下连续误检测情况分析

为了避免连续误检测情况的发生,必须使两个控制卡的检测周期不同。并且,基于如下考虑:尽可能不增加主控制卡的负担,并且在主控制卡故障时希望从控制卡可以较快发现主控制卡的故障并接管主控制卡的工作,所以决定缩短从控制卡的检测周期,加速其对主控制卡的检测。在本系统的设计中,从控制卡的检测周期为 380ms,主控制卡的检测周期 T 为 400ms。

由于故障的随机性,故障出现的时刻与检测点间的时间也是随机的,导致从故障出现到检测到故障的时间是一个有确定上下限的范围,该范围为 $1.5T \sim 2.5T$。以从控制卡出现故障到主控制卡检测到此故障为例,需要的时间为 $600 \sim 1000\text{ms}$。

两个控制卡工作于主从方式的热备模式下,内置完全相同的程序,但只有主控制卡可以向测控板卡发送命令,进行控制输出。在程序中,主从控制卡通过一个标识变量 MasterFlag 标识主从身份,从而控制程序的执行。当从控制卡检测到主控制出现故障时,只需将 MasterFlag 置 1 即可实现由从控制卡到主控制卡的身份切换,就可以在程序中执行主控制卡的功能。

在从控制卡检测到主控制卡故障后,不但要进行身份切换,接管主控制卡的工作,还要向上位机进行故障报告。当主控制卡检测到从控制卡故障时,仅需要向上位机进行故障报告。故障报告通过以太网通信模块实现。

3. 控制卡间的数据同步

处于热备状态的两个控制卡不但要不断地监测对方的工作状态,还要保证两个数据卡间数据的一致性,以保证在主控制卡故障时,从控制卡可以准确无误地接管主控制卡的工作并保证整个系统的连续运行。

要保证两个控制卡间数据的一致性,要求两个控制卡间必须进行数据同步操作。数据的一致性包括测控板卡采样数据的一致、控制算法的一致以及运算结果的一致。下载到两个控制卡的控制算法信息是一致的,在保证测控板卡采样数据一致且同步运算的情况下,就可以做到运算结果一致。所以,两个控制卡间需要就测控板卡的采样信息和运算周期做一定的同步处理。

关于测控板卡采样信息的同步,由于只有主控制卡可以向测控板卡发送数据索要命令,从控制卡不可以主动向测控板卡索要采样信息。但是,在与测控板卡进行通信时,可以利用 CAN 通信的组播功能实现主从控制卡同步接收来自测控板卡的采样数据,这样就可以做到采样数据的同步。

两个控制卡的晶振虽然差别不大,但不可能完全一致,在经过一段较长时间的运行后,系统内部的时间计数可能有很大的差别,所以通过单纯地设定相同的运算周期,并不能保证两个控制卡间运算的同步。在本设计中从控制卡的控制算法运算不再由自身的时间管理模块触发,而是由主控制卡触发,以保证主从控制卡间控制算法运算的同步。主控制卡在完成测控板卡采样数据索要工作后,会通过 CAN 通信告知从控制卡进行控制算法的运算操作。

除了正常工作过程中要进行数据同步外,死机控制卡重启后,正常运行的主控制卡必须要及时帮助重启的从控制卡进行数据恢复和同步,以保证两者间数据的一致性。此情况下需要同步的信息主要是控制算法中与时间或运算次数密切相关的信息,以及一些时序控制回路中的时间信息。例如,PID 模块的运算结果是前面多次运算的累积结果,并不是单次运算就可得出的;时序控制回路中的延时开关,其开关动作的触发由控制算法的时间决定。

在正常运行的主控制卡监测到死机的从控制卡重启后,主控制卡会主动要求与从控制卡进行信息同步,并且同步操作在主控制卡执行完控制算法的运算操作后执行。部分信息的同步操作要求在一个周期内完成,否则同步操作就失去了意义,同步的信息甚至是错误的。部分信息允许分多个周期完成同步操作。部分信息要求在一个周期内完成同步操作,但并不要求在开始的第 1 个周期完成同步。例如,信息 A 和 B 关系紧密,需要在一个周期内完成同步操作,信息 C 和 D 关系密切,也需要在一个周期内完成同步操作,此时却并不一定要在一个周期内共同完成 A、B、C、D 的同步,可以将 A 和 B 的同步操作放在这个周期,将 C 和 D 的同步操作放到下一个周期执行,只要保证具有捆绑关系的信息能够在一个周期内完成同步即可。

主控制卡肩负着系统的控制任务,主从控制卡间的数据恢复与同步操作会占用主控制卡的时间,增加主控制卡上微控制器的负担。为了保证主控制卡的正常运行,不过多地增加主控制卡的负担,需要将待同步的数据合理分组并提前将数据准备好,以便主从控制卡间的同步操作可以快速完成。

13.5.3　CAN 通信程序的设计

控制卡与测控板卡间的通信通过 CAN 总线进行,通信内容包括:将上位机发送的板卡及通道配置信息下发到测控板卡、将上位机发送的输出命令或控制算法运算后需执行的输出命令下发到测控板卡、将上位机发送的累积型通道的计数值清零命令下发到测控板卡、周期性向测控板卡索要采样数据等。此外,CAN 通信网络还肩负着主从控制卡间控制算法同步信号的传输任务。

CAN 通信程序的设计需要充分利用双 CAN 构建的环形通信网络,实现正常情况下的高效、快速的数据通信,实现故障情况下的及时、准确地故障性质确定和故障定位。

STM32F407ZG 中的 CAN 模块具有一个 CAN 2.0B 的内核,既支持 11 位标识符的标准格式帧,也支持 29 位标识符的扩展格式帧。控制卡的设计中采用的是 11 位的标准格式帧。

1. CAN 数据帧的过滤机制

主控制卡向测控板卡发送索要采样数据的命令,主控制卡会依次向各个测控板卡发送该命令,不存在主控制卡同时向多个测控板卡发送索要采样数据命令的情况。测控板卡向主控制卡回送数据时,只希望主控制卡和从控制卡可以接收该数据,不希望其他的测控板卡接收该数据,或者说目前的系统功能下其他的测控板卡不需要该数据。主控制卡向从控制卡发送控制算法同步运算命令时,也只希望从控制卡接收该命令,不希望测控板卡接收该命令。

由于 CAN 通信网络共用通信线,所以从硬件层次上讲,任何一个板卡发送的数据,连接在 CAN 总线上的其他板卡都可以接收到。如果让非目标板卡在接收到该数据包后,通过对数据包中的目标 ID 或数据信息进行分析判断是否是发送给自己的数据包,这种方式虽然可行,但是却会让板卡接收到大量无关数据,而且还会浪费程序的数据处理时间。通过使用 STM32F407ZG 中的 CAN 接收过滤器可有效解决这一问题,过滤器可在数据链路层有效拦截无关数据包,使无关数据包无法到达应用层。

STM32F407ZG 中的 CAN 标识符过滤机制支持两种模式的标识符过滤：列表模式和屏蔽位模式。在列表模式下，只有 CAN 报文中的标识符与过滤器设定的标识符完全匹配时报文才会被接收。在屏蔽位模式下，可以设置必须匹配位与不关心位，只要 CAN 报文中的标识符与过滤器设定的标识符中的必须匹配位是一致的，该报文就会被接收。因此，列表模式适用于特定某一报文的接收，而屏蔽位模式适用于标识符在一段范围内的一组报文的接收。当然，通过设置所有标识符位为必须匹配位后，屏蔽位模式就变成了列表模式。

2. CAN 数据的打包与解包

每个 CAN 数据帧中的数据场最多容纳 8 字节的数据，而在控制卡的 CAN 通信过程中，有些命令的长度远不止 8 字节。所以，当要发送的数据字节数超出单个 CAN 数据帧所能容纳的 8 字节时，就需要将数据打包，拆解为多个数据包，并使用多个 CAN 数据帧将数据发送出去。在接收端也要对接收到的数据进行解包，将多个 CAN 数据帧中的有效数据提取出来并重新组合为一个完整的数据包，以恢复数据包的原有形式。

为了实现程序的模块化、层次化设计，控制卡与测控板卡间传输的命令或数据具有统一的格式，只是命令码或携带的数据量不同。控制卡 CAN 通信数据包格式如表 13-6 所示。

表 13-6　控制卡 CAN 通信数据包格式

位　　置	内　　容	说　　明
[0]	目的节点 ID	接收命令的板卡的地址
[1]	源节点 ID	发送命令的板卡的地址
[2]	保留字节	预留字节，默认为 0
[3]	数据区字节数	N 为数据区字节数，可为 0
[4]	命令码	根据不同功能而定
[4+1]	数据 1	数据区，包含本命令携带的具体数据可为空，依具体命令而定
[4+2]	数据 2	
[4+3]	数据 3	
…	…	
[4+N]	数据 N	

通信命令中的目的节点 ID 可以放到 CAN 数据帧中的标识符中，其余信息则只能放到 CAN 数据帧的数据场中。当命令携带的附加数据较多，超出一个 CAN 数据帧所能容纳的范围时，就需要将命令分为多帧进行发送。当然，也存在只需一帧就能容纳的命令。为了对命令进行统一处理，在程序中将所有命令按多帧情况进行发送，只不过对于只需一帧就可以发送完的命令，将其第 1 帧标注为最后一帧即可。

将命令分为多帧进行发送时，需要对命令做打包处理，并需要包含必要的包头信息：目的节点 ID、源节点 ID、帧序号和帧标识。其中，帧序号用于计算信息在命令中的存放位置，帧标识用于标识此帧是否是多帧命令中的最后一帧。目的节点 ID 和帧标识可以放到标识符中，源节点 ID 和帧序号只能放到数据场中。CAN 通信数据包的分帧情况如表 13-7 所示，该表显示了带有 10 个附加数据的命令的分帧情况。

表 13-7　CAN 通信数据包的分帧情况

区域	信息类型	第 1 帧		第 2 帧		第 3 帧	
标识符	标识符高 8 位	目的节点 ID		目的节点 ID		目的节点 ID	
	标识符低 3 位	001		001		000	
数据场	帧头信息	[0]	源节点	[0]	源节点 ID	[0]	源节点 ID
		[1]	帧序号 0	[1]	帧序号 1	[1]	帧序号 2
	发送数据	[2]	保留字节	[2]	附加数据 4	[2]	附加数据 10
		[3]	数据区字节数	[3]	附加数据 5	[3]	×
		[4]	命令码	[4]	附加数据 6	[4]	×
		[5]	附加数据 1	[5]	附加数据 7	[5]	×
		[6]	附加数据 2	[6]	附加数据 8	[6]	×
		[7]	附加数据 3	[7]	附加数据 9	[7]	×

在组建具体的 CAN 数据帧时,除了上述标识符和数据场外,还要对 RTR(帧类型)、IDE(标识符类型)和 DLC(数据场中的字节数)进行填充。

3. 双 CAN 环路通信工作机制

在只有一个 CAN 收发器的情况下,当通信线出现断线时,便失去了与断线处后方测控板卡的联系。但两个 CAN 收发器组建的环形通信网络可以在通信线断线情况下保持与断线处后方测控板卡的通信。

在使用两个 CAN 收发器组建的环形通信网络的环境中,当通信线出现断线时,CAN1 只能与断线处前方测控板卡进行通信,失去与断线处后方测控板卡的联系;而此时,CAN2 仍然保持与断线处后方测控板卡的连接,仍然可以通过 CAN2 实现与断线处后方测控板卡的通信。从而消除了通信线断线造成的影响,提高了通信的可靠性。

4. CAN 通信中的数据收发任务

在 μC/OS-Ⅱ 嵌入式操作系统的软件设计中,应用程序将以任务的形式体现。

控制卡共有 4 个任务和两个接收中断完成 CAN 通信功能,分别为 TaskCardUpload、TaskPIClear、TaskAODOOut、TaskCANReceive、IRQ_CAN1_RX、IRQ_CAN2_RX。

13.5.4　以太网通信程序的设计

以太网是上位机与控制卡进行通信的唯一方式,上位机通过以太网周期性地向主控制卡索要测控板卡的采样信息,向主控制卡发送模拟量/数字量输出命令,向控制卡下载控制算法信息等。在测控板卡或从控制卡故障的情况下,主控制卡通过以太网主动连接上位机的服务器,向上位机报告故障情况。

在网络通信过程中经常遇到的两个概念是客户端与服务器。在控制卡的设计中,在常规的通信过程中,控制卡作为服务器,上位机作为客户端主动连接控制卡进行通信。而在故障报告过程中,上位机作为服务器,控制卡作为客户端主动连接上位机进行通信。

在控制卡中,以太网通信已经构成双以太网的平行冗余通信网络,两路以太网处于平行工作状态,相互独立。上位机既可以通过网络 1 与控制卡通信,也可以通过网络 2 与控制卡通信。第 1 路以太网在硬件上采用 STM32F407ZG 内部的 MAC 与外部 PHY 构建,在程序设计上采用了一个小型的嵌入式 TCP/IP 协议栈 uIP。第 2 路以太网采用的是内嵌硬件 TCP/IP 协议栈的 W5100,采用端口编程,程序设计要相对简单。

1. 第 1 路以太网通信程序设计及嵌入式 TCP/IP 协议栈 uIP

第 1 路以太网通信程序设计,采用了一个小型的嵌入式 TCP/IP 协议栈 uIP,用于网络事件的处理和网络数据的收发。

uIP 是由瑞典计算机科学学院的 Adam Dunkels 开发的,其源代码完全由 C 语言编写,并且是完全公开和免费的,用户可以根据需要对其做一定的修改,并可以容易地将其移植到嵌入式系统中。在设计上,uIP 简化了通信流程,裁剪掉了 TCP/IP 中不常用的功能,仅保留了网络通信中必须使用的基本协议,包括 IP、ARP、ICMP、TCP、UDP,以保证其代码具有良好的通用性和稳定的结构。

应用程序可以将 uIP 看作一个函数库,通过调用 uIP 的内部函数实现与底层硬件驱动和上层应用程序的交互。uIP 与系统底层硬件驱动和上层应用程序的关系如图 13-15 所示。

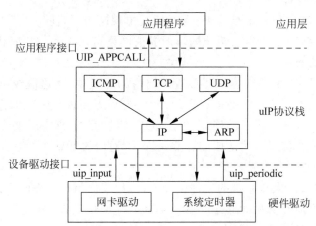

图 13-15 uIP 与系统底层硬件驱动和上层应用程序的关系

2. 第 2 路以太网通信程序设计及 W5100 的 socket 编程

W5100 内嵌硬件 TCP/IP 协议栈,支持 TCP、UDP、IPv4、ARP、ICMP 等协议。W5100 还在内部集成了 16KB 的存储器作为网络数据收发的缓冲区。W5100 的高度集成特性使以太网控制和协议栈运作对用户应用程序是透明的,应用程序直接进行端口编程即可,而不必考虑细节的实现问题。

在完成了 W5100 的初始化操作之后,即可以开始基于 W5100 的以太网应用程序的开发。W5100 中的应用程序开发是基于端口的,所有网络事件和数据收发都以端口为基础。启用某一端口前需要对该端口做相应设置,包括端口上使用的协议类型、端口号等。

3. 网络事件处理

以太网通信程序主要用于实现控制卡与上位机间的通信,以及主从控制卡间的数据同步操作。控制卡与上位机间的通信采用 TCP，并且正常情况下，控制卡作为服务器，接受上位机的访问，或回送上位机的数据索要请求，或处理上位机传送的输出控制命令和控制算法信息；控制卡、测控板卡或通信线出现故障时，控制卡作为客户端，主动连接上位机的服务器，并向上位机报告故障情况。主从控制卡间的数据同步操作使用 UDP，以提高数据传输的效率，当从控制卡死机重启后，主控制卡会主动要求与从控制卡进行信息传输，以实现数据的同步。主控制卡以太网程序功能如表 13-8 所示。

表 13-8　主控制卡以太网程序功能

协议类型	模式	源端口	目的端口	功 能 说 明
TCP	服务器	随机	1024	上位机索要测控板卡采样信息 上位机传输测控板卡及通道配置信息
		随机	1025	上位机传输控制算法信息 上位机修改 PID 模块参数值 上位机索要控制算法模块运算结果
		随机	1026	上位机传输控制输出命令 上位机传输累积型通道清零命令
	客户端	随机	1027	连接上位机的 1027 端口，报告控制卡或测控板卡或通信线故障情况
UDP	客户端	1028	1028	向从控制卡的 1028 端口传送同步信息

注：源端口为客户端的端口，目的端口为服务器端的端口。

主控制卡与从控制卡的以太网功能略有不同，如故障信息的传输永远由主控制卡完成，因为某一控制卡死机后，依然运行的控制卡一定会保持或切换成主控制卡。从控制卡死机重启后，在进行同步信息的传输时，主控制卡作为客户端主动向作为服务器的从控制卡传输同步信息。

13.6　控制算法的设计

通信与控制是 DCS 控制站控制卡的两大核心功能，在控制方面，本系统要提供对上位机基于功能框图的控制算法的支持，包括控制算法的解析、运行、存储与恢复。

控制算法由上位机经过以太网通信传输到控制卡，经控制卡解析后，以 1s 的固定周期运行。控制算法的解析包括算法的新建、修改与删除，同时要求这些操作可以做到在线执行。控制算法的运行实行先集中运算再集中输出的方式，在运算过程中对运算结果暂存，在完成所有运算后对需要执行的输出操作集中输出。

13.6.1　控制算法的解析与运行

在上位机将控制算法传输到控制卡后，控制卡会将控制算法信息暂存到控制算法缓冲区，并不会立即对控制算法进行解析。因为对控制算法的修改操作需要做到在线执行，并且不能影响正在执行的控制算法的运行。所以,控制算法的解析必须选择合适的时机。本系统中将控制算法的解析操作放在本周期的控制算法运算结束后执行,这样不会对本周期内的控制算法运行产生影响,新的控制算法将在下一周期得到执行。

本系统中的控制算法以回路的形式体现,一个控制算法方案一般包含多个回路。在基于功能框图的算法组态环境下,一个回路又由多个模块组成。一个回路的典型组成是:输入模块+功能模块+输出模块。其中,功能模块包括基本的算术运算(加、减、乘、除)、数学运算(指数运算、开方运算、三角函数等)、逻辑运算(逻辑与、或、非等)和先进的控制运算(PID 等)等。功能框图组态环境下一个基本 PID 回路如图 13-16 所示。

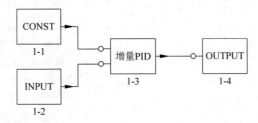

图 13-16   功能框图组态环境下一个基本 PID 回路

在图 13-16 中没有看到反馈的存在,但在实际应用中该反馈是存在的。INPUT 模块是一个输入采样模块,OUTPUT 模块是一个输出控制模块,在实际应用中 INPUT 与 OUTPUT 之间存在一个隐含的连接,即 INPUT 模块用于对 OUTPUT 模块输出结果进行采样。

图 13-16 中功能模块下方的标号标示了该模块所在的回路,及该模块在回路中的流水号。例如,INPUT 模块下方的 1-2 表示该模块在 1 号回路中,该模块在回路中的流水号为2。上位机在将控制算法整理成传输给控制卡的数据时,会按照回路号由小到大,流水号由小到大的顺序依次整理,而且是以回路为单位逐个整理回路。回路号和流水号不仅在信息传输时需要使用,在控制算法运行时也决定了功能模块被调用的顺序。

上位机下发给控制卡的控制算法包含控制算法的操作信息、回路信息和回路中各功能模块信息。操作信息包含操作类型,如新建、修改、删除;回路信息包含回路个数、回路号、回路中的功能模块个数;回路中各功能模块信息包含模块在回路中的流水号、模块功能号、模块中的参数信息。控制卡在接收到该控制算法信息后便将其放入缓冲区,等待本周期的控制算法运行结束后就可以对该控制算法进行解析。

控制算法的解析过程中涉及最多的操作就是内存块的获取、释放,以及链表操作。理解了这两个操作的实现机制就理解了控制算法的解析过程。其中,内存块的获取与释放由 μC/OS-II 的内存管理模块负责,需要时就向相应的内存池申请内存块,释放时就将内存块交还给所属的内存池。一个新建回路的解析过程如图 13-17 所示。

对回路的修改过程与新建过程类似,只是没有申请新的内存块,而是找到原先的内存块,然后用功能模块的参数重新初始化该内存块。对回路的删除操作就是根据回路新建时的链表,依次找到回路中的各个功能模块,然后将其所占用的内存块交还给 μC/OS-II 的内存池,最后将回路头指针清空,标示该回路不再存在。

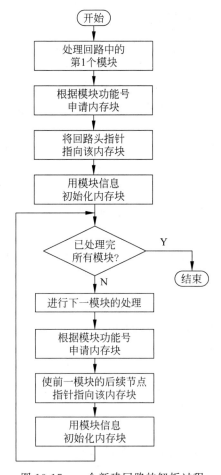

图 13-17　一个新建回路的解析过程

　　功能模块对应内存块的初始化操作就是按照该功能模块结构体中变量的位置和顺序对内存块中的相应单元赋予对应的数值。本系统中共有 32 个功能模块,每个功能模块的结构体由功能模块共有部分和功能模块特有部分组成。以输入模块为例,输入模块的结构体定义如下。

```
typedef struct
{ // 共有部分,也是 ST_MOD 结构体的定义
    FP64      Result;              // 模块运算结果
    struct    ST_MOD * pNext;      // 指向该回路下一模块的指针
    OS_MEM    * pMem;              // 指向所属内存池的指针
    INT8U     FuncID;             // 模块功能号
    INT8U     SerialNum;          // 模块流水号
    // 输入模块特有部分
    INT8U     CageNum;            // 机笼号
    INT8U     CardNum;            // 卡槽号
    INT8U     ChannelNum;         // 通道号
```

```
    FP64      UpperLimit;      // 输入上限
    FP64      LowerLmit;       // 输入下限
    INT8U     Type;            // 输入模块类型
} FB_MOD_IN;
```

每个功能模块都有一个功能号，用于标示该模块的功能和与该模块相对应的功能函数。在执行控制算法运算时，会根据此功能号调用对应的功能函数对各个功能模块进行运算处理。

控制算法的执行以 1s 为周期，在执行控制算法时，实行先集中运算，将运算结果暂存，再对运算结果集中输出的方式。控制算法的运算即依次执行各个回路，通过对回路头指针的检查，判断该回路是否存在，如果存在，则按照回路解析时创建的链表，依次找到该回路中的功能模块，并按照功能模块中的模块功能号找到对应的功能函数，通过调用功能函数对该功能模块进行运算，并将结果暂存到模块的 Result 变量中，以便后续模块对该结果的访问。一条回路执行完毕后，如果该回路需要执行输出操作，则将对应的输出操作加入输出队列中，等待所有运算完成后再集中输出。如果检查到回路头指针为空，则表明该回路已经不存在，继续检查下一回路，直至完成对 255 个控制回路的检查和执行。

13.6.2　控制算法的存储与恢复

在系统的需求分析中曾经提到，系统要求对控制算法的信息进行存储，做到掉电不丢失，重新上电后可以重新加载原有的控制算法。

对于控制算法的存储，如果以控制算法的原始形态进行存储，即以控制算法信息解析之前的形态存储，控制卡需要在接收到上位机的控制算法信息后逐条存储。以这种方式进行存储，如果存在频繁的控制算法修改操作，就会造成控制算法存储信息的激增，并且存储的信息量没有上限。而且，以原始形态存储控制算法，在重新加载时需要对控制算法重新解析，这也需要一定的时间。本系统设计中没有采用这种方式，而是采用解析后控制回路的形式进行存储。

以解析后控制回路的形式进行控制算法的存储，不存在信息激增和信息量无上限的情况，因为对回路的修改操作只是对已有回路的修改，并不会产生新的回路。并且，在系统设计时限定最多容纳 255 个控制回路，所以，控制算法的信息量不会是无限制的。而且，以这种形式存储的控制算法，在再次加载时不需要重新解析。

解析后的控制回路实际上就是一种运行状态的控制回路，以这种方式存储的控制算法兼有运行时的形态，只是模块内部具体数值不同而已。如果再将控制算法信息分为存储信息与运行信息，会造成一定的重复，产生双倍的 RAM 需求。

既然控制算法的存储态与运行态是一致的，那么就可以将控制算法的运行区与存储区相结合，将运行信息作为存储信息。这要求控制算法运行信息存放的介质兼有数据存储功能，即掉电数据不丢失。外扩的 RAM 中，无论是具有后备电池供电的 SRAM，还是磁存储器 MRAM，都具有数据存储特性，都可满足将控制算法存储区与运行区相结合的基本要求。

除了保证存储介质的数据保存功能外,还要保证数据不会被破坏。本系统中的控制算法存储在一个个的内存块中,这些内存块由 μC/OS-II 的内存管理模块进行分配与回收,如果 μC/OS-II 的内存管理模块不知道之前分配的内存块中存储着控制算法信息,在程序再次运行时,没有记录原先的内存块的使用情况,当再次向 μC/OS-II 的内存管理模块进行内存块的申请或交还操作时,就会对原有的内存块造成破坏。所以,μC/OS-II 内存管理模块的相关信息也必须得到存储。

要使 μC/OS-II 内存管理模块的信息得到有效存储,涉及整个 μC/OS-II 中内存的规划。而且要使存储的信息有效,还要保证 μC/OS-II 内存规划的固定性,如内存池的个数、内存池的大小、内存池管理空间的起始地址、内部内存块的大小、内存块的个数等信息都必须是固定的,即每次程序重新加载时,上述信息都是固定不变的。因为,一旦上述信息发生了变化,之前存储的信息也就失去了意义。

在 μC/OS-II 内存初始规划阶段,就必须确定内存池的个数,严格限定每个内存池的起始地址与大小,以及内部内存块的大小和个数,并且不得更改。只有这样,记录的内存池内部内存块的使用信息才会有意义。

其实,存储只是一种手段,恢复才是最终目的。保证存储介质的数据保存能力和控制算法信息不会被破坏,仅仅是使控制算法信息得到了存储,但仍不足以在程序再次运行时使控制算法信息得到恢复。要使控制算法信息能够得到有效恢复,必须提供能够重建之前控制算法运行环境的信息。因此,必须单独开辟一块区域作为备份区,用于存储能够重建之前控制算法运行环境的信息。这些信息包括内存池使用情况信息和回路头指针信息。在每次完成控制算法的解析工作后,就需要将这些信息复制一份存储到备份区中。在程序再次运行时,再次加载控制算法就是将备份区中的信息恢复到内存池中和回路头指针中。这样原先的控制算法运行环境就得以重建。以回路头指针为例,本系统中控制算法以回路的形式表示,而且回路就是串接着各个功能模块的链表。对于一个链表,得到了头指针,就可以依次找到链表中的各个节点,在本系统中就是有了回路头指针,可以依次找到回路中的各个功能模块。

经过数次运算后的功能模块的信息与刚解析完成时的功能模块的信息是不一样的,主要是模块运算结果不再为 0。在重新加载控制算法信息后,希望能够重新开始控制算法的运行,所以需要设立控制算法初始运行标志,在各功能模块运算时需要根据此标志选择性地将模块暂存的运算结果清除,以产生功能模块与刚解析完成时一样的效果。

控制卡的项目工程请参考本书数字资源中的程序代码,工程中的 μC/OS-II 操作系统为 v2.92 版本。

13.7　8 通道模拟量输入板卡(8AI)的设计

13.7.1　8 通道模拟量输入板卡的功能概述

8 通道模拟量输入板卡(8AI)是 8 路点点隔离的标准电压、电流输入板卡。可采样的信号包括标准Ⅱ型、Ⅲ型电压信号，以及标准Ⅱ型、Ⅲ型电流信号。

8 通道模拟量输入板卡(8AI)通过外部配电板可允许接入各种输出标准电压、电流信号的仪表、传感器等。该板卡的设计技术指标如下。

(1) 信号类型及输入范围：标准Ⅱ型、Ⅲ型电压信号(0～5V、1～5V)及标准Ⅱ型、Ⅲ型电流信号(0～10mA、4～20mA)；

(2) 采用 32 位 Arm Cortex M3 微控制器，提高板卡设计的集成度、运算速度和可靠性。

(3) 采用高性能、高精度、内置 PGA 的具有 24 位分辨率的 Σ-Δ 模数转换器进行测量转换，传感器或变送器信号可直接接入。

(4) 同时测量 8 通道电压信号或电流信号，各采样通道之间采用 PhotoMOS 继电器，实现点点隔离的技术。

(5) 通过主控站模块的组态命令可配置通道信息，每个通道可选择输入信号范围和类型等，并将配置信息存储于铁电存储器中，掉电重启时，自动恢复到正常工作状态。

(6) 板卡设计具有低通滤波、过压保护及信号断线检测功能，Arm 与现场模拟信号测量之间采用光电隔离措施，以提高抗干扰能力。

8 通道模拟量输入板卡的性能指标如表 13-9 所示。

表 13-9　8 通道模拟量输入板卡的性能指标

性 能 指 标	说　　明
输入通道	点点隔离独立通道
通道数量	8 通道
通道隔离	任何通道间 25V AC,47～53Hz,60s
	任何通道对地 500V AC,47～53Hz,60s
输入范围	0～10mA DC
	4～20mA DC
	0～5V DC
	1～5V DC
通信故障自检与报警	指示通信中断,数据保持
采集通道故障自检及报警	指示通道自检错误,要求冗余切换
输入阻抗	电流输入 250Ω
	电压输入 1MΩ

13.7.2　8 通道模拟量输入板卡的硬件组成

8 通道模拟量输入板卡用于完成对工业现场信号的采集、转换、处理，其硬件组成框图如图 13-18 所示。

硬件电路主要由 Arm Cortex M3 微控制器、信号处理电路(滤波、放大)、通道选择电

路、A/D 转换电路、故障检测电路、DIP 开关、铁电存储器 FRAM、LED 状态指示灯和 CAN
通信接口电路组成。

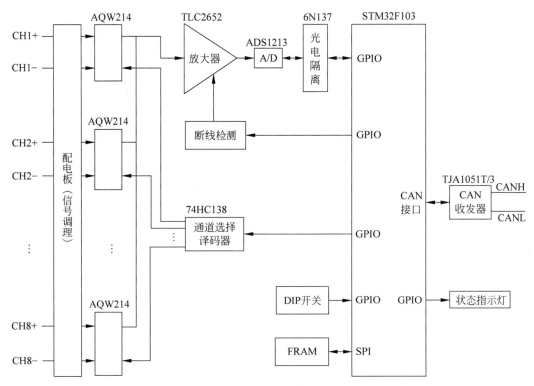

图 13-18　8 通道模拟量输入板卡硬件组成框图

该板卡采用 ST 公司的 32 位 Arm 控制器 STM32F103VBT6、高精度 24 位 Σ-Δ 模数转
换器 ADS1213、LinCMOS 工艺的高精度斩波稳零运算放大器 TLC2652CN、PhotoMOS 继
电器 AQW214EH、CAN 收发器 TJA1051T/3、铁电存储器 FM25L04 等器件设计而成。

现场仪表层的电流信号或电压信号经过端子板的滤波处理，由多路模拟开关选通一个
通道送入 A/D 转换器 ADS1213，由 Arm 读取转换结果，经过软件滤波和量程变换后由
CAN 总线发送给控制卡。

板卡故障检测中的一个重要工作就是断线检测。除此以外，故障检测还包括超量程检
测、欠量程检测、信号跳变检测等。

13.7.3　8 通道模拟量输入板卡微控制器主电路设计

8 通道模拟量输入板卡微控制器主电路如图 13-19 所示。

图 13-19 中的 DIP 开关用于设定机笼号和测控板卡地址，通过 CD4051 读取 DIP 开关
的状态。74HC138 3-8 译码器控制 PhotoMOS 继电器 AQW214EH，用于切换 8 通道模拟
量输入信号。

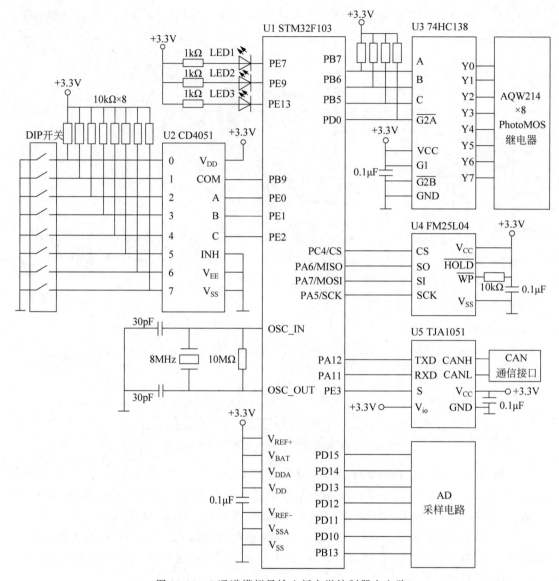

图 13-19　8 通道模拟量输入板卡微控制器主电路

13.7.4　22 位 Σ-Δ 型 A/D 转换器 ADS1213

ADS1213 为具有 22 位高精度的 Σ-Δ 型 A/D 转换器,它包括一个增益可编程的放大器(PGA)、一个二阶 Σ-Δ 调制器、一个程控的数字滤波器以及一个片内微控制器。通过微控制器,可对内部增益、转换通道、基准电源等进行设置。

ADS1213 具有 4 个差分输入通道,适合直接与传感器或小电压信号相连,可应用于智能仪表、血液分析仪、智能变送器、压力传感器等。

ADS1213 包括一个灵活的异步串行接口,该接口与 SPI 兼容,可灵活地配置成多种接口模式。ADS1213 提供多种校准模式,并允许用户读取片内校准寄存器。

1. ADS1213 的引脚

ADS1213 具有 24 引脚 DIP、SOIC 封装及 28 引脚 SSOP 多种封装,引脚如图 13-20 所示。

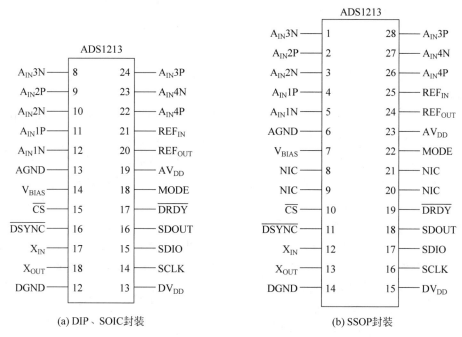

(a) DIP、SOIC封装　　　　　　(b) SSOP封装

图 13-20　ADS1213 引脚

各引脚介绍如下。

(1) $A_{IN}3N$:通道 3 的反相输入端。可编程增益模拟输入端。与 $A_{IN}3P$ 引脚一起使用,用作差分模拟输入对的负输入端。

(2) $A_{IN}2P$:通道 2 的同相输入端。可编程增益模拟输入端。与 $A_{IN}2N$ 引脚一起使用,用作差分模拟输入对的正输入端。

(3) $A_{IN}2N$:通道 2 的反相输入端。可编程增益模拟输入端。与 $A_{IN}2P$ 引脚一起使用,用作差分模拟输入对的负输入端。

(4) $A_{IN}1P$:通道 1 的同相输入端。可编程增益模拟输入端。与 $A_{IN}1N$ 引脚一起使用,用作差分模拟输入对的正输入端。

(5) $A_{IN}1N$:通道 1 的反相输入端。可编程增益模拟输入端。与 $A_{IN}1P$ 引脚一起使用,用作差分模拟输入对的负输入端。

(6) AGND:模拟电路的地基准点。

(7) V_{BIAS}:偏置电压输出端。此引脚输出偏置电压,大约为 1.33 倍的参考输入电压,一般情况下为 3.3V,用以扩展模拟量的输入范围,由命令寄存器(CMR)的 BIAS 位控制引脚是否输出。

(8) $\overline{CS}$:片选信号,用于选择 ADS1213 的低电平有效逻辑输入端。

（9）$\overline{\text{DSYNC}}$：串行输出数据的同步控制端。当 $\overline{\text{DSYNC}}$ 为低电平时，芯片不进行操作；当 $\overline{\text{DSYNC}}$ 为高电平时，调制器复位。

（10）X_{IN}：系统时钟输入端。

（11）X_{OUT}：系统时钟输出端。

（12）DGND：数字电路的地基准。

（13）DV_{DD}：数字供电电压。

（14）SCLK：串行数据传输的控制时钟。外部串行时钟加至此输入端以存取来自 ADS1213 的串行数据。

（15）SDIO：串行数据输入输出端。SDIO 不仅可作为串行数据输入端，还可作为串行数据的输出端，引脚功能由命令寄存器（CMR）的 SDL 位进行设置。

（16）SDOUT：串行数据输出端。当 SDIO 作为串行数据输出引脚时，SDOUT 处于高阻状态；当 SDIO 只作为串行数据输入引脚时，SDOUT 用于串行数据输出。

（17）$\overline{\text{DRDY}}$：数据状态线。当此引脚为低电平时，表示 ADS1213 数据寄存器（DOR）内有新的数据可供读取，全部数据读取完成时，$\overline{\text{DRDY}}$ 引脚将返回高电平。

（18）MODE：SCLK 控制输入端。该引脚置为高电平时，芯片处于主站模式，在这种模式下，SCLK 引脚配置为输出端；该引脚置为低电平时，芯片处于从站模式，允许主控制器设置串行时钟频率和串行数据传输速度。

（19）AV_{DD}：模拟供电电压。

（20）REF_{OUT}：基准电压输出端。

（21）REF_{IN}：基准电压输入端。

（22）$A_{IN}4P$：通道 4 的同相输入端。可编程增益模拟输入端。与 $A_{IN}4N$ 引脚一起使用，用作差分模拟输入对的正输入端。

（23）$A_{IN}4N$：通道 4 的反相输入端。可编程增益模拟输入端。与 $A_{IN}4P$ 引脚一起使用，用作差分模拟输入对的负输入端。

（24）$A_{IN}3P$：通道 3 的同相输入端。可编程增益模拟输入端。与 $A_{IN}3N$ 引脚一起使用，用作差分模拟输入对的正输入端。

2．ADS1213 的片内寄存器

芯片内部的一切操作大多是由片内的微控制器控制的，该控制器主要包括一个算术逻辑单元（Arithmetic Logic Unit，ALU）及一个寄存器的缓冲区。上电后，芯片首先进行自校准，然后以 340Hz 的速率输出数据。

在寄存器缓冲区内，一共有 5 个片内寄存器，如表 13-10 所示。

表 13-10　ADS1213 的片内寄存器

英 文 简 称	名　　　称	大　　小
INSR	指令寄存器	8 位
DOR	数据输出寄存器	24 位

续表

英 文 简 称	名　　　称	大　　　小
CMR	命令寄存器	32 位
OCR	零点校准寄存器	24 位
FCR	满刻度校准寄存器	24 位

3. ADS1213 的应用特性

1）模拟输入范围

ADS1213 包含 4 组差分输入引脚,由命令寄存器的 CH0 和 CH1 位进行模拟输入端的配置,一般情况下,输入电压范围为 0~5V。

2）输入采样频率

ADS1213 的外部晶振频率,可在 0.5~2MHz 选取,它的调制器工作频率、转换速率、数据输出频率都会随之变化。

3）基准电压

ADS1213 有一个 2.5V 的内部基准电压,当使用外部基准电压时,可在 2~3V 选取。

4. ADS1213 与 STM32F103 的接口

ADS1213 的串行接口包含 5 个信号：$\overline{CS}$、$\overline{DRDY}$、SCLK、SDIO 和 SDOUT。该串行接口十分灵活,可配置成两线制、三线制或多线制。

1）硬件电路设计

ADS1213 具有一个适应能力很强的串行接口,可以用多种方式与微控制器连接。引脚的连接方式可以是两线制,也可以是三线制或多线制的,根据需要设置。芯片的工作状态可以由硬件查询,也可以通过软件查询。ADS1213 与 STM32F103 的接口电路如图 13-21 所示。

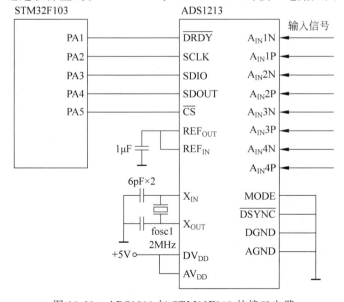

图 13-21　ADS1213 与 STM32F103 的接口电路

2）程序设计

（1）写指令寄存器,设置操作模式,操作地址和操作字节数。

（2）写命令寄存器,设置偏置电压、基准电压、数据输出格式、串行引脚、通道选择、增益大小等。

（3）轮询 $\overline{DRDY}$ 输出。

（4）从数据寄存器读取数据。循环执行最后两步,直至取得所需的数据数。

13.7.5　8通道模拟量输入板卡测量与断线检测电路设计

8通道模拟量输入板卡测量与断线检测电路如图13-22所示。

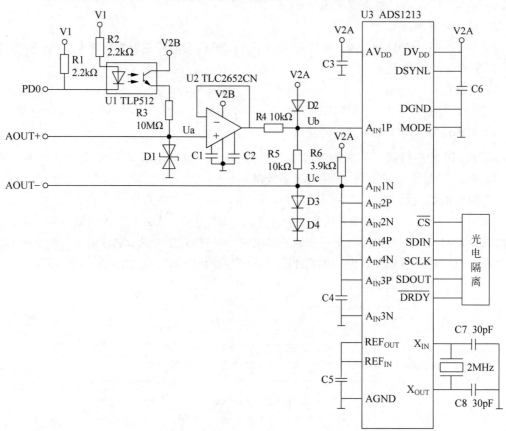

图 13-22　8通道模拟量输入板卡测量与断线检测电路

在测量电路中,信号经过高精度的斩波稳零运算放大器 TLC2652CN 跟随后接入 ADS1213,两个二极管经上拉电阻接+5V,使模拟信号的负端恒为+1.5V,这样设计的原因在于：TLC2652CN 虽然为高精度的斩波稳零运算放大器,但由于它在电路中为单电源供电,这意味着它在零点附近不能稳定工作,从而使其输出端的电压有很大的纹波;而接入两个二极管后,由于信号的负端始终保持在+1.5V,当输入信号为零时,TLC2652CN 的输入端的电压仍为+1.5V,从而使其始终工作在线性工作区域。由于输入的信号为差分形式,因而两个二极管的存在不会影响信号的精确度。

在该板卡中,设计了自检电路,用于输入通道的断线检测。自检功能由 PD0 控制光耦 TLP521 的导通与关断来实现。

由图 13-22 可知,ADS1213 输入的差分电压 U_{in}($A_{IN}1P$ 与 $A_{IN}1N$ 之差)与输入的实际信号 U_{IN}(AOUT+ 与 AOUT- 之差)之间的关系为 $U_{in}=U_{IN}/2$。

由于正常的 U_{IN} 的范围为 $0 \sim 5V$,所以 U_{in} 的范围为 $0 \sim 2.5V$,因此 ADS1213 的 PGA 可设为 1,工作在单极性状态。

由图 13-22 可知,模拟量输入信号经电缆送入模拟量输入板卡的端子板,信号电缆容易出现断线,因此需要设计断线检测电路,断线检测原理如下。

(1) 当信号电缆未断线,电路正常工作时,U_{in} 处于正常的工作范围,即 $0 \sim 2.5V$。

(2) 当通信电缆断线时,电路无法接入信号。首先令 PD0=1,光耦断开,$U_a=0V$,而 $U_c=1.5V$,故 $U_b=0.75V$,可得 $U_{in}=0.75V$,而 ADS1213 工作在单极性,故转换结果恒为 0;然后令 PD0=0,光耦导通,$U_a=8.0V$,$U_c=1.5V$,故 $U_{in}=(8.0-1.5)/2=3.25V$,超出了 U_{in} 正常工作的量程范围($0 \sim 2.5V$)。由此即可判断通信电缆出现断线。

13.7.6　8 通道模拟量输入板卡信号调理与通道切换电路设计

信号在接入测量电路前,需要进行滤波等处理,8 通道模拟量输入板卡信号调理与通道切换电路如图 13-23 所示。

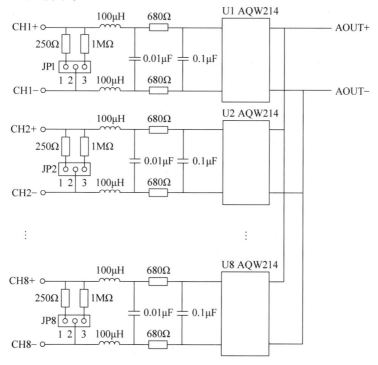

图 13-23　8 通道模拟量输入板卡信号调理与通道切换电路

LC 及 RC 电路用于滤除信号的纹波和噪声,减少信号中的干扰成分。调理电路还包含了输入信号类型选择跳线,当外部输入标准的电流信号时,跳线 JP1～JP8 的 1、2 端短接;当外部输入标准的电压信号时,跳线 JP1～JP8 的 2 端、3 端短接。信号经滤波处理后接入 PhotoMOS 继电器 AQW214EH,由 3-8 译码器 74HC138 控制,将 8 通道中的一路模拟量送入测量电路。

13.7.7　8 通道模拟量输入板卡程序设计

8 通道模拟量输入板卡的程序主要包括 Arm 控制器的初始化程序、A/D 采样程序、数字滤波程序、量程变换程序、故障检测程序、CAN 通信程序、WDT 程序等。

8 通道模拟量输入板卡的程序清单可参考本书数字资源中的程序代码。

13.8　8 通道热电偶输入板卡(8TC)的设计

13.8.1　8 通道热电偶输入板卡的功能概述

8 通道热电偶输入板卡是一种高精度、智能型、带有模拟量信号调理的 8 路热电偶信号采集卡。该板卡可对 7 种毫伏级热电偶信号进行采集,检测温度最低为－200℃,最高可达 1800℃。

通过外部配电板可允许接入各种热电偶信号和毫伏电压信号。8 通道热电偶输入板卡的设计技术指标如下。

(1) 允许 8 通道热电偶信号输入,支持的热电偶类型为 K、E、B、S、J、R、T,并带有热电偶冷端补偿。

(2) 采用 32 位 Arm Cortex M3 微控制器,提高了板卡设计的集成度、运算速度和可靠性。

(3) 采用高性能、高精度、内置 PGA 的具有 24 位分辨率的 Σ-Δ A/D 转换器进行测量转换,传感器或变送器信号可直接接入。

(4) 同时测量 8 通道电压信号或电流信号,各采样通道之间采用 PhotoMOS 继电器,实现点点隔离的技术。

(5) 通过主控站模块的组态命令可配置通道信息,每个通道可选择输入信号范围和类型等,并将配置信息存储于铁电存储器中,掉电重启时,自动恢复到正常工作状态。

(6) 板卡设计具有低通滤波、过压保护及热电偶断线检测功能,Arm 与现场模拟信号测量之间采用光电隔离措施,以提高抗干扰能力。

8 通道热电偶输入板卡支持的热电偶信号类型如表 13-11 所示。

表 13-11　8 通道热电偶输入板卡支持的热电偶信号类型

信 号 类 型	温度范围/℃	信 号 类 型	温度范围/℃
R	0～1750	K	－200～1300
B	500～1800	S	0～1600

信 号 类 型	温度范围/℃	信 号 类 型	温度范围/℃
E	−200～900	N	0～1300
J	−200～750	T	−200～350

13.8.2　8 通道热电偶输入板卡的硬件组成

8 通道热电偶输入板卡用于完成对工业现场热电偶和毫伏信号的采集、转换、处理,其硬件组成框图如图 13-24 所示。

硬件电路主要由 Arm Cortex M3 微控制器、信号处理电路(滤波、放大)、通道选择电路、A/D 转换电路、断偶检测电路、热电偶冷端补偿电路、DIP 开关、铁电存储器 FRAM、LED 状态指示灯和 CAN 通信接口电路组成。

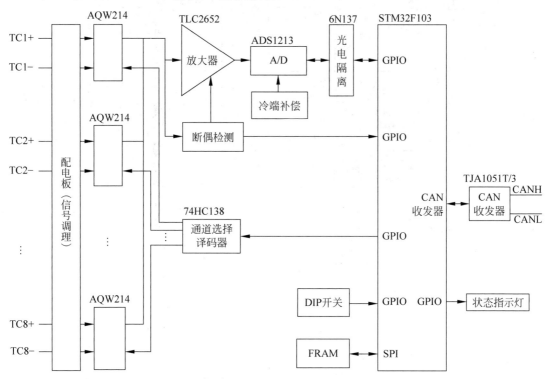

图 13-24　8 通道热电偶输入板卡硬件组成框图

该板卡采用 ST 公司的 32 位 Arm 控制器 STM32F103VBT6、高精度 24 位 Σ-Δ A/D 转换器 ADS1213、LinCMOS 工艺的高精度斩波稳零运算放大器 TLC2652CN、PhotoMOS 继电器 AQW214EH、CAN 收发器 TJA1051T/3 等器件设计而成。

现场仪表层的热电偶和毫伏信号经过端子板的低通滤波处理,由多路模拟开关选通一个通道送入 A/D 转换器 ADS1213,由 Arm 读取转换结果,经过软件滤波和量程变换后由 CAN 总线发送给控制卡。

13.8.3 8通道热电偶输入板卡测量与断线检测电路设计

8通道热电偶输入板卡测量与断线检测电路如图13-25所示。

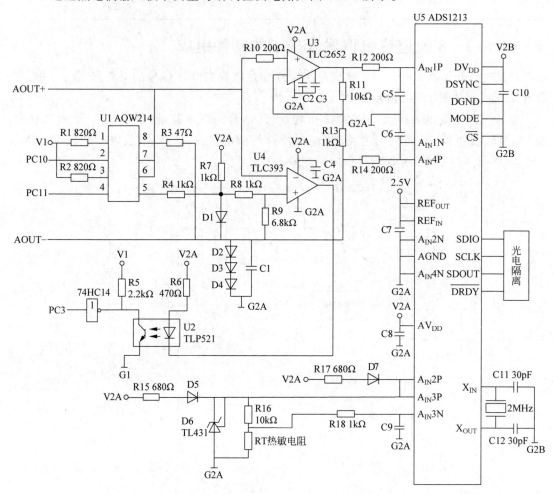

图13-25 8通道热电偶输入板卡测量与断线检测电路

1. 8通道热电偶测量电路设计

如图13-25所示,在该板卡的设计中,A/D转换器的第1路用于测量选通的某一通道热电偶信号,A/D转换器的第2、3路用作热电偶信号冷端补偿的测量,A/D转换器的第4路用作AOUT-的测量。

2. 断线检测及器件检测电路设计

为提高板卡运行的可靠性,设计了对输入信号的断线检测电路,同时设计了对该电路中所用比较器件TLC393是否处于正常工作状态进行检测的电路。电路中选用了PhotoMOS继电器AQW214用于通道的选择,其中2、4引脚接到Arm微控制器的两个GPIO引脚,通过软件编程实现通道的选通。当 PC10 为低时，AQW214 的 7、8 通道选通，用来检测比较器件 TLC393 能否正常工作；当 PC11 为低时，AQW214 的 5、6 通道选通，此时 PC10 为高，AQW214 的 7、8 通道不通，用来检测是否断线。图 13-25 中 AOUT＋、AOUT－为已选择的某一通道热电偶输入信号，其中 AOUT－经 3 个二极管接地，大约为 2V。经过比较器件 TLC393 的输出电平信号，先经过光耦合器 TLP521，再经过反相器 74HC14 整形后接到 Arm 微控制器的一个 GPIO 引脚 PC3，通过该引脚值的改变并结合引脚 PC11、PC10 的设置就可实现检测断线和比较器件 TLC393 能否正常工作的目的。通过软件编程，当检测到断线或比较器件 TLC393 不能正常工作时，点亮红色 LED 灯报警，可以更加及时、准确地发现问题，进而提高板卡的可靠性。

下面介绍断线检测电路的工作原理。

当 PC10 为低时，AQW214 的 7、8 通道选通，此时用来检测比较器件 TLC393 能否正常工作。设二极管两端压差为 u，则 AOUT－为 $3u$，D1 上端的电压为 $4u$。

$$V-=3u$$

$$V+=\frac{6.8\text{k}\Omega}{7.8\text{k}\Omega}\times u+3u\approx 3.87u$$

$V+>V-$，则 TLC393 的输出为高电平，说明 TLC393 能够正常工作；反之，若 TLC393 的输出为低电平，说明 TLC393 无法正常工作。

当 PC11 为低时，AQW214 的 5、6 通道选通，此时 PC10 为高，AQW214 的 7、8 通道不通，用来检测是否断线。

若未断线，即 AOUT＋、AOUT－形成回路，由于其间电阻很小，可以忽略不计，则

$$V-=3u$$

$$V+=\frac{6.8\text{k}\Omega}{7.8\text{k}\Omega}\times u+3u\approx 3.87u$$

$V+>V-$，则输出为高电平。

若断线，即 AOUT＋、AOUT－没有形成回路，则

$$V-=4u$$

$$V+=\frac{6.8\text{k}\Omega}{7.8\text{k}\Omega}\times u+3u\approx 3.87u$$

$V+<V-$，则输出为低电平。

3. 热电偶冷端补偿电路设计

热电偶在使用过程中的一个重要问题是如何解决冷端温度补偿，因为热电偶的输出热电动势不仅与工作端的温度有关，而且也与冷端的温度有关。热电偶两端输出的热电动势对应的温度值只是相对于冷端的一个相对温度值，而冷端的温度又常常不为 0。因此，该温度值已叠加了一个冷端温度。为了直接得到一个与被测对象温度（热端温度）对应的热电动势，需要进行冷端补偿。

本设计采用负温度系数热敏电阻进行冷端补偿，具体电路设计如图 13-25 所示。

D6 为 2.5V 电压基准源 TL431，热敏电阻 R_T 和精密电阻 R16 电压和为 2.5V，利用 ADS1213 的第 3 通道采集电阻 R16 两端的电压，经 Arm 微控制器查表计算出冷端温度。

4. 冷端补偿算法

在 8 通道热电偶输入板卡的冷端补偿电路设计中，热敏电阻的电阻值随着温度升高而降低。因此，与它串联的精密电阻两端的电压值随着温度升高而升高，所以根据热敏电阻温度特性表，可以作一个精密电阻两端电压与冷端温度的分度表。此表以 5℃ 为间隔，毫伏为单位，这样就可以根据精密电阻两端的电压值，查表求得冷端温度值。

精密电阻两端电压计算公式为

$$V_{阻} = \frac{2500N}{0x7FFFH}$$

其中，N 为精密电阻两端电压对应的 A/D 转换结果。求得冷端温度后，需要由温度值反查相应热电偶信号类型的分度表，得到补偿电压 $V_{补}$。测量电压 $V_{测}$ 与补偿电压 $V_{补}$ 相加得到 V，由 V 去查表求得的温度值为热电偶工作端的实际温度值。

13.8.4　8 通道热电偶输入板卡程序设计

8 通道热电偶输入板卡的程序主要包括 Arm 控制器的初始化程序、A/D 采样程序、数字滤波程序、热电偶线性化程序、冷端补偿程序、量程变换程序、断偶检测程序、CAN 通信程序、WDT 程序等。

13.9　8 通道热电阻输入板卡(8RTD)的设计

13.9.1　8 通道热电阻输入板卡的功能概述

8 通道热电阻输入板卡是一种高精度、智能型、带有模拟量信号调理的 8 路热电阻信号采集卡。该板卡可对 3 种热电阻信号进行采集，热电阻采用三线制接线。

通过外部配电板可允许接入各种热电偶信号和毫伏电压信号。8 通道热电阻输入板卡的设计技术指标如下。

(1) 允许 8 通道三线制热电阻信号输入，支持热电阻类型为 Cu100、Cu50 和 Pt100。

(2) 采用 32 位 Arm Cortex M3 微控制器，提高了板卡设计的集成度、运算速度和可靠性。

(3) 采用高性能、高精度、内置 PGA 的具有 24 位分辨率的 Σ-Δ 模数转换器进行测量转换，传感器或变送器信号可直接接入。

(4) 同时测量 8 通道热电阻信号，各采样通道之间采用 PhotoMOS 继电器，实现点点隔离的技术。

(5) 通过主控站模块的组态命令可配置通道信息，每个通道可选择输入信号范围和类型等，并将配置信息存储于铁电存储器中，掉电重启时，自动恢复到正常工作状态。

(6) 板卡设计具有低通滤波、过压保护及热电阻断线检测功能，Arm 与现场模拟信号测量之间采用光电隔离措施,以提高抗干扰能力。

8 通道热电阻输入板卡测量的热电阻类型如表 13-12 所示。

表 13-12　8 通道热电阻输入板卡测量的热电阻类型

电阻类型	温度范围/℃
Pt100 热电阻	$-200\sim850$
Cu50 热电阻	$-50\sim150$
Cu100 热电阻	$-50\sim150$

13.9.2　8 通道热电阻输入板卡的硬件组成

8 通道热电阻输入板卡用于完成对工业现场热电阻信号的采集、转换、处理,其硬件组成框图如图 13-26 所示。

硬件电路主要由 Arm Cortex M3 微控制器、信号处理电路(滤波、放大)、通道选择电路、A/D 转换电路、断线检测电路、热电阻测量恒流源电路、DIP 开关、铁电存储器 FRAM、LED 状态指示灯和 CAN 通信接口电路组成。

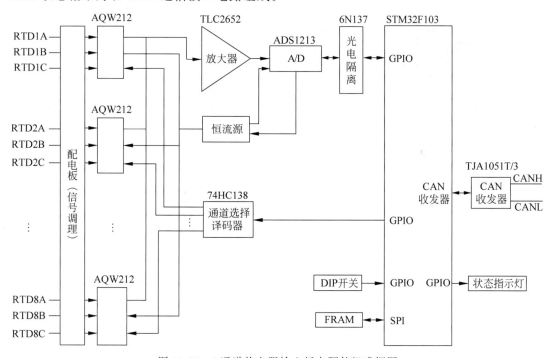

图 13-26　8 通道热电阻输入板卡硬件组成框图

该板卡采用 ST 公司的 32 位 Arm 控制器 STM32F103VBT6、高精度 24 位 Σ-Δ A/D 转换器 ADS1213、LinCMOS 工艺的高精度斩波稳零运算放大器 TLC2652CN、PhotoMOS 继电器 AQW212、CAN 收发器 TJA1051T/3 等器件设计而成。

现场仪表层的热电阻经过端子板的低通滤波处理,由多路模拟开关选通一个通道送入

A/D 转换器 ADS1213，由 Arm 读取转换结果，经过软件滤波和量程变换后由 CAN 总线发送给控制卡。

13.9.3　8 通道热电阻输入板卡测量与断线检测电路设计

8 通道热电阻输入板卡测量与断线检测电路如图 13-27 所示。

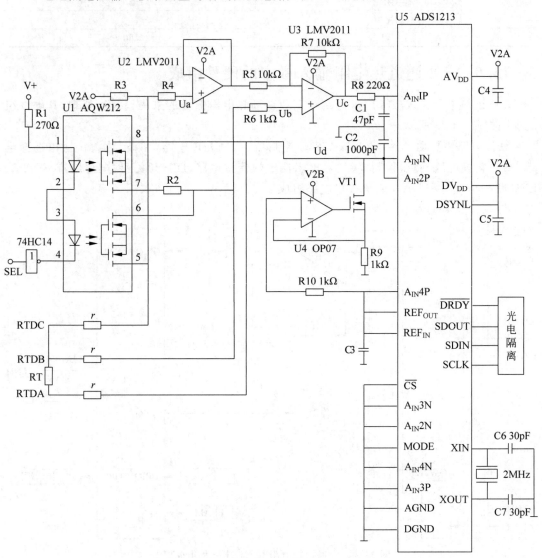

图 13-27　8 通道热电阻输入板卡测量与断线检测电路

ADS1213 采用 SPI 总线与 Arm 微控制器交换信息。利用 Arm 微控制器的 GPIO 口向 ADS1213 发送启动操作命令字。在 ADS1213 内部将经过 PGA 放大后进行模数转换的数字量再由 Arm 微控制器发出读操作命令字，读取转换结果。

为提高板卡运行的可靠性,设计了对输入信号的断线检测电路,在该板卡中,要实现温度的精确测量,一个关键的因素就是要尽量消除导线电阻引起的误差。ADS1213内部没有恒流源,需要设计一个稳定的恒流源电路实现电阻到电压信号的转换。为了满足DCS系统整体稳定性及智能性的要求,需要设计自检电路,能够及时判断输入的测量信号有无断线情况。因此,热电阻的接法、恒流源电路及自检电路的设计是整个测量电路最重要的组成部分,这些电路设计的优劣直接关系到测量结果的精度。

热电阻测量采用三线制接法,能够有效地消除导线过长而引起的误差;恒流源电路中,运算放大器U4的同相端接ADS1213产生的+2.5V参考电压,输出驱动MOS晶体管VT1,从而产生2.5mA的恒流;自检电路使能时,信号无法通过模拟开关进入测量电路,测量电路处于自检状态,当检测到无断线情况,电路正常时,自检电路无效,信号接入测量电路,2.5mA的恒流流过热电阻产生电压信号,然后送入ADS1213进行转换,转换结果通过SPI送到Arm微控制器。

热电阻作为温度传感器,它随温度变化而引起的变化值较小,因此,传感器与测量电路之间的导线过长会引起较大的测量误差。在实际应用中,热电阻与测量仪表或板卡之间采用两线、三线或四线制的接线方式。在该板卡设计中,热电阻采用三线制接法,并通过两级运算放大器处理,从而有效地消除了导线过长引起的误差。

当电路处于测量状态时,自检电路无效,热电阻信号接入测量电路。

假设3根连接导线的电阻相同,阻值为r,R_T为热电阻的阻值,恒流源电路的电流$I = 2.5\text{mA}$,由等效电路可得

$$U_a = I(2r + R_T) + U_d$$
$$U_b = I(r + R_T) + U_d$$
$$U_c = 2U_b - U_d$$
$$U_{in} = U_c - U_d$$

整理得

$$U_{in} = IR_T$$

可知,ADS1213输入的差分电压与导线电阻无关,从而有效地消除了导线电阻对结果的影响。

当自检电路使能,电路处于断线检测状态时,其中热电阻及导线全部被屏蔽。

假设3根连接导线的电阻相同,阻值为r,R_T为热电阻的阻值,恒流源电路的电流$I = 2.5\text{mA}$,精密电阻$R = 200\Omega$,由等效电路可得

$$U_a = U_b = U_c = IR + U_d$$
$$U_{in} = U_{IN}1P - U_{IN}1N = U_c - U_d$$

整理得

$$U_{in} = IR = 2.5\text{mA} \times 200\Omega = 500\text{mV} = 0.5\text{V}$$

可知,ADS1213输入的差分电压在断线检测状态下为0.5V的固定值,与导线电阻无关。

综上可知,在该板卡中,热电阻的三线制接法及运算放大器的两级放大设计有效地消除了导线电阻造成的误差,从而使结果更加精确。

为了确保系统可靠稳定地运行,自检电路能够迅速检测出恒流源是否正常工作及输入信号有无断线。自检步骤如下。

(1) 首先使 SEL=1,译码器无效,屏蔽输入信号,若 $U_{in}=0.5V$,则恒流源部分正常工作,否则恒流源电路工作不正常。

(2) 在恒流源电路正常情况下,SEL=0,ADS1213 的 PGA=4,接入热电阻信号,测量 ADS1213 第 1 通道信号,若测量值为 5.0V,达到满量程,则意味着恒流源电路的运放 U4 处于饱和状态,MOS 晶体管 VT1 的漏极开路,未产生恒流,即输入的热电阻信号有断线,需要进行相应处理;若测量值在正常的电压范围内,则电路正常,无断线。

13.9.4　8 通道热电阻输入板卡的程序设计

8 通道热电阻输入板卡的程序主要包括 Arm 控制器的初始化程序、A/D 采样程序、数字滤波程序、热电阻线性化程序、断线检测程序、量程变换程序、CAN 通信程序、WDT 程序等。

13.10　4 通道模拟量输出板卡(4AO)的设计

13.10.1　4 通道模拟量输出板卡的功能概述

4 通道模拟量输出板卡为点点隔离型电流(Ⅱ型或Ⅲ型)信号输出卡。Arm 与输出通道之间通过独立的接口传送信息,转换速度快,工作可靠,即使某一输出通道发生故障,也不会影响到其他通道的工作。由于 Arm 内部集成了 PWM 功能模块,所以该板卡实际是采用 Arm 的 PWM 模块实现 D/A 转换功能。此外,模板为高精度智能化卡件,可实时检测实际输出的电流值,以保证输出正确的电流信号。

通过外部配电板可输出Ⅱ型或Ⅲ型电流信号。4 通道模拟量输出板卡的设计技术指标如下。

(1) 允许 4 通道电流信号,电流信号输出范围为 0~10mA(Ⅱ型)、4~20mA(Ⅲ型)。

(2) 采用 32 位 Arm Cortex M3 微控制器,提高了板卡设计的集成度、运算速度和可靠性。

(3) 采用 Arm 内嵌的 16 位高精度 PWM 构成 D/A 转换器,通过两级一阶有源低通滤波电路,实现信号输出。

(4) 同时可检测每个通道的电流信号输出,各采样通道之间采用 PhotoMOS 继电器,实现点点隔离的技术。

(5) 通过主控站模块的组态命令可配置通道信息,将配置通道信息存储于铁电存储器中,掉电重启时,自动恢复到正常工作状态。

(6) 板卡计具有低通滤波、断线检测功能,Arm 与现场模拟信号测量之间采用光电隔离措施,以提高抗干扰能力。

13.10.2　4 通道模拟量输出板卡的硬件组成

4 通道模拟量输出板卡用于完成对工业现场阀门的自动控制,其硬件组成框图如图 13-28 所示。

硬件电路主要由 Arm Cortex M3 微控制器、两级一阶有源低通滤波电路、V/I 转换电路、输出电流信号反馈与 A/D 转换电路、断线检测电路、DIP 开关、铁电存储器 FRAM、LED 状态指示灯和 CAN 通信接口电路组成。

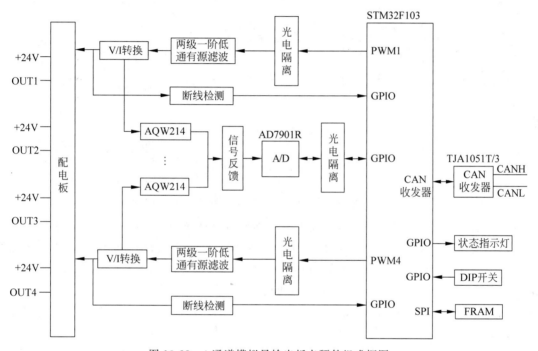

图 13-28　4 通道模拟量输出板卡硬件组成框图

该板卡采用 ST 公司的 32 位 Arm 控制器 STM32F103VBT6、高精度 12 位 A/D 转换器 ADS7901R、运算放大器 TL082I、PhotoMOS 继电器 AQW214、CAN 收发器 TJA1051T/3 等器件设计而成。

Arm 由 CAN 总线接收控制卡发来的电流输出值,转换为 16 位 PWM 输出,经光电隔离,送往两级一阶有源低通滤波电路,再通过 V/I 转换电路,实现电流信号输出,最后经过配电板控制现场仪表层的执行机构。

13.10.3　4 通道模拟量输出板卡 PWM 输出与断线检测电路设计

4 通道模拟量输出板卡 PWM 输出与断线检测电路如图 13-29 所示。

STM32F103 微控制器通过调节占空比,产生 0～100％ 的 PWM 信号,经过滤波形成平

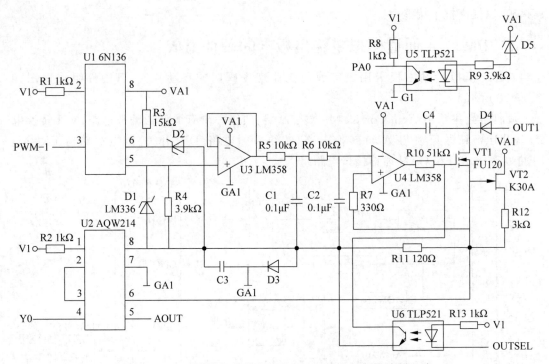

图 13-29   4 通道模拟量输出板卡 PWM 输出与断线检测电路

稳的 0～2.5V 的直流电压信号,然后利用 V/I 转换电路转换为 0～20mA 的电流信号,并实现与输出信号的隔离。电流输出采用 MOSFET 管漏极输出方式,构成电流负反馈,以保证输出恒流。为了能让电路稳定、准确地输出 0mA 的电流,电路中还设计了恒流源。

在图 13-29 中,光耦合器 U5 用于输出回路断线检测。

当输出回路无断线情况,电路正常工作时,输出恒定电流,由于钳位的关系,光耦合器 U5 无法导通,STM32F103 微控制器通过 PA0 读入状态 1,由此即可判断输出回路正常。

当输出回路断线时,VT1 漏极与输出回路断开,但是由于 U5 的存在,VT1 的漏极经光耦合器的输入端与 VA1 相连,V/I 转换电路仍能正常工作,而 U5 处于导通状态,STM32F103 微控制器通过 PA0 读入状态 0,由此即可判断输出回路出现断线。

13.10.4   4 通道模拟量输出板卡自检电路设计

4 通道模拟量输出板卡自检电路如图 13-30 所示。

4 通道模拟量输出板卡要实时监测输出通道实际输出的电流,判断输出是否正常,在输出电流异常时切断输出回路,避免由于输出异常,使现场执行机构错误动作,造成严重事故。

图 13-30 中的 U1 为 10 位的串行 A/D 转换器 TCL1549。

由于输出的电流为 0～20mA,电流流过精密电阻产生的电压最大为 2.5V,因此采用稳压二极管 LM336 设计 2.5V 基准电路,2.5V 的基准电压作为 U1 的参考电压,使其满量程为 2.5V。这样,在某一通道被选通的情况下,输出信号通过 PhotoMOS 继电器 U2 进入反

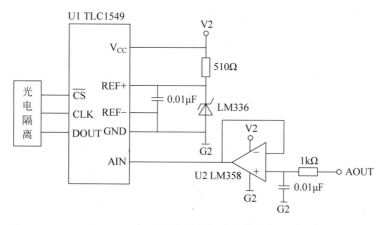

图 13-30 4 通道模拟量输出板卡自检电路

馈电路,经运算放大器 U2 跟随后送入 A/D 转换器。STM32F103 微控制器通过串行接口读取转换结果,经过计算得出当前的电流值,判断输出是否正常,如果输出电流异常,则切断输出通道,进行相应的处理。

13.10.5 4 通道模拟量板卡输出算法设计

4 通道模拟量输出板卡程序的核心是通过调整 PWM 的占空比改变输出电流的大小。通过控制光耦合器 U1 产生反相的幅值为 2.5V 的 PWM 信号,由于占空比为 0~100% 可调,因此 PWM 经滤波后的电压为 0~2.5V,然后经 V/I 电路产生电流。电流的大小正比于光耦合器后端的 PWM 波形的占空比,而电流的精度与 PWM 信号的位数有关,位数越高,占空比的精度越高,电流的精度也就越高。

在程序设计中,还要考虑对信号的零点和满量程点进行校正。由于恒流源电路的存在,系统的零点被抬高,对应的 PWM 信号的占空比大于 0%。因此,在占空比为 0% 时,通过反馈电路读取恒流源电路产生的电压值,它对应的占空比即为系统的零点。对于满量程信号也要有一定的裕量。如果算法设计占空比为 100% 时对应的电流为 20mA,那么由于不同板卡之间的差异,输出的电流也存在差别,有的可能大于 20mA,有的可能小于 20mA,因此就需要在大于 20mA 的范围内对板卡进行校正。在该板卡中,V/I 电路设计为占空比为100%,电压为 2.5V 时,产生的电流大于 20mA。然后利用上位机的校正程序,在输出 20mA 时记下当前的占空比,并将其写入铁电存储器中,随后程序在零点与满量程点之间采用线性算法处理,即可得到 0~20mA 电流的准确输出。

由于电路统一输出 0~20mA 的电流,板卡通过接收主控制卡的组态命令以确定Ⅱ型 (0~10mA)或Ⅲ型(4~20mA)的电流输出。因此,Ⅱ型或Ⅲ型电流的输出通过软件相应算法实现。Ⅱ型电流(0~10mA)信号的具体计算公式如下。

$$I = \frac{\text{Value}}{4095} \times 10\text{mA}$$

其中，I 为输出电流值；Value 为主控制卡下传的中间值。

$$PWM_{out} = PWM_0 + \frac{PWM_{10} - PWM_0}{10} \times I$$

其中，I 为输出电流值，PWM_{out} 为输出 I 时 Arm 控制器输出的 PWM 值，PWM_0 和 PWM_{10} 为校正后写入铁电存储器的 0mA 和 10mA 时的 PWM 值。

Ⅲ型电流(4~20mA)信号的具体计算与Ⅱ型相似。

$$I_m = \frac{Value}{4095} \times 16mA$$

$$I = I_m + 4mA$$

其中，I 为输出电流值；Value 为主控制卡下传的中间值。

$$PWM_{out} = PWM_4 + \frac{PWM_{20} - PWM_4}{16} \times I_m$$

其中，I_m 为输出电流值；PWM_{out} 为输出 I 时 Arm 控制器输出的 PWM 值；PWM_4 和 PWM_{20} 为校正后写入铁电存储器的 4mA 和 20mA 时的 PWM 值。

13.10.6 4 通道模拟量板卡程序设计

4 通道模拟量输出板卡的程序主要包括 Arm 控制器的初始化程序、PWM 输出程序、电流输出值检测程序、断线检测程序、CAN 通信程序、WDT 程序等。

13.11 16 通道数字量输入板卡(16DI)的设计

13.11.1 16 通道数字量输入板卡的功能概述

16 通道数字量信号输入板卡能够快速响应有源开关信号(湿接点)和无源开关信号(干接点)的输入，实现数字信号的准确采集，主要用于采集工业现场的开关量状态。

通过外部配电板可允许接入无源输入和有源输入的开关量信号。16 通道数字量信号输入板卡的设计技术指标如下。

(1) 信号类型及输入范围：外部装置或生产过程的有源开关信号(湿接点)和无源开关信号(干接点)。

(2) 采用 32 位 Arm Cortex M3 微控制器，提高了板卡设计的集成度、运算速度和可靠性。

(3) 同时测量 16 通道数字量输入信号，各采样通道之间采用光耦合器，实现点点隔离的技术。

(4) 通过主控站模块的组态命令可配置通道信息，并将配置信息存储于铁电存储器中，掉电重启时，自动恢复到正常工作状态。

(5) 板卡设计具有低通滤波、通道故障自检功能，可以保证板卡的可靠运行。当非正常状态出现时，可现场及远程监控，同时报警提示。

13.11.2 16 通道数字量输入板卡的硬件组成

16 通道数字量输入板卡用于完成对工业现场数字量信号的采集,其硬件组成框图如图 13-31 所示。

硬件电路主要由 Arm Cortex M3 微控制器、数字量信号低通滤波电路、输入通道自检电路、DIP 开关、铁电存储器 FRAM、LED 状态指示灯和 CAN 通信接口电路组成。

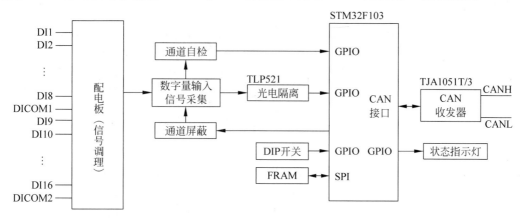

图 13-31   16 通道数字量输入板卡硬件组成框图

该板卡采用 ST 公司的 32 位 Arm 控制器 STM32F103VBT6、光耦合器 TLP521、电压基准源 TL431、CAN 收发器 TJA1051T/3 等器件设计而成。

现场仪表层的开关量信号经过端子板低通滤波处理,通过光电隔离,由 Arm 读取数字量的状态,经 CAN 总线发送给控制卡。

13.11.3   16 通道数字量输入板卡信号预处理电路的设计

16 通道数字量输入板卡信号预处理电路如图 13-32 所示。

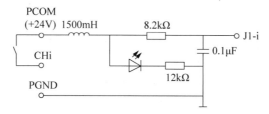

图 13-32   16 通道数字量输入板卡信号预处理电路

13.11.4   16 通道数字量输入板卡信号检测电路设计

16 通道数字量输入板卡信号检测电路如图 13-33 所示,图中只画出了其中一组电路,另一组电路与其类似。

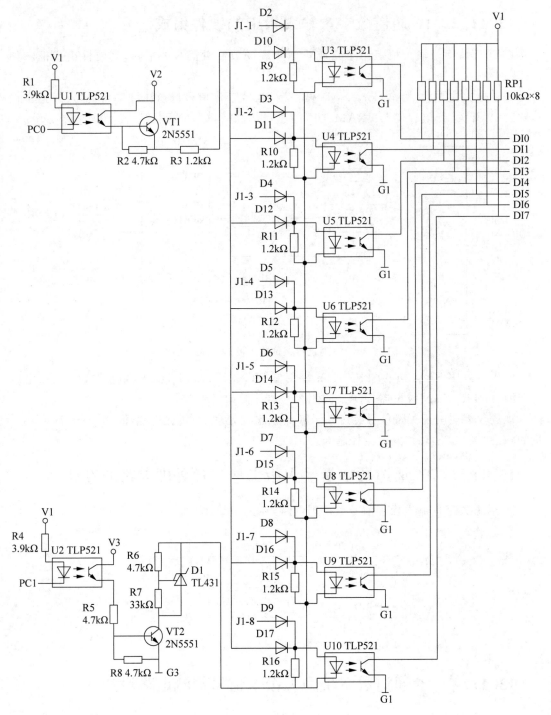

图 13-33　16 通道数字量输入板卡信号检测电路

在数字量输入电路设计中,直接引入有源信号可能引起瞬时高压、过电压、接触抖动等现象,因此必须通过信号调理电路对输入的数字信号进行转换、保护、滤波、隔离等处理。信号调理电路包含 RC 电路,可滤除工频干扰。而对于干接点信号,引入的机械抖动可通过软件滤波来消除。

在计算机控制系统中,稳定性是最重要的。测控板卡必须具有一定的故障自检能力,在板卡出现故障时,能够检测出故障原因,从而作出相应处理。在 16 通道数字量输入板卡的设计中,数字信号采集电路中增加了输入通道自检电路。

首先,当 PC1＝1 时,TL431 停止工作,光耦合器 U3～U10 关断,DI0～DI7 恒为高电平,微控制器读入状态为 1,若读入状态不为 1,即可判断为光耦合器故障。

当微控制器工作正常时,令 PC1＝0,PC0＝0,所有输入信号被屏蔽,光耦合器 U3～U10 导通,DI0～DI7 恒为低电平,微控制器读入状态为 0,若读入状态不为 0,则说明相应的数字信号输入通道的光耦合器出现故障,软件随即屏蔽发生故障的数字信号输入通道,进行相应处理。随后令 PC1＝0,PC0＝1,屏蔽电路无效,系统转入正常的数字信号采集程序。

由 TL431 组成的稳压电路提供 3V 的门槛电压,用于防止电平信号不稳定造成光耦合器 U3～U10 的误动作,保证信号采集电路的可靠工作。

13.11.5　16 通道数字量输入板卡程序设计

16 通道数字量输入板卡的程序主要包括 Arm 控制器的初始化程序、数字量状态采集程序、数字量输入通道自检程序、CAN 通信程序、WDT 程序等。

13.12　16 通道数字量输出板卡(16DO)的设计

13.12.1　16 通道数字量输出板卡的功能概述

16 通道数字量信号输出板卡能够快速响应控制卡输出的开关信号命令,驱动配电板上独立供电的中间继电器,并驱动现场仪表层的设备或装置。

16 通道数字量信号输出板卡的设计技术指标如下。

(1) 信号输出类型:带有一常开和一常闭的继电器。

(2) 采用 32 位 Arm Cortex M3 微控制器,提高了板卡设计的集成度、运算速度和可靠性。

(3) 具有 16 通道数字量输出信号,各采样通道之间采用光耦合器,实现点点隔离的技术。

(4) 通过主控站模块的组态命令可配置通道信息,并将配置信息存储于铁电存储器中,掉电重启时,自动恢复到正常工作状态。

(5) 板卡设计每个通道的输出状态具有自检功能,并监测外配电电源,外部配电范围为 22～28V,可以保证板卡的可靠运行。当非正常状态出现时,可现场及远程监控,同时报警提示。

16 通道数字量输出板卡性能指标如表 13-13 所示。

表 13-13　16 通道数字量输出板卡性能指标

性能指标	说　明
输入通道	组间隔离,8 通道一组
通道数量	16 通道
通道隔离	任何通道间 25V AC,47～53Hz,60s
	任何通道对地 500V AC,47～53Hz,60s
输出范围	ON 通道压降 ≤0.3V
	OFF 通道漏电流 ≤0.1mA

13.12.2　16 通道数字量输出板卡的硬件组成

16 通道数字量输出板卡用于完成对工业现场数字量输出信号的控制,其硬件组成框图如图 13-34 所示。

硬件电路主要由 Arm Cortex M3 微控制器、光耦合器,故障自检电路、DIP 开关、铁电存储器 FRAM、LED 状态指示灯和 CAN 通信接口电路组成。

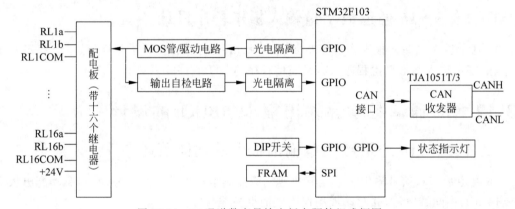

图 13-34　16 通道数字量输出板卡硬件组成框图

该板卡采用 ST 公司的 32 位 Arm 控制器 STM32F103VBT6、光耦合器 TLP521、电压基准源 TL431、比较器 LM393、CAN 收发器 TJA1051T/3 等器件设计而成。

现场仪表层的开关量信号经过端子板低通滤波处理,通过光电隔离,Arm 通过 CAN 总线接收控制卡发送的开关量输出状态信号,经配电板送往现场仪表层,控制现场的设备或装置。

13.12.3　16 通道数字量输出板卡开漏极输出电路设计

16 通道数字量输出板卡开漏极输出电路如图 13-35 所示,图中只画出了其中一组电路,另一组电路与其类似。

Arm 微控制器的 GPIO 引脚输出的 16 通道数字信号经光耦合器 TLP521 进行隔离。

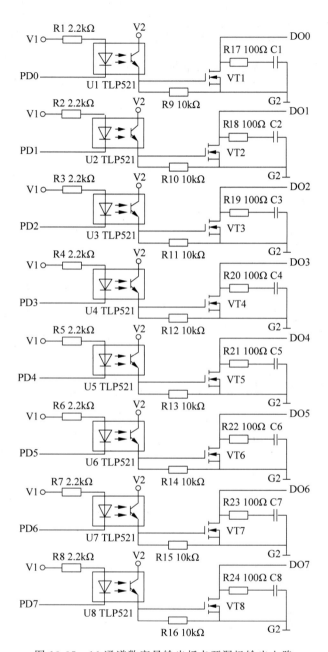

图 13-35　16 通道数字量输出板卡开漏极输出电路

并且,前 8 通道和后 8 通道输出信号是分为两组隔离的,分别接了不同的电源和地信号。同时,进入光耦合器的数字信号经上拉电阻上拉,以提高信号的可靠性。

考虑到光耦合器的负载能力,隔离后的信号再经过 MOSFET 晶体管 FU120 驱动,输出的信号经 RC 滤波后接到与之配套的端子板上,直接控制继电器的动作。

13.12.4 16 通道数字量输出板卡输出自检电路设计

16 通道数字量输出板卡输出自检电路如图 13-36 所示。

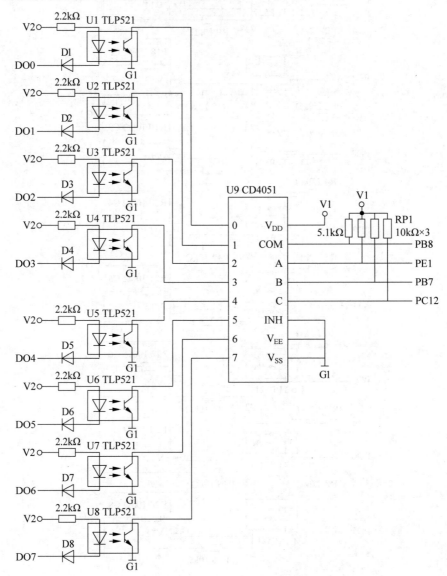

图 13-36 16 通道数字量输出板卡输出自检电路

为提高板卡运行的可靠性,设计了通道自检电路,用来检测板卡工作过程中是否有输出通道出现故障。如图 13-36 所示,采用一片模拟开关 CD4051 完成一组 8 通道数字量输出的自检工作,图中只画出了对一组通道自检的电路图,另一组通道与之相同。

每组通道的输出信号分别先经过光耦合器 TLP521 的隔离,然后连接到模拟开关

CD4051 的一个输入端,两个 CD4051 的 3 个通道选通引脚 A、B、C 都连接到微控制器的 3 个 GPIO 引脚 PE1、PB7 和 PC12 上,而公共输出引脚 COM 则连接到微控制器的 GPIO 引脚 PB8 上。通过软件编程,观察引脚 PB8 上的电平变化,可检测这两组通道是否正常工作。

若选通的某一组通道的数字信号为低电平,则经 CD4051 后的输出端输出低电平时,说明该通道导通;反之输出高电平,说明该通道故障,此时将点亮红色 LED 灯报警。同理,若选通通道的数字信号为高电平,则 CD4051 的输出为高电平,说明通道是正常工作的。

这样通过改变选通的通道及输入端的信号,观察 CD4051 的公共输出端的值和是否点亮红色 LED 灯报警,即可达到检测数字量输出通道是否正常工作的目的。

13.12.5　16 通道数字量输出板卡外配电压检测电路设计

16 通道数字量输出板卡外配电压检测电路如图 13-37 所示。

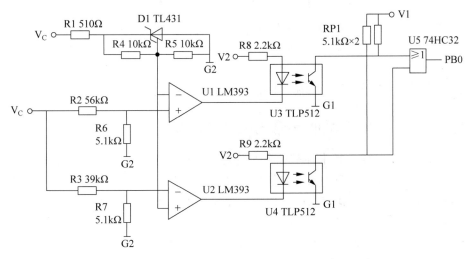

图 13-37　16 通道数字量输出板卡外配电压检测电路

板卡的 24V 电压是由外部配电产生的,为进一步提高模板运行的可靠性,设计了对外配电电压信号的检测电路,该设计中将外部配电电压的检测范围设定为 21.6～30V,即当板卡检测到电压不在此范围之内时,说明外部配电不能满足模板的正常运行,将点亮红色 LED 灯报警。

由于板卡电源全部采用了冗余的供电方案来提高系统的可靠性,所以两路外配电电压分别经端子排上的两个引脚输入。图 13-37 只给出了对一组外配电电压的检测电路,另一组是完全相同的。

输入电路采用电压基准源 TL431C 产生 2.5V 的稳定电压,输出到电压比较器 LM393N 的引脚 2 和引脚 5,分别作为两个比较器件的一个输入端,另外两个输入端则由外配电输入的电压经两电阻分压后产生。

比较器 U1 的同相端的输入电压为

$$U1P = \frac{5.1k\Omega}{56k\Omega + 5.1k\Omega} \times V_c$$

当外配电电压 V_c < 30V 时,则 U1P < 2.5V,比较器 U1 输出低电平;反之,U1 输出高电平。

比较器 U2 的反相端输入电压为

$$U2N = \frac{5.1k\Omega}{39k\Omega + 5.1k\Omega} \times V_c$$

当外配电电压 V_c > 21.6V 时,则 U2N > 2.5V,比较器 U2 输出低电平;反之,U2 输出高电平。

经两个比较器输出的电平信号进入光耦合器 U3 和 U4,再经或门 74HC32 输出到微控制器的 GPIO 引脚 PB0。即当外配电电压的范围为 21.6~30V 时,PB0 才为低电平,否则为高电平。

13.12.6　16 通道数字量输出板卡的程序设计

16 通道数字量输入板卡的程序主要包括 Arm 控制器的初始化程序、数字量状态控制程序、数字量输出通道自检程序、CAN 通信程序、WDT 程序等。

13.13　8 通道脉冲量输入板卡(8PI)的设计

13.13.1　8 通道脉冲量输入板卡的功能概述

8 通道脉冲量信号输入板卡能够输入 8 通道阈值电压在 0~5V、0~12V、0~24V 的脉冲量信号,并可以进行频率型和累积型信号的计算。当对累积精度要求较高时使用累积型组态,而当对瞬时流量精度要求较高时使用频率型组态。每个通道都可以根据现场要求通过跳线设置为 0~5V、0~12V、0~24V 电平的脉冲信号。

通过外部配电板可允许接入 3 种阈值电压的脉冲量信号。该板卡的设计技术指标如下。

(1) 信号类型及输入范围:阈值电压在 0~5V、0~12V、0~24V 的脉冲量信号。

(2) 采用 32 位 Arm Cortex M3 微控制器,提高了板卡设计的集成度、运算速度和可靠性。

(3) 同时测量 8 通道脉冲量输入信号,各采样通道之间采用光耦合器,实现点点隔离的技术。

(4) 通过主控站模块的组态命令可配置通道信息,并将配置信息存储于铁电存储器中,掉电重启时,自动恢复到正常工作状态。

(5) 板卡设计具有低通滤波。

13.13.2　8 通道脉冲量输入板卡的硬件组成

8 通道脉冲量输入板卡用于完成对工业现场脉冲量信号的采集,其硬件组成框图如图 13-38 所示。

硬件电路主要由 Arm Cortex M3 微控制器、数字量信号低通滤波电路、输入通道自检电路、DIP 开关、铁电存储器 FRAM、LED 状态指示灯和 CAN 通信接口电路组成。

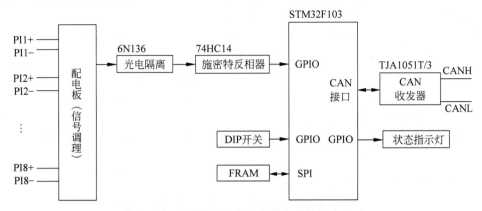

图 13-38　8 通道脉冲量输入板卡硬件组成框图

该板卡采用 ST 公司的 32 位 Arm 控制器 STM32F103VBT6、光耦合器 6N136、施密特反相器 74HC14、CAN 收发器 TJA1051T/3 等器件设计而成。

利用 Arm 内部定时器的输入捕获功能,捕获经整形、隔离后的外部脉冲量信号,然后对通道的输入信号进行计数。累积型信号持续计数,频率型信号每秒计算一次。由 Arm 读取脉冲量的计数值,经 CAN 总线发送给控制卡。

13.13.3　8 通道脉冲量输入板卡的程序设计

8 通道脉冲量输入板卡的程序主要包括 Arm 控制器的初始化程序、脉冲量计数程序、数字量输入通道自检程序、CAN 通信程序、WDT 程序等。

13.14　嵌入式控制系统可靠性与安全性技术

13.14.1　可靠性技术的发展过程

可靠性(Reliability)是衡量产品质量的重要指标。产品的可靠性既是设计、生产出来的,也是管理出来的。因此,以可靠性设计、可靠性控制与可靠性评审等为主要内容的可靠性管理也就成为产品质量管理工程中的重要组成部分。

20 世纪 20 年代末,电话和以真空管为基础的电子设备的规模应用,直接启动了可靠性工程的研究。

20 世纪 40 年代,特别是第二次世界大战期间,对提高武器系统的可靠性的迫切需求,进一步刺激了可靠性工程的研究,其主要内容是对产品的失效现象及其发生的概率进行分析、预测、试验、评定和控制。

20 世纪 60 年代,为配合复杂航天系统的研制,可靠性工程研究达到了新的高度,可靠性工程技术成为确保系统成功的主要技术保证之一。实际上,20 世纪 60 年代提出的"全面质量管理"就是从产品设计、研制、生产制造直到使用的各个阶段都要贯彻以可靠性为重点的质量管理。

20世纪90年代,传统的可靠性管理已不能满足当代质量管理的客观需要,不仅关注产品本身的可靠性,而且还强调过程、组织和环境对产品可靠性的影响,可靠性研究的范围扩大了,进入了可信性管理时代。

日趋复杂的系统导致了可靠性技术研究的发展,具体表现在以下5方面。

(1) 系统更复杂,功能多,自动化程度高,元器件、零部件也越来越多。

(2) 产品使用环境条件多样化和严酷化。

(3) 因产品向高级、精密、大型和自动化方向发展,其购置费剧增,停产损失也越来越大,维修费用增长也十分迅速。

(4) 对产品系统的寿命周期要求越来越高。

(5) 由于市场的需要,产品更新换代周期越来越短,而产品成熟需要一定的周期。

13.14.2 可靠性基本概念和术语

产品可靠性的定义是产品在规定的条件下和规定的时间段内完成规定功能的能力。这里的产品是指作为单独研究或分别试验的任何元器件、设备或系统。可靠性工程是指为了保证产品在设计、生产及使用过程中达到预定的可靠性指标,应该采取的技术及组织管理措施,它是介于固有技术和管理科学之间的一门边缘学科,具有技术与管理的双重性。

1. 可靠度与不可靠度

可靠度是产品可靠性的概率度量,即产品在规定的条件下和规定的时间内,完成规定功能的概率。一般将可靠度记为 R。

与可靠度相对应的是不可靠度,表示产品在规定的条件下和规定的时间内不能完成规定功能的概率,又称为累积失效概率,一般记为 F。

2. 平均寿命

在产品的寿命指标中,最常用的是平均寿命。平均寿命是产品寿命的平均值,而产品的寿命则是它的无故障工作时间。

13.14.3 可靠性设计的内容

可靠性管理是在一定的时间和费用条件基础上,根据用户要求,为了生产出具有规定的可靠性要求的产品,在设计、研制、制造、使用和维修即产品整个寿命期内,所进行的一切组织、计划、协调、控制等综合管理工作。

可靠性管理首要的环节就是可靠性设计,它决定了产品的内在可靠性(Inherited Reliability)。研制与生产过程则是实行可靠性控制,保证产品内在可靠性的实现。因为产品在使用时,各种因素影响着产品的可靠性,故又把产品在使用过程中对可靠性的要求称为使用可靠性。

可靠性设计的关键内容包含预测、分析和试验3部分,即可靠性预测、可靠性分析和可靠性试验。一个完整的可靠性设计应该贯穿产品的整个生命周期,可靠性设计的工作程序流程如图 13-39 所示。

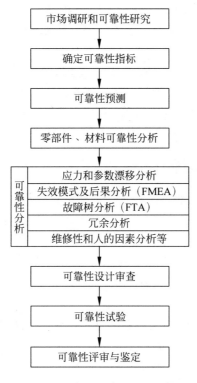

图 13-39　可靠性设计的工作程序流程

13.14.4　系统安全性

1. 安全性分类

系统的安全性包含 3 方面的内容:功能安全、电气安全和信息安全。功能安全和电气安全对应 Safety 一词,信息安全对应 Security 一词。

(1) 功能安全(Functional Safety)是指系统正确地响应输入从而正确地输出控制的能力(按 IEC 61508 的定义)。在传统的工业控制系统中,特别是在所谓的安全系统(Safety Systems)或安全相关系统(Safety Related Systems)中,安全性通常是指功能安全。例如,在联锁系统或保护系统中,安全性是关键性的指标,其安全性也是指功能安全。功能安全性差的控制系统,其后果不仅是系统停机的经济损失,而且往往会导致设备损坏、环境污染,甚至人身伤害。

(2) 电气安全(Electrical Safety)是指系统在人对其进行正常使用和操作的过程中不会直接导致人身伤害的程度。例如,系统电源输入接地不良可能导致电击伤人,就属于设备人身安全设计必须考虑的问题。通常,每个国家针对设备可能直接导致人身伤害的场合都颁布了强制性的标准规范,产品在生产销售之前应该满足这些强制性规范的要求,并有第三方机构实施认证,这就是我们通常所说的安全认证。

(3) 信息安全(Information Security)是指数据信息的完整性、可用性和保密性。信息安全问题一般会导致重大经济损失,或对国家的公共安全造成威胁、病毒、黑客攻击及其他的各种非授权侵入系统的行为都属于信息安全研究的重点问题。

2. 安全性与可靠性的关系

安全性强调的是系统在承诺的正常工作条件或指明的故障情况下,不对财产和生命带来危害的性能。可靠性则侧重于考虑系统连续正常工作的能力。安全性注重于考虑系统故障的防范和处理措施,并不会为了连续工作而冒风险。可靠性高并不意味着安全性肯定高。安全性总是要求依靠一些永恒的物理外力作为最后一道屏障。

13.14.5 软件可靠性

在20世纪80年代之前,工程界关心的主要是硬件可靠性,软件可靠性没有受到足够的重视。软件是计算机的神经中枢,在嵌入式控制系统中起着至关重要的作用,然而,一个不能忽视的事实是,软件从它的诞生之日起,就受到了Bug的折磨。所谓Bug,就是寄生在嵌入式控制系统软件中的故障,它具有巧妙的隐身功能,能够在关键场合突然现身。这时,不仅嵌入式控制系统的正常功能无法得到保证,还会造成资源浪费,甚至可能对人类社会造成严重危害。

在工业自动化软件中Bug的严重后果主要表现在以下两方面。

1. 导致系统设备失效,危及人身设备安全

工业自动化控制系统软件是一种需要对生产装置的安全、高效运行,自动执行控制,对装置的运行工况进行连续监视,并且需要长期连续稳定可靠运行的高可靠性软件。如果软件中出现Bug,轻则影响系统的正常操作使用,重则导致装置停车,更严重的可能导致装置或设备的故障,造成严重事故,甚至危及人身安全。

2. 导致严重的经济损失

软件故障发生,导致系统失效并造成经济损失,这是明显的事实,且不说许多软件由于不符合可靠性要求和质量要求,无法使用造成的巨大经济损失。而在已经使用的嵌入式控制系统软件中,由于软件控制功能失灵导致装置或设备的故障,甚至重大事故造成的经济损失,以及由软件失效导致生产装置的停车造成的经济损失等,是许多嵌入式控制系统使用者的前车之鉴,也是安装自动化系统的用户的后顾之忧。

基于上述原因,如何加强软件的可靠性研究工作势在必行。在20世纪80年代以后,国外对软件可靠性研究的投入明显加大。同时,从20世纪80年代中期开始,西方各主要工业强国均确立了专门的研究计划和课题。进入20世纪90年代,软件可靠性已经成为科技界关注的一个焦点。软件可靠性的发展与软件工程、可靠性工程的发展密切相关,它是软件工程学派生的一个新的分支,同时也合理地继承、利用了硬件可靠性工程的理论和方法。

参 考 文 献

[1] 李正军,李潇然.现场总线及其应用技术[M].2 版.北京:机械工业出版社,2022.

[2] 李正军,李潇然.现场总线与工业以太网[M].武汉:华中科技大学出版社,2021.

[3] 李正军.计算机控制系统[M].4 版.北京:机械工业出版社,2022.

[4] 李正军,李潇然.计算机控制技术[M].北京:机械工业出版社,2022.

[5] 何乐生,周永录,葛孚华,等.基于 STM32 的嵌入式系统原理及应用[M].北京:科学出版社,2021.

[6] 徐灵飞,黄宇,贾国强.嵌入式系统设计:基于 STM32F4[M].北京:电子工业出版社,2020.

[7] 沈红卫,任沙浦,朱敏杰,等.STM32 单片机应用与全案例实践[M].北京:电子工业出版社,2017.

[8] 刘波文,孙岩.嵌入式实时操作系统 μC/OS-Ⅱ经典实例:基于 STM32 处理器[M].2 版.北京:北京航空航天大学出版社,2016.

[9] 任哲,房红征.嵌入式实时操作系统 μC/OS-Ⅱ原理及应用[M].5 版.北京:北京航空航天大学出版社,2021.